一流本科专业一流本科课程建设系列教材

智能建造理论·技术与管理丛书

BIM 技术应用基础

李　明　殷乾亮　李　鑫　编

机械工业出版社

本书以Revit软件为核心，完整介绍了土建BIM模型的创建及后期出图的BIM技术应用，从基础的命令操作介绍到具体的实操案例，能够让读者真正做到从入门到精通。本书主要内容包括BIM概述、Revit基础操作、Revit建筑建模、Revit结构建模、BIM模型深化、BIM模型标准化管理、Revit族与体量，内容贯穿BIM全过程的应用。本书配备了较为丰富的学习资源，包括全套工程图、案例文件及配套视频等，其中全套工程图、案例文件等资源，免费提供给选用本书的授课教师，需要者可在机械工业出版社教育服务网（www.cmpedu.com）注册后下载，重点、难点内容在书中配有二维码链接授课视频。

本书适合作为普通高等院校建筑学、工程管理、土木工程、给排水科学与工程等专业基础课程教材，也可作为BIM软件培训班首选教材、广大建筑信息模型爱好者实用的自学用书，以及从事建筑设计、施工等工作的初级与中级读者的参考用书。

图书在版编目（CIP）数据

BIM技术应用基础 / 李明，殷乾亮，李鑫编 . —北京：机械工业出版社，2022.2（2025.1重印）

（智能建造理论·技术与管理丛书）

一流本科专业一流本科课程建设系列教材

ISBN 978-7-111-69971-2

Ⅰ.①B… Ⅱ.①李…②殷…③李… Ⅲ.①建筑设计—计算机辅助设计—应用软件—高等学校—教材 Ⅳ.①TU201.4

中国版本图书馆CIP数据核字（2021）第280396号

机械工业出版社（北京市百万庄大街22号 邮政编码100037）
策划编辑：李 帅　　　　　责任编辑：李 帅
责任校对：郑 婕 李 婷　　封面设计：张 静
责任印制：常天培
河北泓景印刷有限公司印刷
2025年1月第1版第7次印刷
184mm×260mm·25印张·632千字
标准书号：ISBN 978-7-111-69971-2
定价：69.90元

电话服务　　　　　　　网络服务
客服电话：010-88361066　机 工 官 网：www.cmpbook.com
　　　　　010-88379833　机 工 官 博：weibo.com/cmp1952
　　　　　010-68326294　金 书 网：www.golden-book.com
封底无防伪标均为盗版　机工教育服务网：www.cmpedu.com

前 言

本书的编写充分考虑了软件操作中的实际情境，从基础知识、具体操作和实战技巧三个方面出发，主要介绍了 Revit 软件对模型的创建与编辑，以及在项目中的使用、维护和管理等内容。

本书主要以 Revit 软件为操作平台，采用"理论剖析＋项目实战＋技巧提升"的教学方式，以实际项目为例，全面系统地介绍了 BIM 在工程建设领域的应用与实践。为使本书内容更加丰富与专业，所有参编人员将多年积累的项目实践经验进行总结，并沉淀于各个章节中。

党的二十大报告指出："坚持把发展经济的着力点放在实体经济上，推进新型工业化，加快建设制造强国、质量强国、航天强国、交通强国、网络强国、数字中国。"建筑产业是数字化程度相对较低的产业，需要加快数字化转型，发展智能建造，以数字技术赋能建筑业高质量发展。BIM 技术作为建筑信息化的有效支撑，是推动我国建筑信息化的主要动力。新的 BIM 技术或软件不断涌现，对很多从业者来说，学习并驾驭这些新技术是很重要的。当然，除了用合理有效的方法去掌握最新技术外，更重要的是创意、经验与平台的整合。本书除了介绍一些新技术外，更多的是希望能够和读者分享经验和创意，实现从技术到创意的蜕变。

本书由江西财经大学旅游与城市管理学院工程管理教学团队编写，主要编写人员有李明、殷乾亮和李鑫，同时感谢江西财经大学旅游与城市管理学院的大力支持。由于编写时间和精力有限，书中难免会有不妥之处，恳请广大读者批评指正。

最后，非常荣幸能够把多年积累的知识与经验分享给广大读者，也衷心希望本书能够对读者有所帮助！

编 者

目　录

第 1 章

BIM 概述

　　BIM（Building Information Modeling）至今已经发展了数十年之久。在这期间，无论是设计院、施工方，还是业主方都在不断地摸索与使用 BIM 技术。在漫长的实践过程中，已然总结出一套适合于我国本土的 BIM 实施手段。

　　本章主要介绍 BIM 概念，BIM 建模软件，BIM 与传统设计、施工相结合的应用。只有掌握这些基础知识，才能更好地完成 BIM 设计。

- ☑ BIM 介绍
- ☑ BIM 应用价值
- ☑ BIM 施工应用
- ☑ BIM 设计应用
- ☑ BIM 软件介绍

■ 1.1　BIM 介绍

　　建筑信息模型（Building Information Modeling，缩写为 BIM）是以计算机三维数字技术为基础结构框架，用数字化形式完整表达建筑工程项目的实体和功能，能够系统准确地集成建筑工程项目所有的信息和数据。建筑信息模型不仅包含三维几何形状信息，还包含大量的非几何形状信息，如建筑构件的材料、质量、价格和进度等。BIM 以三维数字技术为基础，集成了工程建设项目中各种相关信息，是数字信息技术在建筑工程中的直接应用。

　　一个完整的 BIM 模型能够将项目全生命周期各阶段的数据信息、过程和资源予以连接，并能够被项目各参与方予以普遍使用，BIM 集成模型含义如图 1-1 所示。因此建筑信息模型（BIM）有助于工程建筑项目提高效率，降低风险。BIM 是一种技术、一种方法、一种过程，把项目建设流程和表达建筑物本身的信息更好地集成起来。BIM 的价值在于所有项目成员在一定规则下使用各自工种和专业的不同软件，协同建立统一的项目信息模型，而这个模型又为后续工种和专业的决策提供该工程项目的核心数据。

图 1-1　BIM 集成模型含义

1.2 BIM 应用价值

BIM 应用对项目建设的各参与方均具有重要的价值，而对业主方关心的工程造价、建设工期、建筑性能及品质等方面，BIM 所带来的价值是巨大的，主要包括以下几点：

1. 协同管理

利用 BIM 技术把所有专业共享在一个平台上，各专业间共享信息、可视化交流、协作工作，可随时发现问题，提高整体项目信息传递的有效性和准确性，减少设计、施工中存在的问题和信息的流失，提高生产效率，从而节约成本。BIM 协同管理平台如图 1-2 所示。

图 1-2　BIM 协同管理平台

2. 优化设计、指导施工

利用 BIM 软件把设计图转换成 BIM 模型，模型的建立相当于在软件中进行了一次虚拟建造，发现设计中错漏碰缺、专业间协同、空间利用等问题，优化设计质量，减少因设计问题造成后续施工中的返工，使设计图真正起到指导施工的作用。BIM 优化设计如图 1-3 所示。

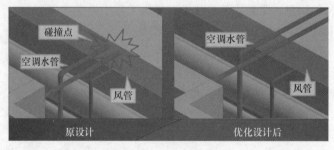

图 1-3　BIM 优化设计

3. 缩短工期

利用 BIM 技术，可以通过可视化交流和信息共享来加强团队的合作，改善传统的项目管理模式和信息沟通模式，实现建设工程策划、设计、采购、现场施工的无缝对接，减少延误，缩短工期。BIM 施工质量控制平台如图 1-4 所示。

图 1-4　BIM 施工质量控制平台

4. 快速项目预算

基于 BIM 模型的工程材料统计，相对于 2D 图的预算更加快速、准确，可节约大量的时间和人力。泵房设备统计表如表 1-1 所示。

表 1-1　泵房设备统计表

类别	设备名称	数量
消防水泵房	消火栓加压泵	2
	水炮加压泵	2
	喷淋加压泵	3
给排水泵房	冷却塔补水恒压变流量供水泵 - 主泵	4
	冷却塔补水恒压变流量供水泵 - 辅泵	1
	商业恒压变流量供水泵 - 主泵	2
	商业恒压变流量供水泵 - 辅泵	1
	餐饮恒压变流量供水泵 - 主泵	4
	餐饮恒压变流量供水泵 - 辅泵	1
空调热水泵房	热水循环泵	6
	分集水器	2
	加药装置	1
	真空脱气机	2
	螺旋除雾器	1
空调二级冷水泵房	二级冷冻水泵	8
	分集水器	2

（续）

类别	设备名称	数量
空调一级冷水泵房	加药装置	2
	冷凝器自动在线清洗装置	7
	板换	1
	砂滤器	1
	真空脱气机	2
	螺旋除雾器	1
	螺杆式冷水机组	1
	离心式冷水机组	6
	分集水器	2
	冷却水泵	5
	一级冷冻水泵	5
锅炉房	燃气真空热水锅炉	4

5. 有效控制项目进度和管控

利用 BIM 技术在施工前期根据施工进度计划，模拟施工顺序、施工进度、施工建造，检验合理性和可行性。施工中利用施工进度模拟动画，直观查看每天的进度和滞后的情况，并结合实际工作情况实施调整和有效管控。施工进度模型如图 1-5 所示。

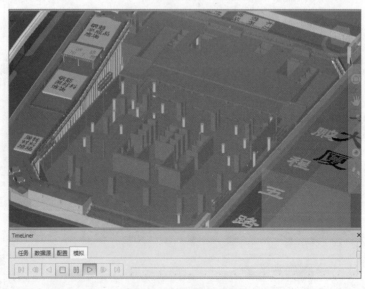

图 1-5　施工进度模型

6. 辅助后续物业维护管理

利用 BIM 竣工模型，输出设备相关信息，供物业人员使用，竣工模型展示如图 1-6 所示。

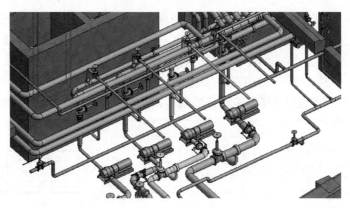

图 1-6　竣工模型展示

■ 1.3　BIM 施工应用

传统施工过程大致分为三个阶段，分别是施工准备阶段、施工实施阶段与竣工验收阶段。本节主要介绍施工准备阶段与施工实施阶段的 BIM 应用。

1.3.1　施工准备阶段

施工准备阶段从广义上是指从建设单位与施工单位签订工程承包合同开始到工程开工为止。在实际项目中，每个分部分项工程并非同时进行，因此在很多时候，施工准备阶段贯穿整个项目施工阶段。主要工作内容是为工程的施工建立必需的技术条件和物质条件，统筹安排施工力量和施工现场，使工程具备开工和施工的基本条件。施工准备工作是建筑工程施工顺利进行的重要保证。

施工准备阶段的 BIM 应用价值主要体现在施工深化设计、施工方案模拟及构件预制加工等方面。该阶段的 BIM 应用对施工深化设计的准确性、施工方案的虚拟展示，以及预制构件的加工能力等方面起到关键作用。施工单位要结合施工工艺及现场情况将设计模型加以完善，以得到满足施工需求的施工作业模型。

1. 施工深化设计

施工深化设计的主要目的是提升深化后建筑信息模型的准确性、可校核性。将施工操作规范与施工工艺融入施工作业模型，使施工图满足施工作业的需求。

（1）数据准备

1）施工图设计阶段模型。

2）设计单位施工图。

3）施工现场条件与设备选型等。

（2）操作流程

1）收集数据，并确保数据的准确性。

2）施工单位依据设计单位提供的施工图与设计阶段建筑信息模型，根据自身施工特点及现场情况，完善或重新建立可表示工程实体即施工作业对象和结果的施工作业模型。该模型应当包含工程实体的基本信息。

3）BIM 技术工程师结合自身专业经验或与施工技术人员配合，对建筑信息模型的施工合理性、可行性进行甄别，并进行相应的调整优化。同时，对优化后的模型实施冲突检测。

4）施工作业模型通过建设单位、设计单位、相关顾问单位的审核确认，最终生成可指导施工的三维图形文件及二维深化施工图、节点图。

施工深化设计 BIM 应用的操作流程，如图 1-7 所示。

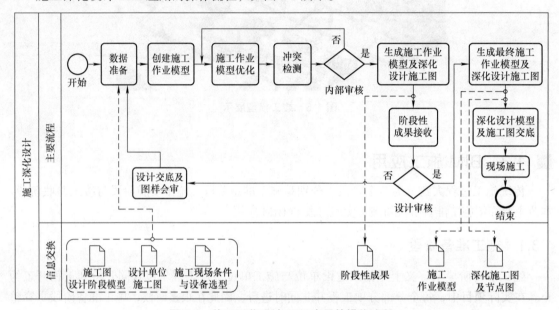

图 1-7　施工深化设计 BIM 应用的操作流程

（3）成果

1）施工作业模型：模型应表示工程实体即施工作业对象和结果，包含工程实体的基本信息，并清晰表达关键节点施工方法。

2）深化施工图及节点图：施工图及节点图应清晰表达深化后模型的内容，满足施工条件，并符合政府、行业规范及合同的要求。

2. 施工方案模拟

在施工作业模型的基础上附加建造过程、施工顺序等信息，进行施工过程的可视化模拟，并充分利用建筑信息模型对方案进行分析和优化，提高方案审核的准确性，实现施工方案的可视化交底。

（1）数据准备

1）施工作业模型。

2）收集并编制施工方案的文件和资料，一般包括工程项目设计施工图、工程项目的施工进度和要求、可调配的施工资源概况（如人员、材料和机械设备）、施工现场的自然条件和技术经济资料等。

（2）操作流程

1）收集数据，并确保数据的准确性。

2）根据施工方案的文件和资料，在技术、管理等方面定义施工过程附加信息并添加到施工作业模型中，构建施工过程演示模型。该演示模型应表示工程实体和现场施工环境、施工机械的运行方式、施工方法和顺序、所需临时及永久设施安装的位置等。

3）结合工程项目的施工工艺流程，对施工作业模型进行施工模拟、优化，选择最优施工方案，生成模拟演示视频并提交施工部门审核。

4）针对局部复杂的施工区域，进行 BIM 重点难点施工方案模拟，生成方案模拟报告，并与施工部门、相关专业分包协调施工方案。

5）生成施工过程演示模型及施工方案可行性报告。

施工方案模拟 BIM 应用的操作流程，如图 1-8 所示。

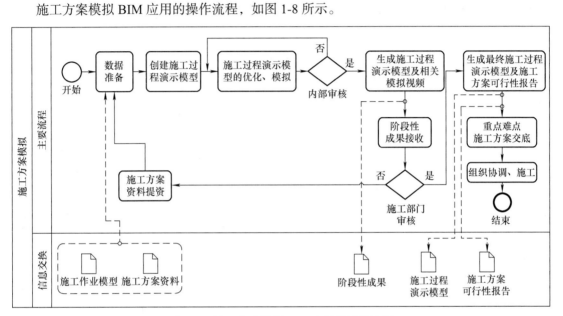

图 1-8　施工方案模拟 BIM 应用的操作流程

（3）成果

1）施工过程演示模型：模型应表示施工过程中的活动顺序、相互关系及影响、施工资源、措施等施工管理信息。

2）施工方案可行性报告：报告应通过三维建筑信息模型论证施工方案的可行性，并记录不可行施工方案的缺陷与问题。

3. 构件预制加工

工厂化建造是未来绿色建造的重要手段之一。运用 BIM 技术提高构件预制加工能力，将有利于降低成本、提高工作效率、提高建筑质量等。

（1）数据准备

1）施工作业模型。

2）预制厂商产品参数规格。

3）预制加工界面及施工方案。

（2）操作流程

1）收集数据，并确保数据的准确性。

2）与施工单位确定预制加工界面范围，并针对方案设计、编号顺序等进行协商讨论。

3）获取预制厂商产品的构件模型，或根据厂商产品参数规格，自行建立构件模型库，替换施工作业模型原构件。建模应采用合适的应用软件，保证后期可执行必要的数据转换、机械设计及归类标注等工作，将施工作业模型转换为预制加工设计图纸。

4）施工作业模型按照厂家产品库进行分段处理，并复核是否与现场情况一致。

5）将构件预装配模型数据导出，进行编号标注，生成预制加工图及配件表，施工单位审定复核后，送厂家加工生产。

6）构件到场前，施工单位应再次复核施工现场情况，如有偏差应进行调整。

7）通过构件预装配模型指导施工单位按图装配施工。

构件预制加工 BIM 应用的操作流程，如图 1-9 所示。

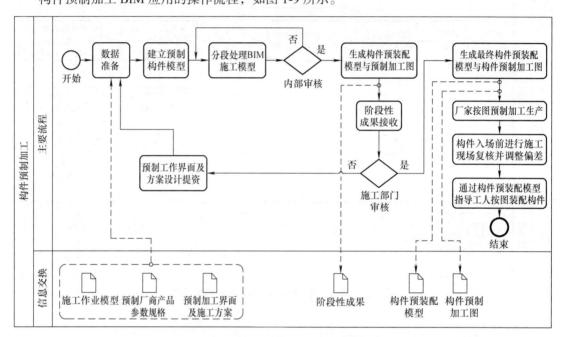

图 1-9　构件预制加工 BIM 应用的操作流程

（3）成果

1）构件预装配模型：模型应正确反映构件的定位及装配顺序，能够达到虚拟演示装配过程的效果。

2）构件预制加工图：加工图应体现构件编码，达到工厂化制造要求，并符合相关行业出图规范。

1.3.2　施工实施阶段

施工实施阶段是指自工程开始至竣工的实施过程。本阶段的主要内容是通过科学有效的现场管理完成合同规定的全部施工任务，以达到验收、交付的条件。

基于 BIM 技术的施工现场管理，一般是基于施工准备阶段完成的施工作业模型，配合选用合适的施工管理软件进行，这不仅是一种可视化的媒介，而且能对整个施工过程进行优化和控制。这样有利于提前发现并解决工程施工中的潜在问题，减少施工过程中的不确定性和风险。同时，按照施工顺序和流程模拟施工过程，可以对工期进行精确的计算、规划和控制，也可以对人、机、料、法等施工资源统筹调度、优化配置，实现对工程施工过程交互式的可视化和信

息化管理。

1. 虚拟进度与实际进度比对

基于 BIM 技术的虚拟进度与实际进度比对主要是通过方案进度计划和实际进度的比对，找出差异，分析原因，实现对项目进度的有效控制与优化。

（1）数据准备

1）施工作业模型。

2）编制施工进度计划的资料及依据。

（2）操作流程

1）收集数据，并确保数据的准确性。

2）将施工活动根据工作分解结构（WBS）的要求，分别列出各进度计划的活动（WBS 工作包）内容。根据施工方案确定各项施工流程及逻辑关系，制订初步施工进度计划。

3）将进度计划与三维建筑信息模型链接关联生成施工进度管理模型。

4）利用施工进度管理模型进行可视化施工模拟。检查施工进度计划是否满足约束条件，是否达到最优状况。若不满足，需要进行优化和调整，优化后的计划可作为正式施工进度计划。经项目经理批准后，报建设单位及工程监理审批，用于指导施工项目实施。

5）结合虚拟设计与施工（VDC）、增强现实（AR）、三维激光扫描（LS）、施工监视及可视化中心（CMVC）等技术，实现可视化项目管理，对项目进度进行更有效的跟踪和控制。

6）在选用的进度管理软件系统中输入实际进度信息后，通过实际进度与项目计划间的对比分析，发现两者之间的偏差，分析并指出项目中存在的潜在问题。对进度偏差进行调整及更新目标计划，以达到多方平衡，实现进度管理的最终目的，并生成施工进度控制报告。

虚拟进度与实际进度比对 BIM 应用的操作流程，如图 1-10 所示。

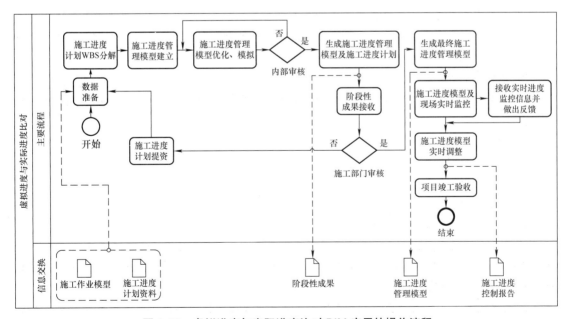

图 1-10　虚拟进度与实际进度比对 BIM 应用的操作流程

（3）成果

1）施工进度管理模型：模型应准确表达构件的外表几何信息、施工工序、施工工艺及施工、安装信息等。

2）施工进度控制报告：报告应包含一定时间内虚拟模型与实际施工的进度偏差分析。

2. 工程量统计

从施工作业模型获取的各清单子目工程量与项目特征信息，能够提高造价人员编制各阶段工程造价的效率与准确性。

（1）数据准备

1）施工作业模型。

2）构件参数化信息。

3）构件项目特征及相关描述信息。

4）其他相关的合约与技术资料信息。

（2）操作流程

1）收集数据，并确保数据的准确性。

2）针对施工作业模型，加入构件参数化信息与构件项目特征及相关描述信息，完善建筑信息模型中的成本信息。

3）利用 BIM 软件获取施工作业模型中的工程量信息，得到的工程量信息可作为建筑工程招投标时编制工程量清单与招标控制价格的依据，也可作为施工图预算的依据。同时，从模型中获取的工程量信息应满足合同约定的计量、计价规范要求。

4）建设单位可利用施工作业模型实现动态成本的监控与管理，并实现目标成本与结算工作前置。施工单位根据优化的动态模型实时获取成本信息，动态合理地配置施工过程中所需的资源。

工程量统计 BIM 应用的操作流程，如图 1-11 所示。

（3）成果　工程量清单：工程量清单应准确反映实物工程量，满足预结算编制要求，该清单不包含相应损耗。

3. 设备与材料管理

运用 BIM 技术达到按施工作业面配料的目的，实现施工过程中设备、材料的有效控制，提高工作效率，减少不必要的浪费。

（1）数据准备

1）施工作业模型。

2）设备与材料信息。

（2）操作流程

1）收集数据，并确保数据的准确性。

2）在施工作业模型中添加或完善楼层信息、构件信息、进度表、报表等设备与材料信息。建立可以实现设备与材料管理和施工进度协同的建筑信息模型。其中，该模型应可追溯大型设备及构件的物流与安装信息。

3）按作业面划分，从建筑信息模型输出相应的设备、材料信息，通过内部审核后，提交给施工部门审核。

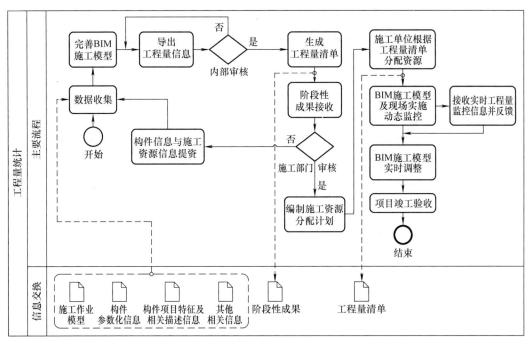

图 1-11　工程量统计 BIM 应用的操作流程

4）根据工程进度实时输入变更信息，包括工程设计变更、施工进度变更等。输出所需的设备与材料信息表，并按需要获取已完工程消耗的设备与材料信息，以及下个阶段工程施工所需的设备与材料信息。

设备与材料管理 BIM 应用的操作流程，如图 1-12 所示。

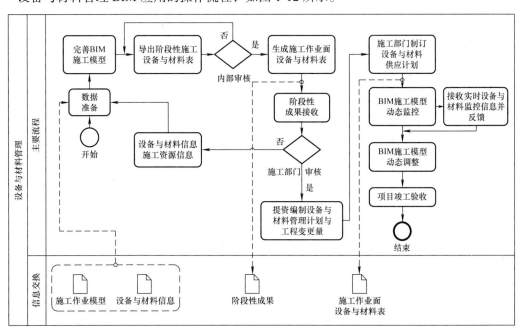

图 1-12　设备与材料管理 BIM 应用的操作流程

（3）成果

1）施工设备与材料信息：在施工实施过程中，应不断完善模型构件的产品信息及施工、安装信息。

2）施工作业面设备与材料表：建筑信息模型可按阶段性、区域性、专业类别等方面输出不同作业面的设备与材料表。

4. 质量与安全管理

基于 BIM 技术的质量与安全管理是通过现场施工情况与模型的比对，提高质量检查的效率与准确性，并有效控制危险源，进而实现项目质量、安全可控的目标。

（1）数据准备

1）施工作业模型。

2）质量管理方案、计划。

3）安全管理方案、计划。

（2）操作流程

1）收集数据，并确保数据的准确性。

2）根据施工质量、安全方案，修改完善施工作业模型，生成施工安全设施配置模型。

3）利用建筑信息模型的可视化功能准确、清晰地向施工人员展示及传递建筑设计意图。同时，可通过 4D 施工过程模拟，帮助施工人员理解、熟悉施工工艺和流程，并识别危险源，避免由于理解偏差造成施工质量与安全问题。

4）实时监控现场施工质量、安全管理情况，并更新施工安全设施配置模型。

5）对出现的质量、安全问题，在建筑信息模型中通过现场相关图像、视频、音频等方式关联到相应构件与设备上，记录问题出现的部位或工序，分析原因，进而制订并采取解决措施。同时，收集、记录每次问题的相关资料，积累对类似问题的预判和处理经验，为日后工程项目的事前、事中、事后控制提供依据。

质量与安全管理 BIM 应用的操作流程，如图 1-13 所示。

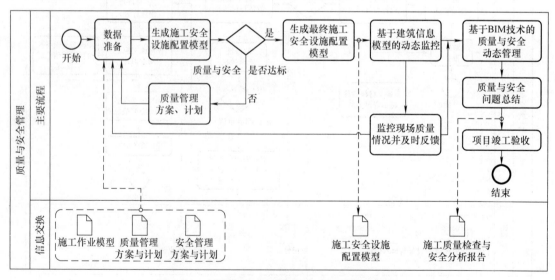

图 1-13 质量与安全管理 BIM 应用的操作流程

（3）成果

1）施工安全设施配置模型：模型应准确表达大型机械安全操作半径、洞口临边、高空作业防坠保护措施、现场消防及临水临电的安全使用措施等。

2）施工质量检查与安全分析报告：施工质量检查报告应包含虚拟模型与现场施工情况一致性比对的分析，而施工安全分析报告应记录虚拟施工中发现的危险源与采取的措施，以及结合模型对问题的分析与解决方案。

5. 竣工模型构建

在建设项目竣工验收时，将竣工验收信息添加到施工作业模型，并根据项目实际情况进行修正，以保证模型与工程实体的一致性，进而形成竣工模型，以满足交付及运营基本要求。

（1）数据准备

1）施工作业模型。

2）施工过程中修改变更资料。

（2）操作流程

1）收集数据，并确保数据的准确性。

2）施工单位技术人员在准备竣工验收资料时，应检查施工作业模型是否能准确表达竣工工程实体，如表达不准确或有偏差，应修改并完善建筑信息模型相关信息，以形成竣工模型。

3）所需的竣工验收资料宜通过 BIM 软件导出或自动生成。

（3）成果

1）竣工模型：模型应准确表达构件的外表几何信息、材质信息、厂家信息及施工安装信息等。其中，对于不能指导施工、对运营无指导意义的内容，不宜过度建模。

2）竣工验收资料：资料应通过模型输出，包含必要的竣工信息，作为政府竣工资料的重要参考依据。

■ 1.4　BIM 设计应用

建筑设计项目一般分为概念设计、方案设计、初步设计、施工图设计。其中，概念设计阶段一般在建设单位与设计单位签订设计合同前完成，在建设项目规划时进行概念设计，并确定基本方案，它一般划分在设计阶段前，可理解为立项准备阶段的工作内容。所以本节不做描述，仅针对方案设计、初步设计、施工图设计三个阶段进行 BIM 设计应用描述。

1.4.1　方案设计阶段

方案设计主要是从建设项目的需求出发，根据建设项目的设计条件，研究分析满足建筑功能和性能的总体方案，并对建筑的总体方案进行初步的评价、优化和确定。

方案设计阶段的 BIM 应用主要是利用 BIM 技术对项目的可行性进行论证，对下一步深化工作进行推导和方案细化。利用 BIM 软件对建筑项目所处的场地环境进行必要的分析，如坡度、方向、高程、纵横断面、填挖方、等高线、流域等，作为方案设计的依据。进一步利用 BIM 软件建立建筑模型，输入场地环境相应的信息，进而对建筑物的物理环境（如气候、风速、地表热辐射、采光、通风等）、出入口、人车流动、结构、节能排放等方面进行模拟分析，选择最优的工程设计方案。

1. 场地分析

场地分析主要是利用场地分析软件，建立三维场地模型，在场地规划设计和建筑设计的过程中，提供可视化的模拟分析数据，以作为评估设计方案选项的依据。在进行场地分析时，应详细分析建筑场地的主要影响因素。

（1）数据准备

1）地勘报告、工程水文资料、现有规划文件、建设地块信息。

2）电子地图（周边地形、建筑属性、道路用地性质等信息）、GIS 数据。

（2）操作流程

1）收集数据，并确保测量勘察数据的准确性。

2）建立相应的场地模型，借助软件模拟分析场地数据，如坡度、方向、高程、纵横断面、填挖方、等高线等。

3）根据场地分析结果，评估场地设计方案或工程设计方案的可行性，判断是否需要调整设计方案；模拟分析、设计方案调整是一个需多次推敲的过程，直到最终确定最佳场地设计方案或工程设计方案。

场地分析 BIM 应用的操作流程，如图 1-14 所示。

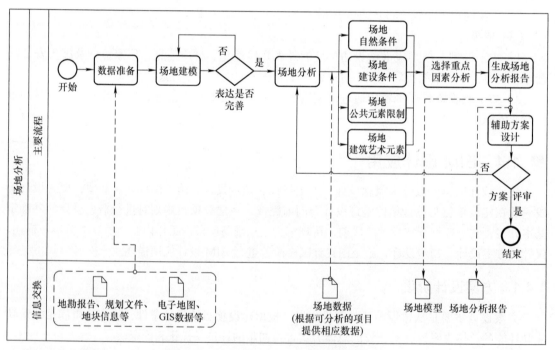

图 1-14 场地分析 BIM 应用的操作流程

（3）成果

1）场地模型：模型体现场地边界（如用地红线、高程、正北向）、地形表面、建筑地坪、场地道路等。

2）场地分析报告：报告体现三维场地模型图像、场地分析结果，以及对场地设计方案或工程设计方案的场地分析数据对比。

2. 建筑性能模拟分析

建筑性能模拟分析主要利用专业的性能分析软件，建立三维建筑信息模型，对建筑物的可视度、采光、通风、人员疏散、结构、节能排放等进行模拟分析，以提高建筑项目的性能、质量、安全和合理性。

（1）数据准备　方案设计模型或二维图、气象数据、热负荷、热工参数等。

（2）操作流程

1）收集数据，并确保数据的准确性。

2）根据前期数据及分析软件要求，建立各类分析所需的模型。

3）分别获得单项分析数据，综合各项结果反复调整模型，进行评估，寻求建筑综合性能平衡点。

4）根据分析结果，调整设计方案，选择能够最大化提高建筑物性能的方案。

（3）成果

1）专项分析模型：不同分析软件对建筑信息模型的深度要求不同，专项分析模型应满足该分析项目的数据要求。其中，建筑模型应能够体现建筑的几何尺寸、位置、朝向，窗洞尺寸和位置，门洞尺寸和位置等基本信息。

2）分项模拟分析报告：分项报告应体现三维建筑信息模型图像、分项分析数据结果，以及对建筑设计方案性能对比说明。

3. 设计方案比选

设计方案比选的主要目的是选出最佳的设计方案，为初步设计阶段提供对应的设计方案模型。基于 BIM 技术的方案设计是利用 BIM 软件，通过制作或局部调整方式，形成多个备选的建筑设计方案模型，进行比选，使建筑项目方案的沟通、讨论、决策在可视化的三维场景下进行，实现项目设计方案决策的直观和高效。

（1）数据准备　前期设计模型，或二维设计图。

（2）操作流程

1）收集数据，并确保数据的准确性。

2）建立建筑信息模型，模型应包含方案的完整设计信息。采用二维设计图建模的，模型应当和方案设计图一致。

3）检查多个备选方案模型的可行性、功能性、美观性等方面，并进行比选，形成相应的方案比选报告，选择最优的设计方案。

4）形成最终设计方案模型。

设计方案比选 BIM 应用的操作流程，如图 1-15 所示。

（3）成果

1）方案比选报告：报告应体现建筑项目的三维透视图、轴测图、剖切图等，平面、立面、剖面图等二维图，以及方案比选的对比说明。

2）设计方案模型：模型应体现建筑主体外观形状、建筑层数、建筑高度、基本功能分隔构件、基本面积等。

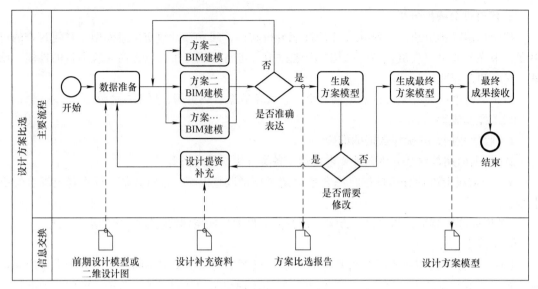

图 1-15　设计方案比选 BIM 应用的操作流程

1.4.2　初步设计阶段

初步设计阶段是介于方案设计阶段和施工图设计阶段之间的过程，是对方案设计进行细化的阶段。在本阶段，推敲完善建筑模型，并配合结构建模进行核查设计。应用 BIM 软件构建建筑模型，对平面、立面、剖面图进行一致性检查，将修正后的模型进行剖切，生成平面、立面、剖面图及节点大样图，形成初步设计阶段的建筑、结构模型和初步设计二维图。

在建设项目初步设计过程中，沟通、讨论、决策可以围绕可视化的建筑模型开展。模型生成的明细表统计可及时、动态反映建筑项目的主要技术经济指标，包括建筑层数、建筑高度、总建筑面积、各类面积指数、住宅套数、房间数、停车位数等。

初步设计阶段 BIM 应用的操作流程，如图 1-16 所示。

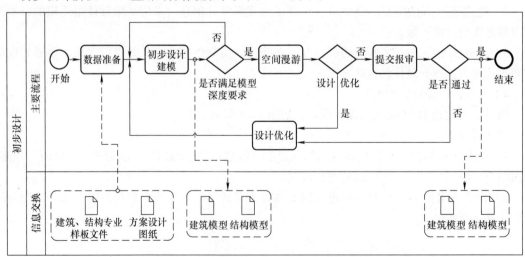

图 1-16　初步设计阶段 BIM 应用的操作流程

1. 建筑、结构专业模型构建

建筑、结构专业模型构建是利用 BIM 软件，建立三维几何实体模型，进一步细化建筑、结构专业在方案设计阶段的三维模型，以达到完善建筑、结构设计方案的目标，为施工图设计提供设计模型和依据。

（1）数据准备

1）方案设计阶段的建筑、结构模型，或二维设计图。

2）建筑、结构专业初步设计样板文件。样板文件的定制由企业根据自身建模和作图习惯创建，包括统一的文字样式、字体大小、标注样式、线型等。

（2）操作流程

1）收集数据，并确保数据的准确性。

2）分别采用建筑、结构的专业样板文件，根据设计方案模型或二维设计图建立相应的建筑信息模型。为保证后期建筑、结构模型的准确整合，在建模前，应当保证建筑、结构模型统一轴网，原点对齐。

3）剖切建筑专业模型，主要检查平面、立面、剖面的视图表达是否统一，专业设计是否有遗漏错误；对于结构专业模型，主要检查构件的尺寸和标注是否统一。

4）校验完建筑、结构专业模型后，在平面、立面、剖面的视图上添加关联标注，使模型深度和二维设计深度保持一致。

5）按照统一的命名规则命名文件，分别保存模型文件。

建筑、结构专业模型构建 BIM 应用的操作流程，如图 1-17 所示。

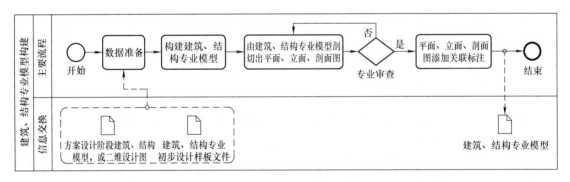

图 1-17　建筑、结构专业模型构建 BIM 应用的操作流程

（3）成果　建筑、结构专业模型。

2. 建筑结构平面、立面、剖面图检查

建筑结构平面、立面、剖面图检查的主要目的是通过剖切建筑和结构专业整合模型，检查建筑和结构的构件在平面、立面、剖面图位置是否一致，以消除设计中出现的建筑、结构不统一的错误。

（1）数据准备　建筑、结构专业模型。

（2）操作流程

1）收集数据，并确保数据的准确性。

2）整合建筑、结构专业模型。

3）剖切整合后的建筑结构模型，产生平面、立面、剖面视图，并检查三者的关系是否统一。修正各自专业模型的错误，直到三者的关系统一准确。

4）按照统一的命名规则命名文件，保存整合后的模型文件。

（3）成果

1）检查修改后的建筑、结构专业模型。

2）检查报告。报告应包含建筑结构整合模型的三维透视图、轴测图、剖切图等，以及通过模型剖切的平面、立面、剖面等二维图，并对检查前后的建筑结构模型做对比说明。

3. 面积明细表统计

面积明细表统计的主要目的是利用建筑模型，提取房间面积信息，精确统计各项常用面积指标，以辅助进行技术指标测算，并能在建筑模型修改过程中，发挥关联修改作用，实现精确快速统计。

（1）数据准备　初步设计阶段的建筑专业模型。

（2）操作流程

1）收集数据，并确保数据的准确性。

2）检查建筑专业模型中建筑面积、房间面积信息的准确性。

3）根据项目需求，设置明细表的属性列表，以形成面积明细表的模板。根据模板创建基于建筑信息模型的面积明细表，并命名面积明细表。

4）根据设计需要，分别统计相应的面积指标，校验是否满足技术经济指标要求。

5）保存模型文件及面积明细表。

（3）成果

1）建筑专业模型：模型应体现房间面积等信息。

2）面积明细表：明细表应体现房间楼层、房间面积与体积、建筑面积与体积、建设用地面积等信息。

1.4.3　施工图设计阶段

施工图设计是建设项目设计的重要阶段，是项目设计和施工的桥梁。本阶段主要通过施工图，表达建设项目的设计意图和设计结果，并作为项目现场施工指导的依据。

施工图设计阶段的 BIM 应用是各专业模型构建并进行优化设计的复杂过程。各专业信息模型包括建筑、结构、给排水、暖通、电气等专业。在此基础上，根据专业设计、施工等知识框架体系，进行冲突检测、三维管线综合、竖向净空优化等基本应用，完成对施工图设计的多次优化。针对某些会影响净高要求的重点部位，进行具体分析，优化机电系统空间走向排布和净空高度。施工图设计阶段 BIM 应用的操作流程，如图 1-18 所示。

1. 各专业模型构建

各专业模型构建宜在初步设计模型的基础上，进一步深化初步设计模型，使其满足施工图设计阶段模型深度；使得项目在各专业协同工作中的沟通、讨论、决策在三维模型的状态下进行，有利于对建筑空间进行合理性优化，为后续深化设计、冲突检测及三维管线综合等提供模型工作依据。

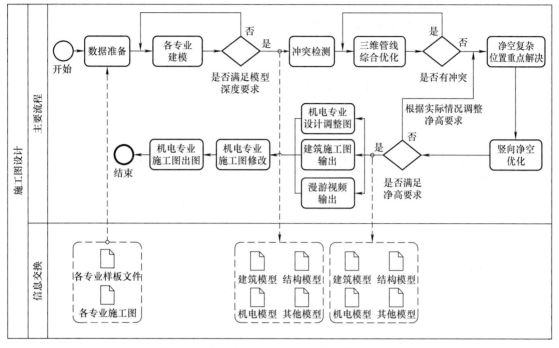

图 1-18　施工图设计阶段 BIM 应用的操作流程

（1）数据准备　初步设计阶段的各专业模型。

（2）操作流程

1）收集数据，并确保数据的准确性。

2）深化初步设计阶段的各专业模型，构建施工图设计阶段模型，并按照统一命名原则保存模型文件。

3）将阶段性各专业模型等成果提交给建设单位确认，并按照建设单位意见调整完善各专业模型。

（3）成果　各专业模型。

2. 冲突检测及三维管线综合

冲突检测及三维管线综合的主要目的是基于各专业模型，应用 BIM 软件检查施工图设计阶段的碰撞，完成建筑项目设计图纸范围内各种管线布设与建筑、结构平面布置和竖向高程相协调的三维协同设计工作，以避免空间冲突，尽可能减少碰撞，避免设计错误传递到施工阶段。

（1）数据准备　各专业模型。

（2）操作流程

1）收集数据，并确保数据的准确性。

2）整合建筑、结构、给排水、暖通、电气等专业模型，形成整合的建筑信息模型。

3）设定冲突检测及三维管线综合的基本原则，使用 BIM 软件等手段，检查发现建筑信息模型中的冲突和碰撞。编写冲突检测及三维管线综合优化报告，提交给建设单位确认后调整模

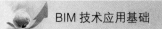

型。其中，一般性调整或节点的设计优化等工作，由设计单位修改优化；较大变更或变更量较大时，可由建设单位协调后确定优化调整方案。

4）逐一调整模型，确保各专业之间的冲突与碰撞问题得到解决。

注：对于平面视图上管线综合的复杂部位或区域，宜添加相关联的竖向标注，以体现管线的竖向标高。

冲突检测及三维管线综合 BIM 应用的操作流程，如图 1-19 所示。

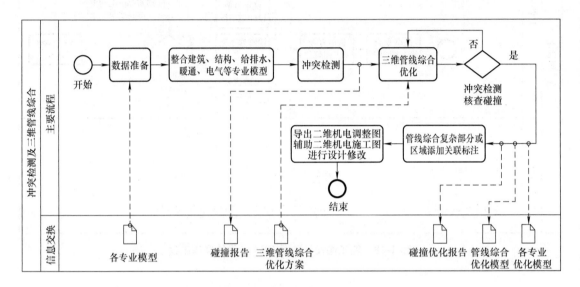

图 1-19　冲突检测及三维管线综合 BIM 应用的操作流程

（3）成果

1）调整后的各专业模型。

2）优化报告：报告中应详细记录调整前各专业模型之间的冲突和碰撞，记录冲突检测及管线综合的基本原则，并提供冲突和碰撞的解决方案，对空间冲突、管线综合优化前后进行对比说明。其中，优化后的管线排布平面图和剖面图，应当反映精确竖向标高标注。

3. 竖向净空优化

竖向净空优化的主要目的是基于各专业模型，优化机电管线排布方案，对建筑物最终的竖向设计空间进行检测分析，并给出最优的净空高度。

（1）数据准备　冲突检测和三维管线综合调整后各专业模型。

（2）操作流程

1）收集数据，并确保数据的准确性。

2）确定需要净空优化的关键部位，如走道、机房、车道上空等。

3）在不发生碰撞的基础上，利用 BIM 软件等手段，调整各专业的管线排布模型，最大化增加净空高度。

4）审查调整后的各专业模型，确保模型准确。

5）将调整后的建筑信息模型及相应深化后的 CAD 文件，提交给建设单位确认。其中，对二维施工图难以直观表达的结构、构件、系统等提供三维透视和轴测图等三维施工图形式辅助表达，为后续深化设计、施工交底提供依据。

（3）成果

1）调整后的各专业模型。

2）优化报告：报告应记录建筑竖向净空优化的基本原则，对管线排布优化前后进行对比说明。优化后的机电管线排布平面图和剖面图，应当反映精确竖向标高标注。

4. 虚拟仿真漫游

虚拟仿真漫游的主要目的是利用 BIM 软件模拟建筑物的三维空间，通过漫游、动画的形式提供身临其境的视觉、空间感受，及时发现不易察觉的设计缺陷或问题，减少由于事先规划不周全而造成的损失，有利于设计与管理人员对设计方案进行辅助设计与方案评审，促进工程项目的规划、设计、投标、报批与管理。

（1）数据准备　整合后的各专业模型。

（2）操作流程

1）收集数据，并确保数据的准确性。

2）将建筑信息模型导入具有虚拟动画制作功能的 BIM 软件，根据建设项目实际场景的情况，赋予模型相应的材质。

3）设定视点和漫游路径，该漫游路径应当能反映建筑物整体布局、主要空间布置及重要场所设置，以呈现设计表达意图。

4）将软件中的漫游文件输出为通用格式的视频文件，并保存原始制作文件，以备后期的调整与修改。

（3）成果　动画视频文件：动画视频应能清晰表达建筑物的设计效果，并反映主要空间布置。

5. 建筑专业辅助施工图设计

建筑专业辅助施工图设计是以剖切建筑专业三维设计模型为主，二维绘图标识为辅，局部借助三维透视图和轴测图的方式表达施工图设计。其主要目的是减少二维设计的平面、立面、剖面图的不一致性问题；尽量消除与结构、给排水、暖通、电气等专业设计表达的信息不对称；为后续设计交底、深化设计提供依据。

（1）数据准备　施工图设计阶段的建筑专业模型。

（2）操作流程

1）收集数据，并确保数据的准确性。

2）校审施工图模型的合规性，并把结构、给排水、暖通、电气专业提出的设计条件反映到模型上，进行模型调整和修改。

3）通过剖切施工图模型创建相关的施工图：平面图、立面图、剖面图、门窗大样图、局部放大图等。辅助二维标识和标注，使其满足施工图设计深度。对于局部复杂空间，宜增加三维透视图和轴测图辅助表达。

4）复核图，确保图的准确性。

建筑专业辅助施工图设计 BIM 应用的操作流程，如图 1-20 所示。

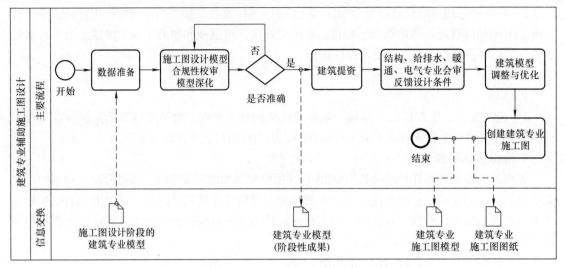

图 1-20　建筑专业辅助施工图设计 BIM 应用的操作流程

（3）成果

1）建筑专业施工图模型。

2）建筑专业施工图图纸：图纸深度应满足《建筑工程设计文件编制深度规定》（2016 版）中施工图设计阶段要求。

■ 1.5　BIM 软件介绍

随着 BIM 的深入发展，国际上出现了多家为 BIM 提供服务的软件商，如 Autodesk 公司、Graphisoft 公司、Bentley 公司。其中具有代表性的软件为 Revit（Autodesk 公司）、ArchiCAD（Graphisoft 公司）、MicroStation（Bentley 公司）。目前在国内，Autodesk 公司 BIM 软件产品应用相对广泛，故本节以介绍 Autodesk 公司软件为主。按照应用阶段及功能，划分为两类软件：一类为建模设计软件；另一类为模拟检测软件。

1.5.1　建模设计软件

Autodesk Revit 平台是一个综合的三维设计平台，它包含 Revit Architecture（建筑）、Revit Structure（结构）、Revit MEP（水暖电设备）三大设计模块。Revit 平台除保障在单一专业的设计能力不逊色的基础上，其数据可以被 Autodesk 旗下多专业多平台软件所读取利用，如 3ds Max、Showcase、Navisworks 等模拟、渲染平台。Autodesk 这种各专业综合平台的组合优势很明显，对于国内设计公司全专业的现状，这种平台更为适合。Revit 启动界面，如图 1-21 所示。

1.5.2　模拟检测软件

Autodesk Navisworks 软件能将 AutoCAD 和 Revit 系列等应用创建的设计数据，与来自其他设计工具的几何图形和信息相结合，将其作为整体的三维项目，通过多种文件格式进行实时审阅，无须考虑文件的大小。Navisworks 软件产品可以帮助所有相关方将项目作为一个整体来看，从而优化从设计决策、建筑实施、性能预测和规划，直至设施管理和运营等各个环节。
Navisworks 启动界面，如图 1-22 所示。

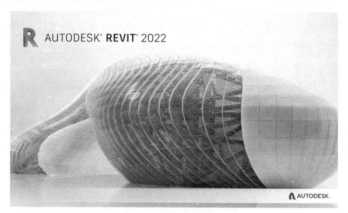

图 1-21　Revit 启动界面

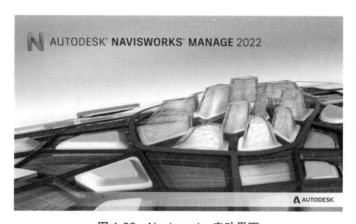

图 1-22　Navisworks 启动界面

第 2 章

Revit 基础操作

在正式学习软件前，先了解下 Revit 软件的发展历程，这对后续的学习会有很大的帮助。除这些内容外，本章还会详细介绍 Revit 的工作界面。

- ☑ Revit 概述
- ☑ Revit 基本术语
- ☑ Revit 文件格式
- ☑ 图元编辑基本操作
- ☑ 项目与项目样板
- ☑ 导入与链接
- ☑ 操作与实践

- ☑ Revit 特性
- ☑ Revit 界面
- ☑ 模型浏览与控制
- ☑ 选项工具
- ☑ 项目基本设置
- ☑ 载入族与组

■ 2.1 Revit 概述

本节主要从三个方面介绍 Revit，分别是 Revit 简介、Revit 历史、Revit 与 BIM 的关系。

2.1.1 Revit 简介

Revit 系列软件是由全球领先的数字化设计软件供应商 Autodesk 公司，针对建筑设计行业开发的三维参数化设计软件平台。目前以 Revit 技术平台为基础推出的专业版模块包括 Revit Architecture（Revit 建筑模块）、Revit Structure（Revit 结构模块）和 Revit MEP（Revit 设备模块——设备、电气、给排水）三个专业设计工具模块，以满足设计中各专业的应用需求。在 Revit 模型中，所有的图纸、二维视图和三维视图及明细表都是同一个基本建筑模型数据库的信息表现形式。在图纸视图和明细表视图中操作时，Revit 将收集有关建筑项目的信息，并在项目的其他所有表现形式中协调该信息。Revit 参数化修改引擎可自动协调在任何位置（模型视图、图纸、明细表、剖面和平面）进行的修改。

2.1.2 Revit 历史

Revit 最早是 Revit Technology 公司于 1997 年开发的三维参数化建筑设计软件。Revit 的原意为 revise immediately，意为"所见即所得"。2002 年，美国 Autodesk 公司以 2 亿美元收购了 Revit Technology，从此 Revit 正式成为 Autodesk 三维解决方案产品线中的一部分。经过数年的开发与发展，Revit 已经成为全球知名的三维参数化 BIM 设计平台。

2.1.3　Revit 与 BIM 的关系

1. BIM 简介

BIM 是由欧特克公司提出的一种新的流程和技术，其全称为 Building Information Modeling 或者 Building Information Model，意为"建筑信息模型"。从理念上看，BIM 是试图将建筑项目的所有信息纳入到一个三维的数字化模型中。这个模型不是静态的，而是随着建筑生命周期的不断发展而逐步演进，从前期方案到详细设计、施工图设计、建造和运营维护等各个阶段的信息都可以不断集成到模型中，因此可以说 BIM 模型是真实建筑物在计算机中的数字化记录。当设计、施工、运营等各方人员需要获取建筑信息时，如需要图纸、材料统计、施工进度等，都可以从该模型中快速提取出来。BIM 由三维 CAD 技术发展而来，但它的目标比 CAD 更为高远。如果 CAD 是为了提高建筑师的绘图效率，BIM 则致力于改善建筑项目全生命周期的性能表现和信息整合。

所以，BIM 是以三维数字技术为基础，集成了建筑工程项目各种相关信息的工程数据模型，可以为设计和施工中提供相协调、内部保持一致并可进行运算的信息。也就是，BIM 是通过计算机建立三维模型，并在模型中存储了设计师所需要表达的所有信息，同时这些信息全部根据模型自动生成，并与模型实时关联。

2. Revit 对 BIM 的意义

BIM 是一种基于智能三维模型的流程，能够为建筑和基础设施项目提供洞见，从而更快速、经济地创建和管理项目，并减少项目对环境的影响。面向建筑生命周期的欧特克 BIM 解决方案以 Autodesk Revit 软件产品创建的智能模型为基础，还有一套强大的补充解决方案用以扩大 BIM 的效用，其中包括项目虚拟可视化和模拟软件，AutoCAD 文档和专业制图软件，以及数据管理和协作。

继 2002 年 2 月收购 Revit 技术公司后，欧特克随即提出了 BIM 这一术语，旨在区别 Revit 模型和较为传统的 3D 几何图形。当时，欧特克是将"建筑信息模型（Building Information Modeling）"用作欧特克战略愿景的检验标准，旨在让客户及合作伙伴积极参与交流对话，以探讨如何利用技术来支持乃至加速建筑行业采取更具效率和效能的流程，同时也是为了将这种技术与市场上较为常见的 3D 绘图工具相区别。

由此可见，Revit 是 BIM 概念的一个基础技术支撑和理论支撑。Revit 为 BIM 这种理念的实践和部署提供了工具和方法，成为 BIM 在全球工程建设行业内迅速传播并得以推广的重要因素之一。

3. Revit 在欧美及中国的应用

经过近 20 年的发展，BIM 已在全球范围内得到广泛的接受和应用。在北美和欧洲，大部分建筑设计及施工企业已经将 BIM 技术应用于广泛的工程项目建设过程中，普及率较高；而国内一部分技术领先的建筑设计企业，也已经开始在应用 BIM 进行设计技术革新方面有所突破，并取得了一定的成果。如果说前几年国内的设计院还在思考"BIM 是什么"，现在的设计院则更多关心的是"为什么要投资 BIM""如何实现 BIM"及"BIM 会带来哪些变革"。在 BIM 的普及过程中，Revit 自然广为人知，并在欧美及中国迅速普及，拥有了大量的用户群体，Revit 的使用技术和应用水平也不断加深。全球各地涌现出各种 Revit 俱乐部、Revit 用户小组、Revit 论坛及 Revit 博客等。

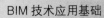

（1）Revit 在欧美的应用与普及　在北美及欧洲，通过 MHC（麦格劳希尔）公司最近的几项市场统计数据可以看到，Revit 在其设计、施工及业主领域内的发展基本进入到一个比较成熟的时期，同时具有以下特点：

1）美国与欧洲 Revit 应用普及率较高，Revit 用户的应用经验丰富，使用年限较长。

2）从应用领域上看，欧美已经将 Revit 应用在建筑工程的设计阶段、施工阶段甚至建成后的维护和管理阶段。

3）美国的施工企业对 Revit 的普及速度和比率已经超过了设计企业。

（2）Revit 在中国的起步与应用　当前我国正在进行着世界上最大规模的工程建设，因此 Revit 应用也在被大力推进，尤其是在民用建筑行业，促进着我国建筑工程技术的更新换代。Revit 于 2004 年进入国内市场，最早在一些技术领先的设计企业得以应用和实施，逐渐发展到一些施工企业和业主单位，同时 Revit 应用也从传统的建筑行业扩展到水电行业、工厂行业，甚至交通行业。基本上，Revit 的应用程度实时反映出国内工程建设行业 BIM 的普及度和应用广度。国内的 BIM 及 Revit 应用特点如下：

1）在国内建筑市场，BIM 理念已经广为接受，Revit 逐渐被应用，工程项目对 BIM 和 Revit 的需求逐渐增加，尤其是复杂、大型项目。

2）基于 Revit 的工程项目生态系统尚不完善，基于 Revit 的插件、工具也不够完善、充分。

3）国内 Revit 的应用仍然以设计企业为主，部分业主和施工单位也逐步参与。

4）国内 Revit 人员的应用经验比较初步，使用年限较短，熟悉 Revit API 的人才匮乏。

5）中国勘察设计协会举办的 BIM 大奖赛，极大促进了以 Revit 为首的 BIM 软件的应用和推广。

■ 2.2　Revit 特性

Revit 具有三维可视化与仿真性，一处修改、处处更新，参数化的特性。

1）三维可视化与仿真性的特性体现在 Revit 软件的"所见即所得"，Revit 能完全地建立出与真实构件相一致的三维模型。

2）一处修改、处处更新的特性体现在 Revit 各个视图间的逻辑关联性。传统 CAD 图之间是分离的，没有程序上的逻辑联系。当需要进行修改时，要人工手动修改每一幅图，耗费大量时间和精力，容易出错。而 Revit 的工作原理是基于整个三维模型，每一个视图都是从三维模型进行相应剖切得到的。在创建和修改图元时，是直接进行三维模型的修改，而不是修改二维视图，因此基于三维模型的其他二维视图也自动进行了相应的更新。

3）参数化的特性体现在 Revit 的参数化图元和参数化驱动引擎。要了解参数化特性，需要先了解 Revit 的图元架构。

Revit 模型由不同类型的图元组成，这些图元称为"族"。而"族"又根据其不同的功能属性，分为不同的类别。按照其组成形式，分为两部分内容：第一部分为 Revit 横向图元分类，也就是组成 Revit 模型的基本图元；第二部分为 Revit 纵向图元层级分类，也就是族的分类与扩展关系。

1. 横向图元分类

Revit 图元分为模型图元、基准图元和视图专有图元，如图 2-1 所示。

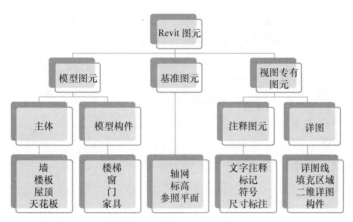

图 2-1　横向图元分类

1）模型图元：表示三维形体的图元，如梁、板、柱和墙。

2）基准图元：放置和定位模型图元的基准框架，如轴网、标高和参照平面。

3）视图专有图元：对模型图元和基准图元进行描述注释和归档的图元，只存在于其放置的视图中。

2. 纵向图元层级分类

Revit 图元按层级分类，分为四个层级：类别、族、类型、实例。类别的分类是根据图元的功能属性进行分类；族的分类是根据图元形状特性等属性进行分类；类型的分类则是根据图元具体的一类属性参数进行分类；实例则是具体的单个图元，如图 2-2 所示。

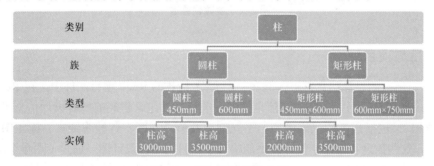

图 2-2　纵向图元层级分类

■ 2.3　Revit 基本术语

Revit 是三维参数化建筑设计 CAD 工具，不同于大家熟悉的 AutoCAD 绘图系统。用于标识 Revit 中对象的大多数术语或者概念，都是常见的行业标准术语。但是，一些术语对于 Revit 是唯一的，了解这些术语或者基本概念非常重要。

2.3.1　参数化

参数化设计是 Revit 的一个重要特征，它分为两个部分：参数化图元和参数化修改引擎。

（1）参数化图元　Revit 中的图元都是以构件的形式出现，这些构件是通过一系列参数定义的。参数保存了图元作为数字化建筑构件的所有信息。例如，当建筑师需要指定墙与门之间的距离为 200mm 的墙垛时，可以通过参数关系来"锁定"门与墙的间隔，如图 2-3 所示。

（2）参数化修改引擎　参数化修改引擎则允许用户在建筑设计时，任何部分的任何改动都可以自动修改其他相关联的部分。例如，在立面视图中修改了窗的高度，Revit 将自动修改与该窗相关联的剖面视图中窗的高度，如图 2-4 所示。任一视图下所发生的变更都能参数化、双向地传播到所有视图，以保证所有视图的一致性，无须逐一对所有视图进行修改。从而提高了工作效率和工作质量。

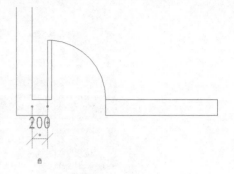

图 2-3　参数化

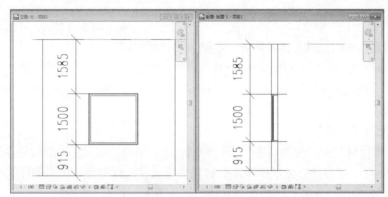

图 2-4　参数化修改

2.3.2　项目与项目样板

Revit 中，所有的设计信息都被存储在一个 RVT 格式的 Revit 项目文件中。在 Revit 中，项目就是单个设计信息数据库——建筑信息模型。项目文件包含建筑的所有设计信息（从几何图形到构造数据），包括建筑的三维模型、平立剖面及节点视图、各种明细表、施工图图纸及其他相关信息。这些信息包括用于设计模型的构件、项目视图和设计图。通过使用单个项目文件，Revit 不仅可以轻松地修改设计，还可以使修改反映在所有关联区域（如平面视图、立面视图、剖面视图、明细表等）中。仅需跟踪一个文件同样也方便了项目管理。

当在 Revit 中新建项目时，Revit 会自动以一个 RTE 格式的文件作为项目的初始条件，这个 RTE 格式的文件称为"样板文件"。Revit 的样板文件功能同 AutoCAD 的 DWT 格式文件相同。样板文件中定义了新建的项目中默认的初始参数，例如，项目默认的度量单位、默认的楼层数量的设置、层高信息、线型设置、显示设置等。Revit 允许用户自定义样板文件的内容，并保存为新的 RTE 格式文件，如图 2-5所示。

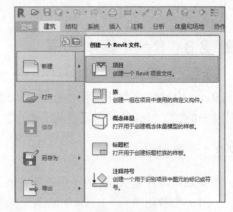

图 2-5　新建项目

2.3.3　标高

标高是无限水平平面，用作屋顶、楼板和天花板等以层为主体的图元的参照。标高大多用于定义建筑内的垂直高度或楼层。可为每个已知楼层或建筑的其他必需参照（如第二层、墙顶或基础底端）创建标高。要放置标高，必须处于剖面或立面视图中。贯穿三维视图切割的"标高 2"工作平面，及其旁边相应的楼层平面，如图 2-6 所示。

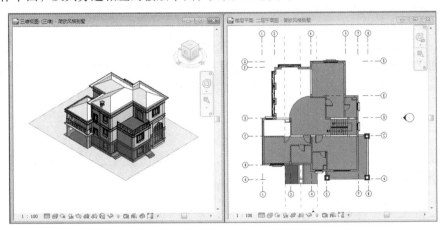

图 2-6　三维视图和二层平面图

2.3.4　图元

在创建项目时，可以向设计中添加参数化建筑图元。Revit 按照类别、族和类型对图元进行分类。柱的图元分类，如图 2-7 所示。

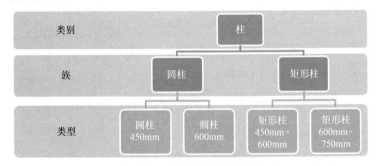

图 2-7　柱的图元分类

2.3.5　族

Revit 中进行设计时，基本的图形单元被称为图元。例如，在项目中建立的墙、门、窗、文字、尺寸标注等都被称为图元。所有这些图元都是使用"族"（family）来创建的。可以说族是 Revit 的设计基础。"族"中包括许多可以自由调节的参数，这些参数记录着图元在项目中的尺寸、材质、安装位置等信息。修改这些参数可以改变图元的尺寸、位置等。Revit 使用以下类型的族：

（1）可载入的族　可以载入到项目中，并根据族样板创建。可以确定族的属性设置和族的图形化表示方法。

（2）系统族　不能作为单个文件载入或创建。Revit 预定义了系统族的属性设置及图形表示。可以在项目内使用预定义类型生成属于此族的新类型。例如，标高的行为在系统中已经预定义，但可以使用不同的组合来创建其他类型的标高。系统族可以在项目之间传递。

（3）内建族　用于定义在项目的上下文中创建的自定义图元。如果项目需要不希望重用的独特几何图形，或者项目需要的几何图形必须与其他项目几何图形保持众多关系之一，请创建内建图元。由于内建图元在项目中的使用受到限制，因此每个内建族都只包含一种类型。可以在项目中创建多个内建族，并且可以将同一内建图元的多个副本放置在项目中。与系统和标准构件族不同，不能通过复制内建族类型来创建多种类型。

■ 2.4　Revit 界面

启动软件后，可以看到软件的初始界面，如图 2-8 所示。通过这个界面可以实现新建或打开项目及族文件，同时还会显示最近所打开的项目与族文件。在界面右侧还提供了官方提供的帮助资源，当需要查询时可以单击查看。

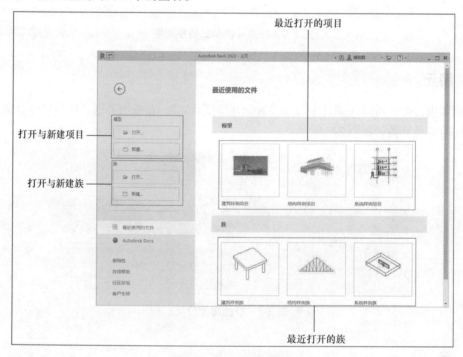

图 2-8　Revit 初始界面

当打开项目或新建项目文件时，就进入 Revit 的工作界面，如图 2-9 所示。Revit 2022 使用了 Ribbon 界面。相对于传统界面方式而言，Ribbon 界面不再将命令隐藏于各个菜单下，而是按照日常使用习惯，将不同命令进行归类分布于不同选项卡。当选择相应的选项卡时，便可直接找到需要的命令。这样的界面方式极大地提高了工作效率。

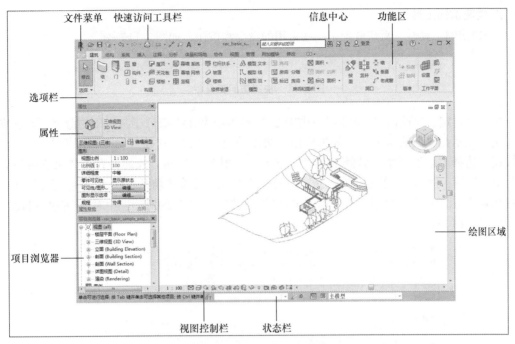

图 2-9　Revit 工作界面

1. 文件菜单

打开软件后，单击"文件"选项卡，可以打开"文件菜单"。与 Autodesk 其他软件一样，包含"新建""打开""保存"等基本命令。在右侧会默认显示最近打开过的文档，方便快速使用。当某个文件需要一直显示在"最近使用的文档"中时，可以单击其文件名称右侧的 图标，将其锁定。这样就可以使这个文件一直显示在列表中，不会被新打开的文件替换，如图 2-10 所示。

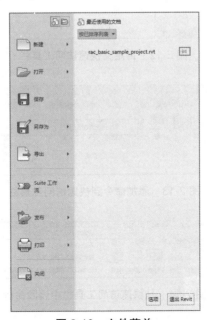

图 2-10　文件菜单

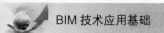
2. 快速访问工具栏

"快速访问工具栏"默认放置了一些常用的命令和按钮，如图 2-11 所示。

图 2-11　快速访问工具栏

单击"自定义快速访问工具栏" ▼ 按钮，如图 2-12 所示，查看工具栏中的命令，勾选或取消勾选以显示命令或隐藏命令。如果要向"快速访问工具栏"中添加命令，可右击"功能区"的按钮，选择"添加到快速访问工具栏"选项，如图 2-13 所示。反之，右击"快速访问工具栏"中的按钮，选择"从快速访问工具栏中删除"选项，该命令将从"快速访问工具栏"删除，如图 2-14 所示。单击"自定义快速访问工具栏"按钮，在弹出的对话框中对命令进行排序、删除，如图 2-15 所示。

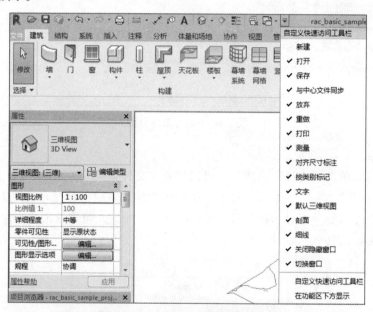

图 2-12　自定义快速访问工具栏

图 2-13　添加命令到快速访问工具栏

图 2-14　从快速访问工具栏中删除命令

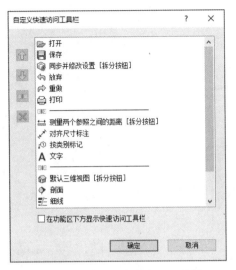

图 2-15　自定义快速访问工具栏

3. 信息中心

"信息中心"对于初学者而言，是一个非常重要的部分。可以直接在检索框中，输入所遇到的软件问题，Revit 将会检索出相应的内容。如果购买了欧特克公司的速博服务，还可通过这里登录速博服务中心。个人用户也可以通过申请的欧特克账户登录自己的云平台，单击 🛒 图标可以登录欧特克官方的 App 网站，网站内提供不同软件的插件供用户下载，如图 2-16 所示。

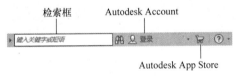

图 2-16　信息中心

4. 功能区

软件"功能区"面板，显示当前选项卡关联的命令按钮。其提供了三种显示方式，分别是"最小化为选项卡""最小化为面板标题""最小化为面板按钮"。当选择"最小化为选项卡"时，可最大化绘图区域增加模型显示面积。单击"功能区"面板中的 ◨▾ 按钮可对不同显示方式进行切换，也可单击按钮上的小黑三角符号直接选择，如图 2-17 所示。

图 2-17　循环切换

在"功能区"面板中，当指针放到某个工具上时，会提示该工具快捷键名称与说明，如图 2-18 所示。如停留时间稍长，还会提供该工具的图示说明，如图 2-19 所示。复杂的工具还提供简短的动画使用说明，供用户更直观地了解该命令的使用方法。

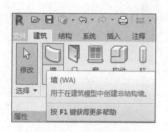

图 2-18　工具提示

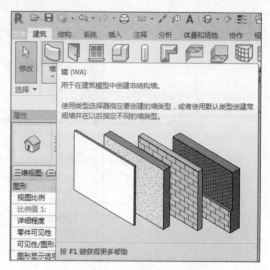

图 2-19　详细工具说明

除此以外，还可以根据按键提示来访问应用程序菜单、快速访问工具栏和功能区。要工具显示按键提示，请按〈Alt〉键，如图 2-20 所示。

可以使用按键提示在功能区中导航。输入某个功能区选项卡的按键提示可以使该选项卡成为焦点，并显示其按钮和控件的按键提示。提示工具提示后，如输入"N"将显示"注释"选项卡。

图 2-20　工具按键提示

如果"功能区"面板带有包含附加工具的扩展面板，则在输入其按键提示后，将显示该面板及其他工具的按键提示，如图 2-21 所示。若要隐藏按键提示，请按〈Esc〉键。

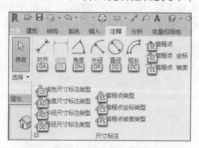

图 2-21　扩展工具按键提示

在 Revit 中还有一些隐藏工具。带有下三角或斜向小箭头的面板，都会有隐藏工具。通常有展开面板、弹出对话框两种方式，如图 2-22 所示。如果想让展开面板中隐藏工具永久性显示在视图中，还可单击 图标进行操作。

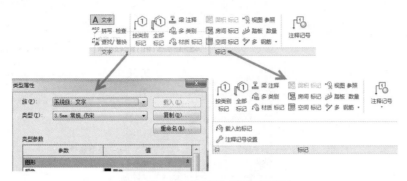

图 2-22　展开面板与弹出对话框

Revit 中任何一个面板都可以变成自由面板，浮动在当前窗口上任何位置。以"构建"面板为例，将指针放在"构建"面板标题位置或空白处按下鼠标左键拖动，面板就可脱离当前位置成为自由面板。可以将其拖放到窗口任意位置，也可以和其他面板交换位置。

注意，"构建"面板只属于"建筑"选项卡类别，不可以放置到其他选项卡中，如图 2-23 所示。如果想将其回归到原始位置，可以将指针放置在自由面板上，出现时单击，便可回归到其原始位置，如图 2-24 所示。

图 2-23　自由面板

图 2-24　回归原始位置

5. 选项栏

"选项栏"位于"功能区"面板的下方，"属性"对话框和"绘图区域"的上方。其内容根据当前命令或选定图元的变化而变化，从中可以选择子命令或设置相关参数。

如单击"建筑"选项卡→"构建"面板→"墙"工具时，出现的选项栏如图 2-25 所示。

图 2-25　选项栏

6. 属性

Revit 默认将"属性"对话框显示在界面左侧。通过"属性"对话框，可以查看和修改用来定义 Revit 中图元属性的参数，如图 2-26 所示。

如果在视图中没有显示"属性"对话框，可以通过以下三种方式进行操作：

1）单击功能区中"属性"按钮，打开"属性"对话框，如图 2-27 所示。

2）单击功能区中"视图"选项卡→"用户界面"工具，在"用户界面"下拉菜单中勾选"属性"选项，如图 2-28 所示。

3）在绘图区域空白处，右击，在弹出的快捷菜单中选择"属性"选项，如图 2-29 所示。

图 2-26 "属性"对话框

图 2-27 单击"属性"按钮　　图 2-28 勾选"属性"选项　　图 2-29 快捷菜单选择"属性"选项

（1）类型选择器　显示当前选择的族类型，并提供一个可从中选择其他类型的下拉列表框。例如墙，在"类型选择器"中会显示当前墙类型为"常规 -200mm"，在下拉列表框中显示出所有类型的墙，通过"类型选择器"可以指定或替换图元类型，如图 2-30 所示。

（2）属性过滤器　用于显示当前选择图元类别及数量，如图 2-31 所示。如选择多个图元的情况下默认会显示为"通用"名称及所选图元的数量，如图 2-32 所示。

（3）实例属性　显示视图参数信息和图元属性参数信息。切换到某个视图中，会显示当前视图中相关参数信息，如图 2-33 所示。如果在当前视图选择图元后会显示所选图元的参数信息，如图 2-34 所示。

图 2-30　类型选择器

图 2-31　属性过滤器（1）

图 2-32　属性过滤器（2）

图 2-33　视图实例属性

图 2-34　墙体实例属性

（4）类型属性　显示当前视图或所选图元的类型参数，如图 2-35 所示。进入修改类型参数对话框共有以下两种操作方法：

1）选择图元，单击"类型属性"按钮，如图 2-36 所示。

2）单击"属性"对话框中的"编辑类型"按钮，如图 2-37 所示。

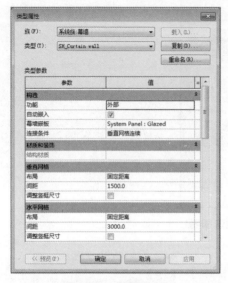

图 2-35　类型属性

图 2-36　单击"类型属性"按钮

7. 项目浏览器

用于显示当前项目中所有视图、明细表、图纸、族、组、链接的 Revit 模型和其他部分的结构树。展开和折叠各分支时，将显示下一层项目。选中某视图右击，打开相关下拉菜单，可以对该视图进行"复制""删除""重命名"和"查找相关视图"等相关操作，如图 2-38 所示。双击视图名称，可进入相应的视图。

图 2-37　单击"编辑类型"按钮

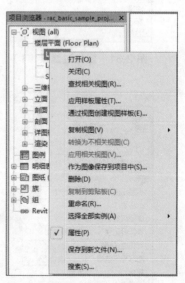

图 2-38　项目浏览器

8. 视图控制栏

视图控制栏位于绘图区域下方，单击"视图控制栏"中的按钮，即可设置视图的比例、详细程度、视觉样式、阴影、渲染对话框、裁剪区域、隐藏/隔离等，如图2-39所示。

1：100

图2-39　视图控制栏

1）比例 1：100 ：视图比例是在图纸中用于表示对象的比例系统。

2）详细程度：可根据视图比例设置新建视图的详细程度，提供"粗略""中等""精细"三种模式。

3）视觉样式：可以为项目视图指定不同的图形样式。

4）打开日光/关闭日光/日光设置：打开或关闭日光路径并进行设置。

5）打开阴影/关闭阴影：打开或关闭模型中阴影的显示。

6）显示渲染对话框（仅3D视图显示该按钮）：图形渲染方面的参数设置。

7）打开裁剪视图/关闭裁剪视图：控制是否应用视图裁剪。

8）显示裁剪区域/隐藏裁剪区域：显示或隐藏裁剪区域范围框。

9）解锁的三维视图（仅3D视图显示该按钮）：将三维视图锁定，以在视图中标记图元并添加注释记号。

10）临时隐藏/隔离：将视图中的个别图元暂时性地独立显示或隐藏。

11）显示隐藏的图元：临时查看隐藏图元或将其取消隐藏。

12）临时视图属性：在当前视图应用临时视图样板或进行设置。

13）显示或隐藏分析模型：在任何视图中显示或隐藏结构分析模型。

14）高亮显示位移集：将位移后的图元在视图中高亮显示。

9. 状态栏

状态栏位于Revit 2022工作界面的左下方。使用某一工具时，状态栏会提供相关要执行操作的提示，如图2-40所示。指针停在某个图元或构件时，会使之高亮显示，同时状态栏会显示该图元或构件的族及类型名称。

单击输入旋转起始线或拖动或单击旋转中心控制

图2-40　状态栏

状态栏右侧显示的内容如下。

1）工作集：提供对工作共享项目的"工作集"对话框的快速访问。

2）设计选项：提供对"设计选项"对话框的快速访问。设计完某个项目的大部分内容后，使用设计选项开发项目的备选设计方案。例如，可使用设计选项根据项目范围中的修改进行调整、查阅其他设计，便于用户演示变化部分。

3）选择控制：提供多种控制选择的方式，可自由开关。

4）过滤器：显示选择的图元数并优化在视图中选择的图元类别。

要隐藏状态栏或者状态栏中的工作集、设计选项，单击功能区中"视图"选项卡→"用户界面"工具，在"用户界面"下拉菜单中清除相关的勾选标记即可，如图 2-41 所示。

图 2-41 "用户界面"下拉菜单

10. 绘图区域

绘图区域是 Revit 软件进行建模操作的区域，绘图区域背景的默认颜色是白色，可通过"选项"工具设置颜色，按〈F5〉键刷新屏幕。可以通过"视图"选项卡的"窗口"面板管理绘图区域窗口，如图 2-42 所示。

图 2-42 "窗口"面板

调整绘图区域常用命令如下。

1）切换窗口：按〈Ctrl+Tab〉组合键，可以在打开的所有窗口之间进行快速切换。

2）平铺：将所有打开的窗口全部显示在绘图区域中。

3）层叠：层叠显示所有打开的窗口。

4）复制：复制一个已打开的窗口。

5）关闭隐藏对象：关闭除去当前显示窗口外的所有窗口。

■ 2.5 Revit 文件格式

完成一个项目的过程中，可能需要用到多款软件。不同的软件所生成的文件格式也不尽相同，所以需要了解软件支持的文件格式，有利于实际应用过程中文件的互相导入与导出。

1. 基本文件格式

1）RTE 格式：Revit 的项目样板文件格式包含项目单位、标注样式、文字样式、线型、线宽、线样式和导入/导出设置等内容。为规范设计和避免重复设置，对 Revit 自带的项目样板文件根据用户自身的需求、内部标准先行设置，并保存成项目样板文件，便于用户新建项目文件时选用。

2）RVT 格式：Revit 生成的项目文件格式。包含项目所有的建筑模型、注释、视图和图纸等内容。通常基于项目样板文件（RTE 格式文件）创建项目文件，编辑完成后保存为 RVT 格式文件，作为设计所用的项目文件。

3）RFT 格式：创建 Revit 可载入族的样板文件格式。创建不同类别的族要选择不同的族样

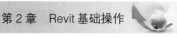

板文件。

4）RFA 格式：Revit 可载入族的文件格式。用户可根据项目需要创建常用族文件，以便随时在项目中调用。

2. 其他支持的文件格式

在项目设计和管理时，用户经常会使用多种设计、管理工具来实现目标，为实现多种软件环境的协同工作，Revit 提供"导入""链接"和"导出"工具，可以支持 CAD、FBX、DWF、IFC 和 gbXML 等多种文件格式。可以根据需要选择性地导入和导出，如图 2-43 所示。

图 2-43　"链接"与"导入"工具

> 📖 说明：关于"链接"与"导入"工具所支持的文件格式将在"2.11 导入与链接"中详细介绍。

■ 2.6　模型浏览与控制

本节主要介绍切换不同视图并使用视图导航工具进行浏览的方法。同时利用视图控制栏工具，还可以对视图比例、视觉样式等进行管理。

2.6.1　项目浏览器

"项目浏览器"在实际项目中扮演着非常重要的角色，项目开始后，所创建的图纸、明细表和族库等内容都会在"项目浏览器"中展现。在 Revit 中，"项目浏览器"用于管理数据文件，表示形式为结构树，不同层级下对应不同内容，如图 2-44 所示。

图 2-44　项目浏览器

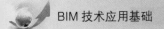

通过"项目浏览器"可以轻松切换到任一视图,包括平面、立面、明细表等。

在"项目浏览器"中打开视图的操作如下。

打开项目文件,在视图浏览器中单击"楼层平面"前的小加号,展开卷展栏。然后双击"Level 1",系统将打开 Level 1 平面视图,如图 2-45 所示。如需打开其他视图,执行同样的操作即可。

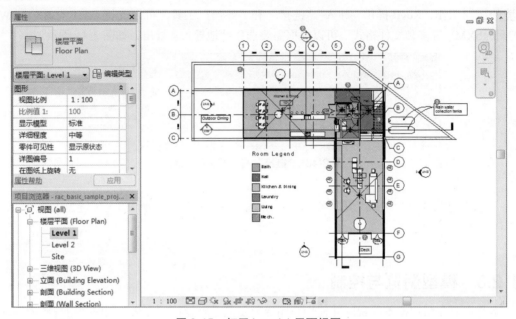

图 2-45　打开 Level 1 平面视图

2.6.2　视图导航

Revit 提供多种导航工具,可以实现对视图进行"平移""旋转"和"缩放"等操作。利用键盘结合鼠标上的功能按键,或使用 Revit 提供的"导航栏"都可实现对视图的操作,分别用于控制二维及三维视图。

1. 键盘结合鼠标

键盘结合鼠标的操作分为以下六个步骤。

1)打开 Revit 中自带的建筑样例项目文件,单击"快速访问工具栏"中的 🏠 图标切换到三维视图。

2)按住〈Shift〉键,同时按下鼠标滚轮可以对视图进行旋转操作。

3)直接按下鼠标滚轮,移动指针可以对视图进行平移操作。

4)双击鼠标滚轮,视图将返回到原始状态。

5)将指针放置到模型上任意位置向上滚动滚轮,会以指针所在位置为中心放大视图;反之,缩小视图。

6)按〈Ctrl〉键,同时按下鼠标滚轮,上下拖曳鼠标可以放大或缩小视图。

2. 导航栏

"导航栏"默认在绘图区域的右侧,如图 2-46 所示。如果视图中没有"导航栏"工具,单击"视图"选项卡→"用户界面"工具，在"用户界面"下拉菜单中选择"导航栏"选项。

（1）导航控制盘 单击"导航栏"中的"导航控制盘" ◎ 按钮，弹出"导航控制盘"，如图 2-47 所示。

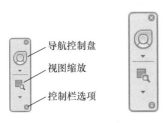

图 2-46 导航栏

图 2-47 导航控制盘

将指针放置到"缩放"按钮上，这时该按钮会高亮显示，按下鼠标左键导航控制盘消失。视图中出现绿色球形◎图标，表示模型中心所在的位置。通过上下移动鼠标，实现视图的放大与缩小。完成操作后，松开鼠标左键，导航控制盘恢复，可以继续选择其他工具进行操作。

视图默认显示为"全导航控制盘"，软件本身还提供多种控制盘样式供用户选择。单击"导航控制盘"下方的小黑三角，会弹出样式下拉菜单，如图 2-48 所示，全导航控制盘包含其他样式控制盘中的所有功能，只是显示方式不同，用户可以自行切换体验。

（2）视图缩放 单击"导航栏"中的"视图缩放"工具，可以对视图进行"区域放大""缩放匹配"等操作。单击"视图缩放"工具下方的小黑三角，会弹出下拉菜单，有相应的选项供用户选择，如图 2-49 所示。

图 2-48 "导航控制盘"下拉菜单

图 2-49 "视图缩放"下拉菜单

（3）控制栏选项 控制栏选项主要提供对控制栏样式的设置，其中包括是否显示相关工具，如图 2-50 所示。控制栏位置的设置，如图 2-51 所示。控制栏不透明度的设置，如图 2-52 所示。

图 2-50 控制栏选项

图 2-51 控制栏位置

2.6.3　ViewCube

除使用导航控制盘中所提供的工具外，软件还提供 ViewCube 工具来控制视图，默认位置在绘图区域的右上方位置，如图 2-53 所示。使用 ViewCube 可以很方便地将模型定位于各个方向和轴侧图视点。使用鼠标拖曳 ViewCube，还可以实现自由观察模型。

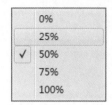

图 2-52　控制栏不透明度

图 2-53　ViewCube 工具

在选项工具中，可以对 ViewCube 工具进行设置。单击"文件"菜单→"选项"按钮，弹出"选项"对话框，切换到"ViewCube"选项卡，如图 2-54 所示。其中可以进行的设置包括"ViewCube 大小""显示位置""不活动时的不透明度"等。

图 2-54　"ViewCube"选项卡

2.6.4 视图控制栏

Revit 在各个视图均提供了视图控制栏，用于控制各视图中模型的显示状态。不同类型视图的视图控制栏样式工具不同，所提供的功能也不同。下面以三维视图中的"视图控制栏"为例进行简单介绍，如图 2-55 所示。

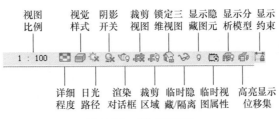

图 2-55 视图控制栏

1. 视图比例

视图比例是在图纸中用于表示对象的比例系统。可为项目中的每个视图指定不同比例，也可以创建自定义视图比例。

（1）执行方式

1）视图控制栏：单击"视图比例"按钮。

2）"属性"对话框：单击"图形"面板→"视图比例"参数。

（2）操作步骤

1）按上述执行方式，系统将弹出"视图比例"菜单，如图 2-56 所示。在其中可以设置当前视图比例。

2）如果选择"自定义"选项，则会弹出"自定义比例"对话框，如图 2-57 所示。自行输入需要的比例数值即可。

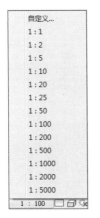

图 2-56 视图比例

图 2-57 自定义比例

2. 详细程度

通过设置不同的视图详细程度，模型在视图中所体现的细节程度将会发生变化。

（1）执行方式

1）视图控制栏：单击"详细程度"按钮。

2）"属性"对话框：单击"图形"面板→"详细程度"参数。

（2）操作步骤　按上述执行方式，系统将弹出"详细程度"菜单，如图 2-58 所示。选择任意详细程度，观察模型显示样式的变化。

图 2-58　视图详细程度

> ✍ **技巧**：一般情况下，平面与立面视图将"详细程度"调整为"粗略"即可，节省计算机资源。在详图节点等细部图纸中，将"详细程度"调整为"精细"，以满足出图的要求。

3. 视觉样式

通过修改视觉样式，可以改变模型在当前视图的显示状态。在三维视图中，还可以自定义视图背景。

（1）执行方式　视图控制栏：单击"视觉样式"按钮。

（2）操作步骤

1）按上述执行方式，系统将弹出"视觉样式"菜单，如图 2-59 所示。

2）如果选择"图形显示选项"，则会弹出"图形显示选项"对话框，如图 2-60 所示，可以设置模型的样式、透明度、轮廓等。图 2-61 所示为打开"勾绘线"的效果（模拟手绘）。限于篇幅，感兴趣的读者可以自行研究"图形显示选项"中的参数，本文将不做详细说明。

图 2-59　视觉样式

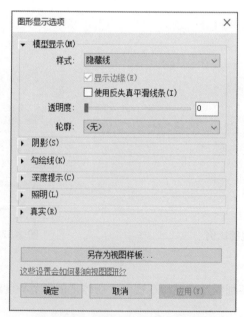

图 2-60　"图形显示选项"对话框

图 2-61 "勾绘线"效果

（3）选项说明

1）线框 ：所有模型图元都以线框的形式显示，如图 2-62 所示。

2）隐藏线 ：显示模型的边线与图案，如被遮挡则不显示，如图 2-63 所示。

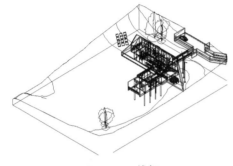

图 2-62　线框

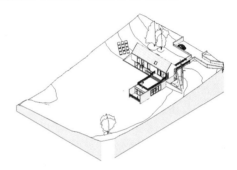

图 2-63　隐藏线

3）着色 ：将显示模型材质中着色状态下的颜色，还能表现间接光与阴影效果，如图 2-64 所示。该设置只会影响当前视图。

4）一致的颜色 ：所有图元都将显示着色状态下的颜色，但不会显示光和阴影。所以无论在任何角度观察模型，都将显示为一致的颜色，如图 2-65 所示。

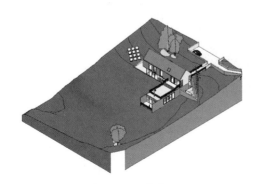

图 2-64　着色

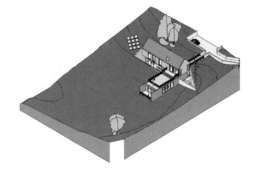

图 2-65　一致的颜色样式

5）真实 ：从"选项"对话框启用"硬件加速"后，真实样式将在可编辑的视图中显示材质外观。旋转模型时，表面会显示在各种照明条件下呈现的外观，如图 2-66 所示。

6）光线追踪 ：是一种照片级真实感渲染模式，如图 2-67 所示。在使用该视觉样式时，模型的渲染在开始时分辨率较低，但会迅速增加保真度，从而看起来更具有照片级真实感。

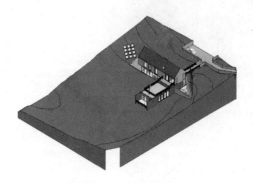

图 2-66　真实视觉样式

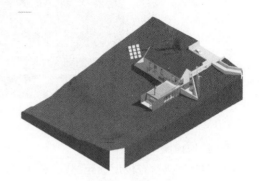

图 2-67　光线追踪

4. 日光路径

打开日光路径，拖动日光可以实时观察到光照情况。

（1）执行方式　视图控制栏：单击"打开日光路径"按钮。

（2）操作步骤

1）按上述执行方式，系统将弹出"日光路径"菜单，如图 2-68 所示。

2）选择"打开日光路径"选项，视图中将显示日光路径，如图 2-69 所示。拖动日光图标，可以实时观察不同时间的光照情况。如果选择"日光设置"选项，还可以设定不同情况下的日光研究。

图 2-68　日光路径选项

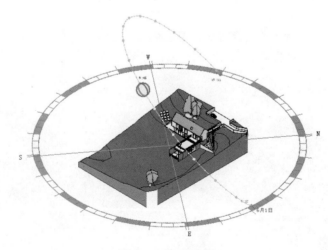

图 2-69　日光路径

5. 阴影开关

打开阴影后，将在视图中显示根据设定时间下建筑物阴影情况。

（1）执行方式　视图控制栏：单击"打开阴影"按钮。

（2）操作步骤　按上述执行方式，视图将显示阴影，如图 2-70 所示。

6. 渲染对话框

通过渲染对话框，可以进行模型的渲染操作。

（1）执行方式

1）视图控制栏：单击"显示渲染对话框"按钮。

2）功能区：单击"视图"选项卡→"演示视图"面板→"渲染"工具。

3）快捷键：按〈RR〉键。

（2）操作步骤　按上述执行方式，系统将弹出"渲染"对话框，如图 2-71 所示。通过此对话框，可以设置渲染相关参数进行渲染。

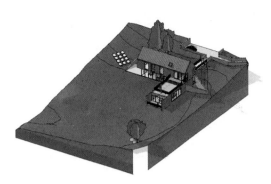

图 2-70　阴影效果

图 2-71　"渲染"对话框

7. 裁剪视图

裁剪视图工具可以控制对当前视图是否进行裁剪。此工具需与"显示或隐藏裁剪区域"配合使用。单击"剪裁视图" 按钮，当"剪裁视图"按钮呈 状态时表示已启用。

（1）执行方式

1）视图控制栏：单击"解锁的三维视图"按钮。

2）"属性"对话框：单击"范围"面板→"裁剪视图"参数。

（2）操作步骤　按上述执行方式，系统将开启裁剪模式。

8. 裁剪区域

可以根据需要显示或隐藏裁剪区域。在视图控制栏上，单击"显示裁剪区域" 按钮（"显示裁剪区域"或"隐藏裁剪区域"）。在绘图区域中，选择裁剪区域，则会显示注释和模型裁剪。内部裁剪是模型裁剪，外部裁剪则是注释裁剪，裁剪范围框如图 2-72 所示。外部剪裁需要在视图的"实例属性"面板中打开，如图 2-73 所示。

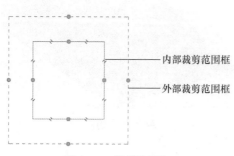

图 2-72　裁剪范围框　　　　　　　图 2-73　注释裁剪

（1）执行方式

1）视图控制栏：单击"显示裁剪区域"按钮。

2）"属性"对话框：单击"范围"面板→"裁剪区域可见"参数。

（2）操作步骤　按上述执行方式，系统将显示或隐藏裁剪范围框，如图 2-74 所示。

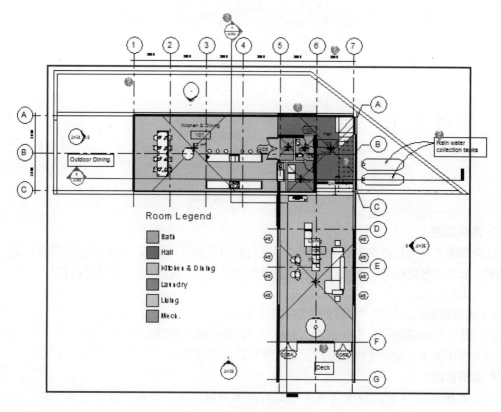

图 2-74　打开裁剪范围框

9. 锁定三维视图

锁定三维视图后，模型将被固定到某个角度，不能进行任意旋转查看。同时还可以向三维视图添加标记。

（1）执行方式　视图控制栏：单击"解锁的三维视图"按钮。

（2）操作步骤　按上述执行方式，系统将弹出"锁定三维视图"菜单，如图 2-75 所示。选择"保存方向并锁定视图"选项，输入视图名称后，当前视图将被锁定。

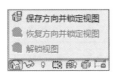

图 2-75　锁定三维视图选项

10. 临时隐藏 / 隔离

通过临时隐藏 / 隔离工具，可以实现视图中模型的暂时隐藏或孤立显示。

（1）执行方式　视图控制栏：单击"临时隐藏 / 隔离"按钮。

（2）操作步骤　选中需要临时隐藏或隔离的图元，然后按上述执行方式，系统将显示隐藏与隔离菜单，如图 2-76 所示。选择"隐藏图元"选项，系统将暂时隐藏选中的图元。选择"隔离图元"选项，系统将孤立显示选中的图元。

图 2-76　隐藏与隔离

（3）选项说明

1）将隐藏 / 隔离应用到视图：将视图临时隐藏或隔离的图元显示状态，转换为永久性状态。

2）隔离类别：孤立显示视图中所有选定类别的图元。例如，如果选择了某些墙和门，则仅在视图中显示墙和门。

3）隐藏类别：隐藏视图中所有选定类别的图元。例如，如果选择了某些墙和门，则在视图中隐藏所有墙和门。

4）隔离图元：仅显示当前被选定的图元。

5）隐藏图元：仅隐藏当前被选定的图元。

6）重设临时隐藏 / 隔离：所有临时隐藏的图元恢复到视图中。

11. 显示隐藏图元

使用隐藏工具或将临时隐藏状态应用后，隐藏的图元将永久性在视图中消失。可以通过"显示隐藏图元"按钮，将其重新显示。

（1）执行方式　视图控制栏：单击"显示隐藏的图元"按钮。

（2）操作步骤

1）按上述执行方式，视图将切换为"显示隐藏图元"状态，软件中洋红色显示的图元就是被隐藏的图元，如图 2-77 所示。

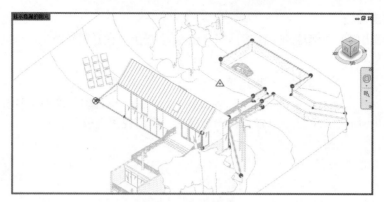

图 2-77　显示隐藏图元

2）选择需要恢复显示的图元，单击功能区内"取消隐藏类别"按钮，如图 2-78 所示。再次单击"显示隐藏图元" 💡 按钮，所选图元在视图中已恢复显示，如图 2-79 所示。

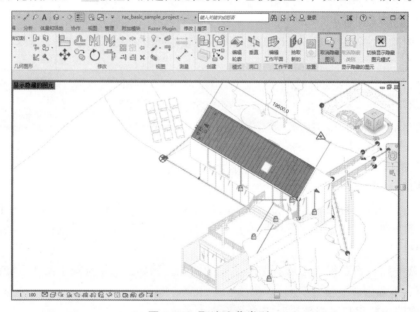

图 2-78　取消隐藏类别

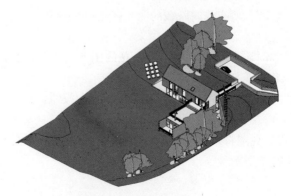

图 2-79　显示隐藏图元

3）也可以在绘图区域右击，在弹出的快捷菜单中选择"取消在视图中隐藏"选项，在子菜单中选择"类别"选项，也可显示图元，如图 2-80 所示。

12. 临时视图属性

通过临时视图属性，可以将视图样板临时性应用于当前视图，满足视图显示需要。

（1）执行方式　视图控制栏：单击"临时视图属性"按钮。

（2）操作步骤

1）按上述执行方式，系统将弹出"临时视图属性"菜单，如图 2-81 所示。

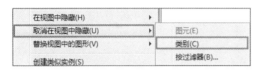

图 2-80　取消隐藏类别

图 2-81　临时视图属性

2）可以选择"临时应用样板属性"选项，设置视图样板。选定视图样板后，视图将切换至临时应用样板属性状态，如图 2-82 所示。

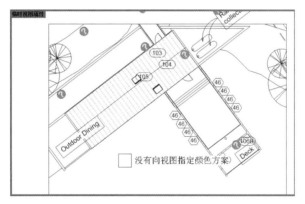

图 2-82　临时应用样板属性状态

13. 显示分析模型

通过此命令，可以控制视图中是否显示分析模型，常用于结构模型中。

（1）执行方式　视图控制栏：单击"显示分析模型"按钮。

（2）操作步骤　按上述执行方式，视图中将会显示分析模型，如图 2-83 所示。

14. 高亮显示位移集

通过此命令，可以控制视图中是否高亮显示位移集。

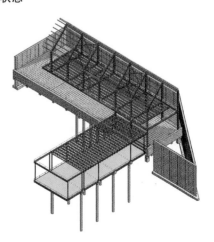

图 2-83　显示分析模型

（1）执行方式　视图控制栏：单击"高亮显示位移集"按钮。

（2）操作步骤　按上述执行方式，视图中将会高亮显示位移集，如图 2-84 所示。

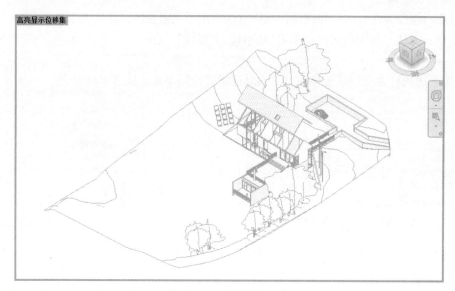

图 2-84　高亮显示位移集

15. 显示约束

通过此命令，可以控制视图中是否显示约束条件。

（1）执行方式　视图控制栏：单击"显示约束"按钮。

（2）操作步骤　按上述执行方式，视图中显示约束条件。选中约束条件后，将会同时选中与其关联的约束对象，如图 2-85 所示。

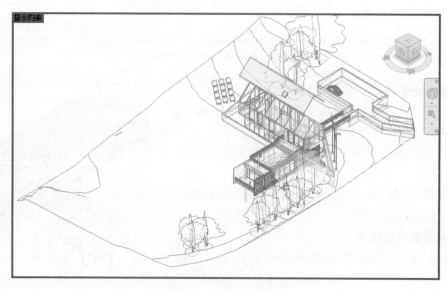

图 2-85　显示约束关系

2.6.5 视图工具

使用视图工具可以实现在视图中图元的隐藏、置换、替换等操作。

1. 在视图中隐藏

（1）执行方式　功能区：单击"修改"选项卡→"视图"面板→"在视图中隐藏"

工具。

（2）操作步骤　选中视图中任意图元，然后按上述执行方式，将弹出下拉菜单，如图 2-86 所示。选择任意选项，可实现单个图元或类别永久隐藏。

（3）选项说明

1）隐藏图元：将在视图中隐藏该图元。快捷键为〈EH〉键。

2）隐藏类别：将在视图中隐藏此类别的所有图元。快捷键为〈VH〉键。

3）按过滤器隐藏：则"可见性/图形替换"对话框上将显示用于修改、添加或删除过滤器的"过滤器"选项卡。

图 2-86　隐藏图元或类别

2. 置换图元

使用"置换图元"工具可以实现，在三维视图将模型进行分解，制作爆炸图的效果。

（1）执行方式　功能区：单击"修改"选项卡→"视图"面板→"置换图元"工具。

（2）操作步骤　打开三维视图，选中需要置换的图元，按上述执行方式，所选图元将出现移动控件。拖动控件可实现图元各个方向的移动，如图 2-87 所示。

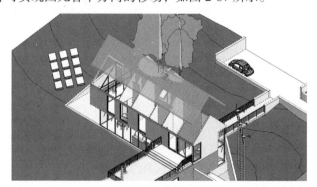

图 2-87　图元置换

> 📖 说明：使用"置换图元"工具移动的图元，只是在当前视图显示移动效果，并不会影响模型本身。如果需要取消操作，可以选中图元在"位移集"面板中单击"重置"工具，即可将图元返回原始状态。

3. 替换视图中的图形

使用此工具，可以实现单个或类别图元的样式替换，可以控制图元可见性、投影线、填充图案等。

（1）执行方式　功能区：单击"修改"选项卡→"视图"面板→"替换视图中的图形"工具。

（2）操作步骤　选中需要替换显示样式的图元，按上述执行方式，将弹出下拉菜单，如图 2-88 所示。选择任意选项，可以实现对单个或同类图元的样式替换。

例如，选择"按图元替换"选项，弹出"视图专用图元图形"对话框，如图 2-89 所示。在其中可以设定所需替换的样式。

图 2-88　替换图元

图 2-89　"视图专用图元图形"对话框

（3）选项说明

1）按图元替换：将在视图中替换该图元的样式。快捷键为〈EOD〉键。

2）按类别替换：将在视图中替换此类别所有图元的样式。

3）按过滤器替换：则"可见性/图形替换"对话框上将显示用于修改、添加或删除过滤器的"过滤器"选项卡。

4.线处理

在 Revit 中图元的线型是通过对象样式进行控制的。但特殊情况下，需要对某个图元的线型进行单独控制，可以使用"线处理"工具来实现。

（1）执行方式　功能区：单击"修改"选项卡→"视图"面板→"线处理" 工具。

（2）操作步骤　按上述执行方式，在"线样式"面板中可以选择需要替换的线样式。然后在视图中选择需要替换的线段即可，如图 2-90 所示。

5.选择框

使用"选择框"工具可以实现浏览局部三维图视图的效果。

（1）执行方式

1）功能区：单击"修改"选项卡→"视图"面板→"选择框" 工具。

2）快捷键：按〈BX〉键。

（2）操作步骤　需要单独查看的图元，按上述执

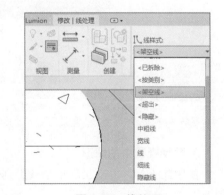

图 2-90　线处理

行方式，视图将使用"剖面框"将所选图元局部显示，如图 2-91 所示。选中"剖面框"，调整

控制柄可以控制剖切范围。

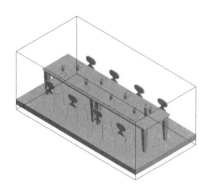

图 2-91 局部三维视图

2.6.6 实例——制作爆炸图

制作
爆炸图

本实例主要使用"置换图元"工具，实现爆炸图的创建。同时结合视图浏览工具，显示局部建筑模型，并将不需要显示的构件隐藏。制作爆炸图的操作步骤如下。

1）打开系统自带的"建筑样例项目"文件，切换到顶视图，选中主体建筑部分模型，单击"视图"面板→"选择框"工具，如图 2-92 所示。

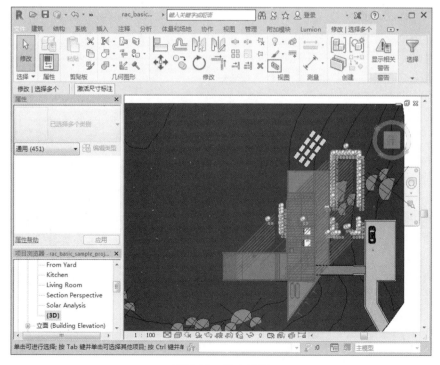

图 2-92 选中图元

2）使用 ViewCube 工具调整视图角度，并将不相关的图元隐藏，如图 2-93 所示。

3）依次选中"屋顶""外墙"构件，然后单击"视图"面板→"置换图元"工具，将指针放置于移动控件上，按下鼠标左键开始拖动各构件，如图 2-94 所示。

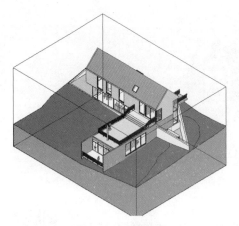

图 2-93　隐藏图元

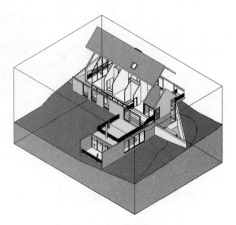

图 2-94　置换图元（1）

4）选中屋顶或其他置换的图元，然后单击"位移集"面板→"路径"工具，并依次捕捉屋顶构件的各个角度，形成与墙体之间的连线，如图 2-95 所示。

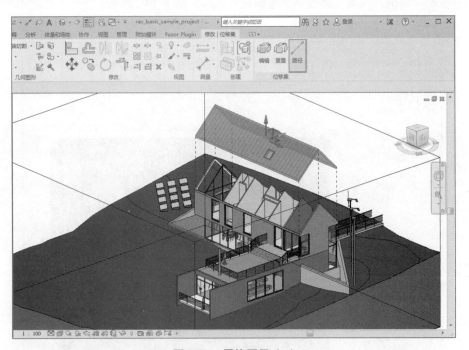

图 2-95　置换图元（2）

5）选中"剖面框"，按〈EH〉键将其在当前视图中隐藏。调整视图角度，查看最终完成效果，如图 2-96 所示。

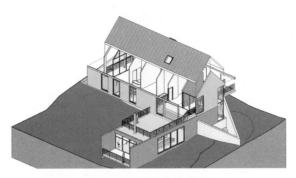

图 2-96 最终完成效果

■ 2.7 图元编辑基本操作

本节主要介绍 Revit 图元的选择与编辑工具。Revit 既提供传统的图形编辑工具，如移动、旋转、缩放等命令，又提供一些新的工具，如临时尺寸标注、属性等参数化编辑工具。

2.7.1 图元的选择

Revit 中选择图元的方法与其他三维建模软件相似，并在此基础上 Revit 选择工具还提供了一些选项，方便更智能地选中所需的图元。

1. 选择方式

按照选择方式进行分类，大致可以分为以下四类。

（1）单选和多选

1）单选：单击图元即可选中一个目标图元。

2）多选：按住〈Ctrl〉键，单击图元增加到选择；按〈Shift〉键，单击图元从选择中删除。

> 技巧：通过单选方式不容易选择有重叠的图元，可以尝试将指针放置于要选择的图元上，然后重复按〈Tab〉键，直到选择到需要选择的图元，然后单击将其选中。

（2）框选和触选

1）框选：在视图区域中，按住鼠标左键从左往右拉实线框进行选择，在选择框范围内的图元即为选择目标图元，如图 2-97 所示。

2）触选：在视图区域中，按住鼠标左键从右往左拉虚线框进行选择，在选择框接触到的图元即为选择目标图元，如图 2-98 所示。

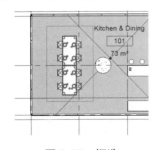

图 2-97 框选

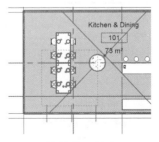

图 2-98 触选

（3）按类型选择 单选一个图元后，右击弹出快捷菜单，选择"选择全部实例"选项，在子菜单中选择"在视图中可见"或"在整个项目中"选项，即可在当前视图或整个项目中选中此类型的图元，如图 2-99 所示。

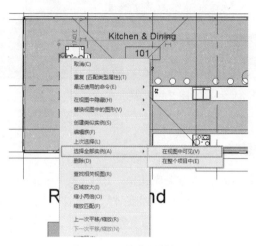

图 2-99 按类型选择

（4）滤选 使用框选或触选后，选中多种类别的图元。如果想单独选中其中某一类图元，可以在上下文选项卡中单击"过滤器"工具，或在屏幕右下角状态栏单击"过滤器"按钮，如图 2-100 所示。即可弹出"过滤器"对话框，如图 2-101 所示，进行过滤选择。

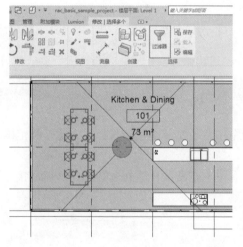

图 2-100 打开过滤器

2. 修改工具

修改工具不需要手动选择，默认状态下软件退出执行所有命令的情况下，就会自动切换到修改工具。所以在操作软件时，几乎是不用手动切换选择工具。但在某些情况下，为更方便地选择相应的图元，需要对修改工具做一些设置，来提高用户的选择效率。

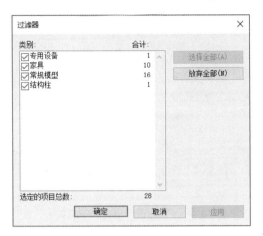

图 2-101 "过滤器"对话框

在功能区的修改工具下，单击"选择"按钮，弹出下拉菜单，如图 2-102 所示。绘图区域右下角的"选择"按钮，与"选择"下拉菜单中的命令对应，如图 2-103 所示。

图 2-102 "选择"下拉菜单

图 2-103 "选择"按钮

修改工具介绍如下。

1）选择链接：若要选择链接的文件和链接中的各个图元时，则启用该选项。

2）选择基线图元：若要选择基线中包含的图元时，则启用该选项。

3）选择锁定图元：若要选择被锁定到位且无法移动的图元时，则启用该选项。

4）按面选择图元：若要通过单击内部面而不是边来选择图元时，则启用该选项。

5）选择时拖曳图元：启用"选择时拖曳图元"选项，可拖曳无须选择的图元。若要避免选择图元时发生意外移动，可禁用该选项。

2.7.2 图元的编辑

模型绘制过程中，经常需要对图元进行修改。Revit 提供了大量的图元修改工具，其中包括"移动""旋转"和"缩放"等。在"修改"选项卡的"修改"面板中，可以找到这些工具，如图 2-104 所示。

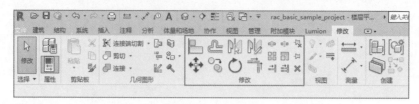

图 2-104　修改工具

1. "对齐"工具

使用"对齐"工具可将一个或多个图元与选定图元对齐。

（1）执行方式

1）功能区：单击"修改"选项卡→"修改"面板→"对齐" 工具。

2）快捷键：按〈AL〉键。

（2）操作步骤　按上述执行方式，选择参照图元（要与其他图元对齐的图元），然后选择要与参照图元对齐的一个或多个图元，如图 2-105 所示。如需将多个图元对齐到同一目标图元，可以勾选选项栏中的"多重对齐"选项。

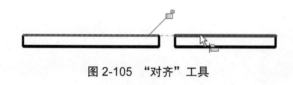

图 2-105　"对齐"工具

> 📖 **说明**：使用"对齐"工具时，当按〈Ctrl〉键时，会临时选择"多重对齐"命令。

2. "偏移"工具

使用"偏移"工具，可对选定模型线、详图线、墙和梁进行复制、移动。

（1）执行方式

1）功能区：单击"修改"选项卡→"修改"面板→"偏移" 工具。

2）快捷键：按〈OF〉键。

（2）操作步骤

1）按上述执行方式，勾选选项栏中的"复制"选项，可创建并偏移所选图元的副本。如果在（1）中选择了"图形方式"选项，则按〈Ctrl〉键的同时移动指针可以达到相同的效果。

2）选择要偏移的图元或链，将在放置指针的一侧，使用"数值方式"选项指定了偏移距离，将会在高亮显示图元的内部或外部显示一条预览线，如图 2-106 所示。

3）根据需要移动指针，以便在所需偏移位置显示预览线，然后单击将图元或链移动到该位置，或在该位置放置一个副本。若选择了"图形方式"选项，则单击以选择高亮显示的图元，然后将其拖曳到所需距离并再次单击。拖曳后将显示一个关联尺寸标注，可以输入特定的偏移距离。

3. "镜像"工具

"镜像"工具使用一条线作为镜像轴，对所选模型图元执行镜像（反转其位置）。可以拾取镜像轴，也可以绘制临时轴。使用"镜像"工具可翻转选定图元，或者生成图元的一个副本并反转其位置。

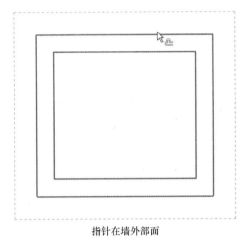
指针在墙外部面

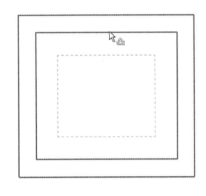
指针在墙内部面

图 2-106　"偏移"工具

（1）执行方式

1）功能区：单击"修改"选项卡→"修改"面板→"镜像 - 拾取轴" 或"镜像 - 绘制轴" 工具。

2）快捷键：按〈MM〉或〈DM〉键。

（2）操作步骤　按上述执行方式，选择要镜像的图元并按〈Enter〉键，如图 2-107 所示，将指针移动至墙中心线，单击完成镜像，如图 2-108 所示。若要移动选定项目（不生成其副本），则取消勾选选项栏中的"复制"选项。

图 2-107　拾取镜像轴　　　　　　　图 2-108　完成镜像

📖 说明：若要选择代表镜像轴的线，则选择"镜像 - 拾取轴" 工具；若要绘制一条临时镜像轴线，则选择"镜像 - 绘制轴" 工具。

4."移动"工具

"移动"工具的工作方式类似于拖曳。但是，它在选项栏上提供了其他功能，允许进行更精确的放置。

（1）执行方式

1）功能区：单击"修改"选项卡→"修改"面板→"移动" 工具。

2）快捷键：按〈MV〉键。

（2）操作步骤

1）按上述执行方式，选择要移动的图元按〈Enter〉键，在选项栏中勾选所需的选项，如图 2-109 所示。

图 2-109 "移动"工具对应的选项栏

2）单击确定起点位置，然后移动指针目标位置单击确认，如图 2-110 所示。

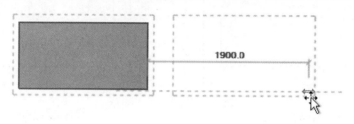

图 2-110 移动图元

（3）选项说明

1）约束：可限制图元沿着与其垂直或共线的矢量方向的移动。

2）分开：可在移动前中断所选图元和其他图元之间的关联。例如，要移动连接到其他墙的墙时，使用"分开"选项将依赖于主体的图元从当前主体移动到新的主体上。

5."复制"工具

"复制"工具可复制一个或多个选定图元，并可随即在视图中放置这些副本。

（1）执行方式

1）功能区：单击"修改"选项卡→"修改"面板→"复制"工具。

2）快捷键：按〈CO〉或〈CC〉键。

（2）操作步骤 按上述执行方式，选择要复制的图元按〈Enter〉键，在选项栏上选择所需的选项。单击绘图区域开始移动和复制图元，将指针从原始图元上移动到要放置副本的区域，单击已放置图元副本（或输入关联尺寸标注的值），可继续放置更多图元，或者按〈Esc〉键退出"复制"工具，如图 2-111 所示。

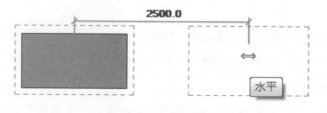

图 2-111 复制图元

6."旋转"工具

使用"旋转"工具可使图元围绕轴旋转。在楼层平面视图、天花板投影平面视图、立面视图和剖面视图中，图元会围绕垂直于视图的轴进行旋转。

（1）执行方式

1）功能区：单击"修改"选项卡→"修改"面板→"旋转" ⟳工具。

2）快捷键：按〈RO〉键。

（2）操作步骤

1）按上述执行方式，选择要旋转的图元按〈Enter〉键。在放置构件时，"旋转控制" ⬤图标将显示在所选图元的中心。若要将旋转控制拖至新位置，则将指针放置到"旋转控制" ⬤图标上，按空格键并单击新位置。若要捕捉到相关的点和线，则在选项栏上选择"旋转中心：地点"选项并单击新位置，如图 2-112 所示。选择选项栏上的"旋转中心：默认"选项，可重置旋转中心的默认位置。

2）单击指定旋转的开始放射线，此时显示的线表示第一条放射线。移动指针以放置旋转的结束放射线，此时会显示另一条线，表示此放射线。在旋转时，会显示临时角度标注，并会出现一个预览图像，表示选择集的旋转，如图 2-113 所示。

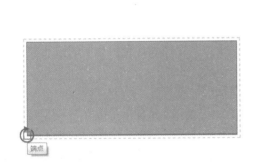

图 2-112　指定旋转端点

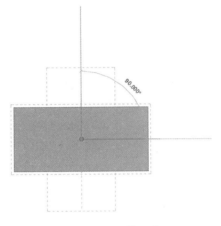

图 2-113　旋转预览

3）单击以放置结束放射线并完成图元的旋转，图元会在开始放射线和结束放射线之间旋转，如图 2-114 所示。Revit会返回到修改工具，而旋转的图元仍处于选择状态。

（3）选项说明

1）分开：可在旋转前，中断选择图元与其他图元之间的连接。

2）复制：可旋转所选图元的副本，而在原来位置上保留原始对象。

3）角度：指定旋转的角度，然后按〈Enter〉键，Revit会以指定的角度执行旋转。

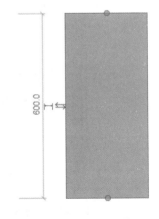

图 2-114　旋转完成

📖 说明：使用关联尺寸标注旋转图元。单击指定旋转的开始放射线后，角度标注将以粗体形式显示。使用键盘输入数值，按〈Enter〉键确定，可实现精确自动旋转。

7."修剪/延伸为角"工具

使用"修剪/延伸为角"工具可以修剪或延伸图元，形成一个角。

（1）执行方式

1）功能区：单击"修改"选项卡→"修改"面板→"修剪/延伸为角" ⫞⫟工具。

2）快捷键：按〈TR〉键。

（2）操作步骤　按上述执行方式，选择需要修剪的图元，将指针放置到第二个图元上，屏幕上会以虚线显示完成后的路径效果，如图 2-115 所示。单击完成修剪，完成后的效果如图 2-116 所示。

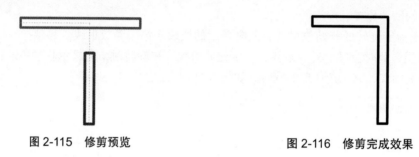

图 2-115　修剪预览

图 2-116　修剪完成效果

8."修剪/延伸图元"工具

使用"修剪/延伸图元"工具可以修剪或延伸一个或多个图元，至由相同的图元类型定义的边界。

（1）执行方式

1）功能区：单击"修改"选项卡→"修改"面板→"修改/延伸单个图元" ⫞⫟工具。

2）功能区：单击"修改"选项卡→"修改"面板→"修改/延伸多个图元" ⫞⫟工具。

（2）操作步骤　按上述执行方式，选择用作边界的参照图元，并选择要修剪或延伸的每个图元，如图 2-117 所示。对于与边界交叉的任何图元，只保留所单击的部分，而修剪边界另一侧的部分，如图 2-118 所示。

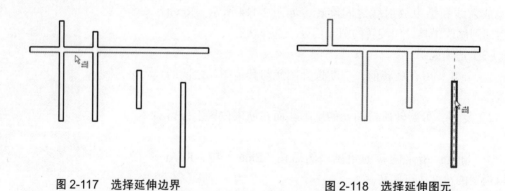

图 2-117　选择延伸边界

图 2-118　选择延伸图元

9."拆分"工具

"拆分"工具有两种使用方法，分别是"拆分图元"和"用间隙拆分"。通过"拆分"工具，可将图元分割为两个单独的部分，可删除两个点之间的线段，也可在两面墙之间创建定义的间隙。

（1）执行方式

1）功能区：单击"修改"选项卡→"修改"面板→"拆分图元" 工具。

2）功能区：单击"修改"选项卡→"修改"面板→"用间隙拆分" 工具。

3）快捷键：按〈SL〉键。

（2）操作步骤

1）按上述执行方式，如果在选项栏中选择"删除内部线段"选项，Revit 会删除墙或线上所选点之间的线段，如图 2-119 所示。

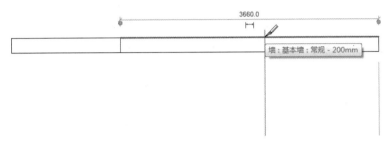

图 2-119　拆分图元

2）在图元上要拆分的位置处单击，如果选择"删除内部线段"选项，则单击另一个点来删除一条线段，如图 2-120 所示。拆分某一面墙后，所得到的各部分都是单独的墙，可以单独进行处理。

3）单击"用间隙拆分" 工具，在选项栏上的"连接间隙"参数中输入数值，如图 2-121 所示。

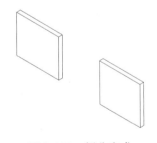

连接间隙: 25.4

图 2-120　拆分完成　　　　　　　　　　图 2-121　用间隙拆分

4）"连接间隙"参数的数值限制在 1.6 ～ 304.8，当输入指定参数后，将指针移到墙上，单击，该墙将拆分为两面单独的墙，如图 2-122 所示。

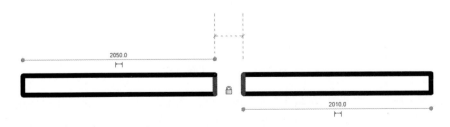

图 2-122　拆分完成

10. "解锁"工具

"解锁"工具可以将锁定的图解锁,从而可以自由编辑。

(1)执行方式

1)功能区:单击"修改"选项卡→"修改"面板→"解锁" 工具。

2)快捷键:按〈UP〉键。

(2)操作步骤 按上述执行方式,选择要解锁的图元按〈Enter〉键即可解锁。也可在绘图区域中单击图钉控制柄。将图元解锁后,锁定控制柄附近会显示 ×,表明该图元已解锁,如图 2-123 所示。

11. "锁定"工具

"锁定"工具的用途与"解锁"工具恰恰相反,它的作用是将图元进行锁定操作,避免用户进行误操作。

(1)执行方式

1)功能区:单击"修改"选项卡→"修改"面板→"锁定" 工具。

2)快捷键:按〈PN〉键。

(2)操作步骤 按上述执行方式,选择要锁定的图元按〈Enter〉键即可将其锁定。图元锁定后,会显示图钉的图标表示当前图元已锁定,如图 2-124 所示。

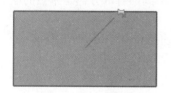

图 2-123　解锁图元

图 2-124　锁定图元

📖 说明:图元在锁定状态下无法被删除,只有先将图元解锁后才能删除图元。

12. "阵列"工具

阵列的图元可以为沿一条线"线性阵列",也可以为沿一个弧形"半径阵列"。

(1)执行方式

1)功能区:单击"修改"选项卡→"修改"面板→"阵列" 工具。

2)快捷键:按〈AR〉键。

(2)操作步骤

1)按上述执行方式,选择要在阵列中复制的图元按〈Enter〉键,在选项栏中单击"线性" 按钮,然后选择所需的选项,如图 2-125 所示。

图 2-125　阵列工具选项栏

2)设置完成后,将指针移动到指定位置,单击确定起始点。移动指针到终点位置,再次单击完成第二个(或最后一个)成员的放置。放置完成后,还可以修改阵列图元的数量,如图 2-126 所示。

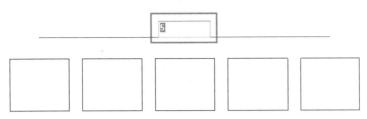

图 2-126　修改阵列图元的数量

3）在选项栏上单击"径向" 按钮，选择所需的选项，如创建线性阵列中所述。通过拖曳旋转中心控制点 ，将其重新定位到所需的位置，也可以选择选项栏上的"旋转中心：放置"选项，然后单击以选择一个位置，阵列成员将放置在以该点为中心的弧形边缘。将指针移动到半径阵列的弧形开始的位置，单击以指定第一条旋转放射线。移动指针以放置第二条旋转放射线，来确定旋转角度，表示此放射线。旋转时会显示临时角度标注，并会出现一个预览图像，表示图元的旋转，如图 2-127 所示。

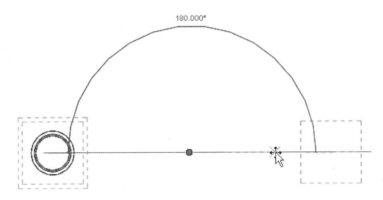

图 2-127　指定阵列终点

4）再次单击可放置第二条放射线，完成阵列，如图 2-128 所示。

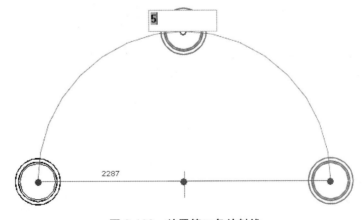

图 2-128　放置第二条放射线

5）此时，输入阵列的数量，按〈Enter〉键完成，如图 2-129 所示。

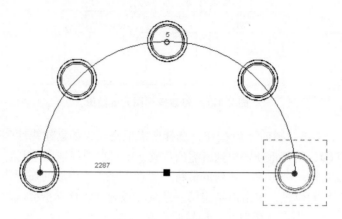

图 2-129 完成阵列

13. "缩放"工具

若要同时修改多个图元,使用造型操纵柄或"比例"工具。"比例"工具适用于线、墙、图像导入、参照平面、DWG 和 DXF,以及尺寸标注的位置,以图形方式或数值方式来按比例缩放图元。

(1)执行方式

1)功能区:单击"修改"选项卡→"修改"面板→"缩放" ▢ 工具。

2)快捷键:按〈RE〉键。

(2)操作步骤

1)选择要进行比例缩放的图元,然后按上述执行方式。在选项栏中选择"图形方式"选项,如图 2-130 所示,然后在绘图区域中单击以设置原点,再次单击设置第二个点。以当前两点距离为基准,延长则代表放大,缩短则代表缩小。

图 2-130 图形方式缩放

2)在选项栏中选择"数值方式"选项,在"比例"参数中输入数值,如图 2-131 所示,最后在绘图区域中单击以设置原点,如图 2-132 所示,图元会以原点为中心缩放。

图 2-131 数值方式缩放　　　　　　图 2-132 设置缩放原点

> 📖 说明:确保仅选择支持的图元。如墙和线,只要整个选择集包含一个不受支持的图元,"比例"工具将不可用。

14."删除"工具

"删除"工具可将选定图元从模型中删除，但不会将删除的图元粘贴到剪贴板中。

（1）执行方式

1）功能区：单击"修改"选项卡→"修改"面板→"删除" ✂ 工具。

2）快捷键：按〈RE〉键。

（2）操作步骤　按上述执行方式，选择要删除的图元，然后按〈Enter〉键确认，如图 2-133 所示。

图 2-133　删除图元

> ✍ **技巧**：除此方法外，可以使用通用的删除命令，按〈Delete〉键即可将图元删除。

> 📖 **说明**：如果当前图元为锁定状态，则无法删除。必须将其先解锁，才能进行删除操作。

2.7.3　图元的属性

图元属性共分为两种，分别是"实例属性"与"类型属性"。本小节主要介绍两种属性的区别，以及修改其中参数的注意事项。

1. 实例属性

实例属性是指只对当前图元起作用的属性。当修改实例属性中的参数时，只会影响当前选中的图元，而不会影响其他同类型的图元。实例属性面板如图 2-134 所示。

图 2-134　实例属性面板

2. 类型属性

类型属性是指某类图元的通用属性，当修改同类型单个图元参数时，会影响其他同类型图元。例如，编号为"C0912"的窗在项目中共放置了 10 个，如果修改其中任何一个类型参数"宽度"后，当前项目中所有同一编号窗的宽度都将发生变化。"类型属性"对话框，如图 2-135 所示。

2.8 选项工具

选项工具提供 Revit 全局设置，包括界面的 UI、快捷键和文件位置等常用选项设置。可以在打开 Revit 软件，或关闭状态下对其进行设置更改。

打开 Revit 后，单击左上角"文件"选项卡，弹出下拉菜单，如图 2-136 所示。单击"选项"按钮，弹出"选项"对话框，其中提供了常用的设置选项供用户选择。

图 2-135 "类型属性"对话框

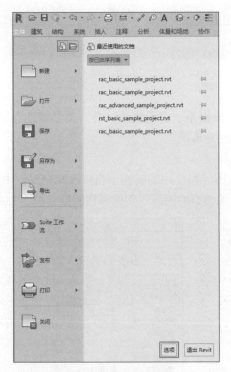

图 2-136 选项工具

2.8.1 软件背景颜色调整

Revit 默认的背景颜色为白色，通过背景颜色的设置，可以让软件的背景颜色保持统一。

1. 执行方式

"选项"对话框：单击"图形"选项卡→"颜色"面板，选择"背景"为"白色"。

2. 操作步骤

按上述执行方式，在弹出的"颜色"对话框中选择"黑色"，再单击"确定"按钮，如图 2-137 所示。会发现软件背景颜色已经变为黑色，如图 2-138 所示。

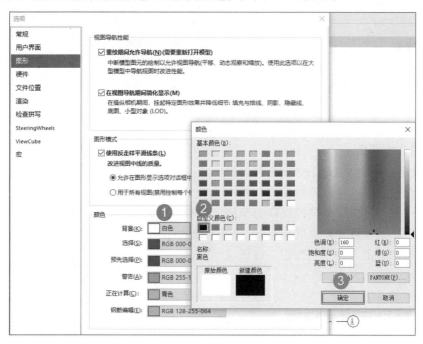

图 2-137 修改背景颜色

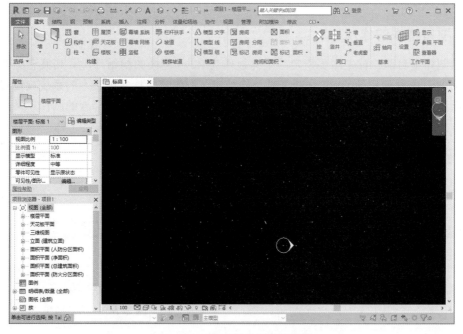

图 2-138 背景颜色调整为黑色

2.8.2　快捷键使用及更改

要在 Revit 中高质量、快速完成设计任务，需要设置一些常用的快捷键来提高绘图效率。

1. 执行方式

"选项"对话框：单击"用户界面"选项卡→"配置"面板，选择"快捷键"为"自定义"。

2. 操作步骤

1）按上述执行方式，弹出"快捷键"对话框。搜索需要修改快捷键的命令，然后在搜索结果中选择对应的命令。接着在"按新键"位置输入新的快捷键，并单击"指定"按钮，如图 2-139 所示。

2）快捷键全部设置完成后，如果需要将当前快捷键保存，供其他计算机使用，则单击"导出"按钮，将快捷键设置保存为单独的文件。然后在其他计算机中同样打开"快捷键"对话框，单击"导入"按钮，将预设好的快捷键导入即可。

图 2-139　设置快捷键

2.9　项目与项目样板

本节主要介绍项目样板相关的内容，以及如何合理地定制项目样板。项目样板定制完成后就可以用来创建项目文件。

2.9.1　项目样板的作用

开始制作项目前，首先需要指定一个样板作为 Revit 建模的初始环境。其概念类似于使用 AutoCAD 新建文件使用的 DWT 样板文件。样板定制的内容包括各种基本的系统族设置，各种样式的设置，常用的系统族所依赖的外部族的制作和设置，常用的外部族的制作，常用的明细表设置。如果项目样板足够充分，可以节省项目执行过程中 30% 的重复性工作。

2.9.2　项目样板的位置

安装完软件后，打开软件新建项目时，会在"样板文件"的下拉列表框中看到系统自带的几个项目样板文件，如图 2-140 所示。

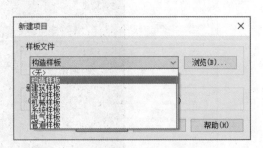

图 2-140　项目样板

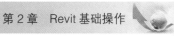

　　📖 **说明**：在某些情况下，安装完软件后，发现没有出现项目样板。这种情况通常是因为软件在安装过程中网络无法正常连接，而导致样板文件没有正确安装到本地。解决方案有两种：一种方法是将其他计算机上安装好的样板文件复制到当前计算机中使用；另一种方法是在联网的状态下重新安装软件。

　　项目样板文件位置的设置如下。

　　（1）执行方式　软件界面：单击"文件"选项卡→"选项"工具→"文件位置"选项卡。

　　（2）操作步骤

　　1）按上述执行方式，在右侧面板可以更改各项目样板的名称及文件位置，如图 2-141 所示。

图 2-141　项目样板文件位置

　　2）通过左侧的按钮，可以调整现有样板的位置或删除等操作，如图 2-142 所示。同时可以单击"添加"按钮，添加新的项目样板文件。

图 2-142　调整项目样板

2.9.3　创建项目样板

创建项目样板有三种方式，分别是基于现有样板创建、使用项目文件创建和使用"传递项目标准"工具创建。可结合具体情况，选择任意一种方式来创建项目样板。

1. 基于现有样板创建

这种创建方式比较适合于初始阶段，使用软件自带的样板或空白样板。然后根据需要逐步添加需要的内容。

（1）执行方式

1）软件界面：单击"新建"按钮。

2）功能区：单击"文件"选项卡→"新建"按钮。

（2）操作步骤　按上述执行方式，系统将弹出"新建项目"对话框，首先选择项目样板文件，然后选择"新建"为"项目样板"，最后单击"确定"按钮，如图 2-143 所示。

图 2-143　新建项目样板

2. 使用项目文件创建

（1）执行方式

1）软件界面：单击"打开"按钮。

2）功能区：单击"文件"选项卡→"打开"按钮→"项目"按钮。

（2）操作步骤

1）按上述执行方式，系统将弹出"打开"对话框，首先选择需要打开的项目文件。然后切换到三维视图，将所有模型图元删除，如图 2-144 所示。

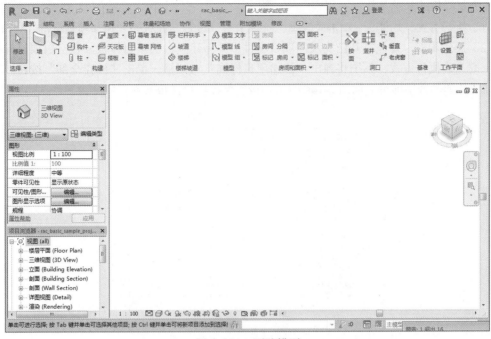

图 2-144　删除模型

2）单击"文件"选项卡→"另存为"按钮→"样板"按钮，如图 2-145 所示。在弹出的"保存"对话框中保存样板文件。

图 2-145　另存为项目样板

3. 使用"传递项目标准"工具创建

这种创建方法比较适合于已经拥有较为完整的项目文件，但只需要其他某一部分的项目设置，作为新样板的基础条件。

（1）执行方式　功能区：单击"管理"选项卡→"设置"面板→"传递项目标准"工具。

（2）操作步骤　首先打开已完成的项目文件，并新建空白的项目样板。在空白项目样板文件中，按上述执行方式，系统将弹出"传递项目标准"对话框，单击"放弃全部"按钮。然后勾选需要传递的选项即可，如图 2-146 所示。最后保存项目样板文件。

图 2-146　传递项目标准

2.9.4　创建新项目

（1）执行方式

1）用户界面：单击"新建"按钮。

2）文件菜单：单击"文件"选项卡→"新建"按钮→"项目"按钮。

（2）操作步骤　按上述执行方式，系统将弹出"新建项目"对话框。首先选择项目样板，如创建构造模型就选择"构造样板"，然后选择"新建"为"项目"，如图 2-147 所示。最后单击"确定"按钮，会进入项目环境，如图 2-148 所示。

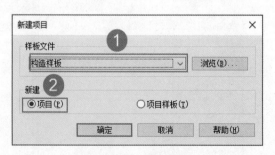

图 2-147　新建项目

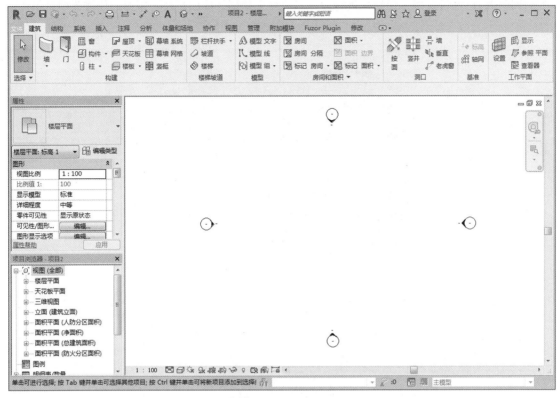

图 2-148　项目环境

2.10　项目基本设置

项目开始之初，需要设定一些基本的内容，这样便于开展项目。项目基本设置主要包括项目信息、项目单位、项目位置等内容。由于很多内容属于出图阶段才会使用，所以本节不予介绍，在后续对应的章节中将详细介绍。

2.10.1　设定项目信息

项目信息作为一个项目开始的基础条件，有必要在项目开始之初就将其进行录入，方便项目参与人员了解项目情况。同时在出图阶段，图签中的信息也将自动读取项目信息中的内容，进行自动填写，所以务必保证项目信息的准确性。

（1）执行方式　功能区：单击"管理"选项卡→"设置"面板→"项目信息"工具。

（2）操作步骤　按上述执行方式，系统将弹出"项目信息"对话框，如图 2-149 所示。依据实际项目情况，填写相关信息即可。

2.10.2　设定项目单位

无论是进行二维绘图还是三维建模，首先都需要确认文件的项目单位，然后再进行后续的工作。设计绘图时，通常使用长度单位为"mm"，面积单位为"m²"。这些设置在默认的我国项目样板中，已经设定好，无须再进行设置。但如果是国外的项目，一定要记住修改项目单位。

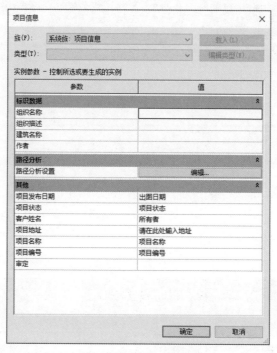

图 2-149　项目信息

（1）执行方式

1）功能区：单击"管理"选项卡→"设置"面板→"项目单位"  工具。

2）快捷键：按〈UN〉键。

（2）操作步骤　按上述执行方式，系统将弹出"项目单位"对话框，如图 2-150 所示。在其中可以设置"长度""面积""角度"等单位。

2.10.3　设定项目位置

项目位置关系到建筑专业日照计算、暖通专业负荷计算等工作，所以非常有必要在准备阶段设定项目位置，为后续的设计工作打下良好的基础。

（1）执行方式　功能区：单击"管理"选项卡→"项目位置"面板→"地点" 工具。

（2）操作步骤　按上述执行方式，系统将弹出"位置和场地"对话框，如图 2-151 所示。依据实际项目情况，选择项目所在地即可。

图 2-150　设置项目单位

图 2-151　设置项目位置

■ 2.11　导入与链接

设计过程中经常用到多款软件来协同工作，以达到最终设计成果交付目的。各款软件之间的文件格式又各不相通，导致各文件之间形成孤立关系。Revit 提供了多种插入外部文件的方法，很好地解决了文件整合的问题。

2.11.1　链接

对于不需要编辑、只作为参照的文件，可以考虑使用链接方式将文件插入。其工作原理类似于 CAD 中的外部参考。可以保证在不增加文件大小的基础上，轻松地将外部模型或图元插入到项目中。

1. 链接 Revit

（1）执行方式　功能区：单击"插入"选项卡→"链接"面板→"链接 Revit"工具。

（2）操作步骤　按上述执行方式，系统将弹出"导入 / 链接 RVT"对话框，首先选择需要链接的 RVT 文件，然后选择"定位"为"自动 - 内部原点到内部原点"，最后单击"打开"按钮，如图 2-152 所示。随后文件将链接至项目当中。

2. 链接 IFC

（1）执行方式　功能区：单击"插入"选项卡→"链接"面板→"链接 IFC"工具。

（2）操作步骤　按上述执行方式，系统弹出"链接 IFC"对话框。首先选择正确的文件类型格式，如图 2-153 所示。然后选择需要链接的 IFC 文件，最后单击"打开"按钮即可。

图 2-152　链接 Revit 模型

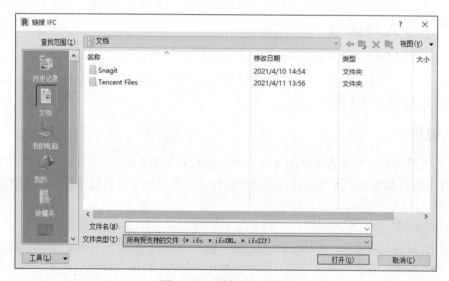

图 2-153　链接 IFC 模型

3. 链接 CAD

（1）执行方式　功能区：单击"插入"选项卡→"链接"面板→"链接 CAD" 工具。

（2）操作步骤　按上述执行方式，系统将弹出"链接 CAD 格式"对话框，首先勾选"仅当前视图"选项，然后设置导入单位等信息，如图 2-154 所示。最后选择需要插入的文件，单击"打开"按钮即可。

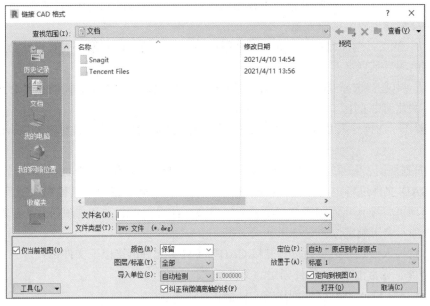

图 2-154　链接 CAD

（3）选项说明介绍

1）仅当前视图：仅将 CAD 图导入活动视图中。

2）颜色：共有三个选项可供选择，分别是"保留""反转""黑白"。

① 保留：即保留文件颜色设置不变。

② 反转：会将所有颜色转换为对比色，深色变浅，浅色变深。

③ 黑白：以黑白方式导入文件。

3）图层 / 标高：共有三个选项，分别是"全部""可见""指定"。

① 全部：导入或链接所有图层。

② 可见：只导入或链接可见图层。

③ 指定：允许选择要导入或链接的图层和标高。

4）导入单位：为导入的几何图形明确设置测量单位。

5）纠正稍微偏离轴的线：该选项默认处于选中状态，可以自动纠正稍微偏离轴（小于 0.1°）的线，并且有助于避免从这些线生成的 Revit 图元出现问题。

6）定位：确定文件链接或导入时所在位置关系，共有七种选择，默认情况下选择"自动 - 原点到内部原点"。

① 自动 - 中心到中心：选择此选项可将导入几何图形的中心放置到 Revit 主体模型的中心。

② 自动 - 原点到内部原点（或自动 - 内部原点到内部原点）：选择此选项可将导入几何图形的原点放置到 Revit 主体模型的原点。

③ 自动 - 通过共享坐标：选择此选项可将导入几何图形在 Revit 主体模型中根据共享坐标进行放置。

④ 自动 - 项目基点到项目基点：选择此选项可将链接的 Revit 模型的项目基点与 Revit 主

体模型的项目基点对齐。

⑤ 手动 - 内部原点：选择此选项可在当前视图中显示导入的几何图形，同时指针会放置在导入项或链接项的世界坐标原点上。

⑥ 手动 - 基点：选择此选项可在当前视图中显示导入的几何图形，同时指针会放置在导入项或链接项的项目基点上。

⑦ 手动 - 中心：选择此选项可在当前视图中显示导入的几何图形，同时指针会放置在导入项或链接项的几何中心上。

7）放置于：选择导入几何图形的标高。导入几何图形的原点会按此标高在 Revit 主体模型中放置。

8）定向到视图：如果"正北"和"项目北"未在 Revit 主体模型中对齐，勾选该选项可在视图中对 CAD 文件进行定向。如果视图设置为"正北"，而"正北"已偏离"项目北"，则取消勾选此选项可将导入几何图形与"项目北"对齐。如果"正北"和"项目北"已在视图中对齐，则此选项不会影响定位。

（4）支持导入格式介绍　通过"链接 CAD"工具，允许链接以下文件格式。

1）DWG：通常由 CAD 软件创建的文件格式。

2）SKP：由 SketchUp 软件创建的文件格式。

3）SAT：由 ACIS 核心开发出来的应用程序的共通格式。

4）DGN：由 MicroStation 软件创建的文件格式。

5）DWF：由 Revit 或 CAD 等软件导出的文件格式。

4. 链接 DWF 标记

（1）执行方式　功能区：单击"插入"选项卡→"链接"面板→"DWF 标记"工具。

（2）操作步骤　按上述执行方式，系统将弹出"导入 / 链接 DWF 文件"对话框。首先设置文件类型，然后选择需要链接的文件，最后单击"打开"按钮即可，如图 2-155 所示。

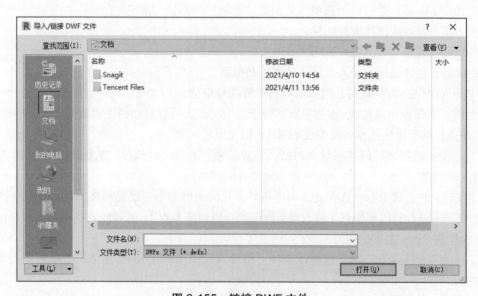

图 2-155　链接 DWF 文件

5. 链接点云

（1）执行方式　功能区：单击"插入"选项卡→"链接"面板→"点云" 工具。

（2）操作步骤　按上述执行方式，系统将弹出"链接点云"对话框，首先设置定位条件，然后选择需要链接的点云文件，最后单击"打开"按钮，如图 2-156 所示。

图 2-156　链接点云

（3）点云文件介绍　使用激光扫描仪对现有物理对象（如建筑区域）表面进行高精度三维点采样，然后将该数据保存为点云。通常，单独扫描建筑的多个位置并将它们一起合并，从而生成某个区域或整个建筑的高精度三维点云。

6. 链接 NWD/NWC 文件

由于 Revit 支持的外部文件格式有限，可以将无法直接链接的模型由 Navisworks 打开，然后生成 NWC 或 NWD 文件，载入到项目中实现模型的合并。

（1）执行方式　功能区：单击"插入"选项卡→"链接"面板→"协调文件" 工具。

（2）操作步骤　按上述执行方式，系统将弹出"协调模型"对话框，如图 2-157 所示。首先单击"添加"按钮，将弹出"选择文件"对话框，选择需要链接的 NWC 或 NWD 文件，单击"打开"按钮，如图 2-158 所示。然后依次单击"确定"按钮，文件将被链接到项目中。

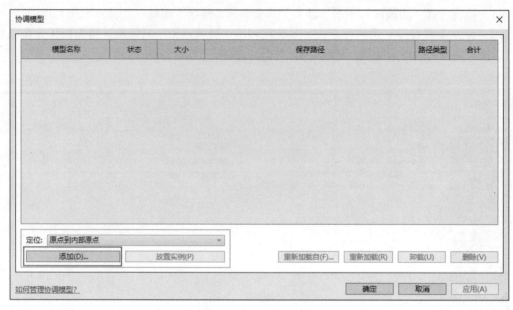

图 2-157 链接 NWD

图 2-158 选择 NWD/NWC 文件

7. 链接 PDF

在 Revit 中可以使用"链接 PDF"工具来链接外部的 PDF 文件。

（1）执行方式 功能区：单击"插入"选项卡→"链接"面板→"链接 PDF" 📄 工具。

（2）操作步骤 按上述执行方式，系统将弹出"链接 PDF"对话框，首先选择需要链接的
PDF 文件，然后单击"打开"按钮，即可将其链接到项目中，如图 2-159 所示。

图 2-159　选择 PDF 文件

8. 放置贴花

在 Revit 中可以使用"放置贴花"命令来单独插入图像文件。

（1）执行方式　功能区：单击"插入"选项卡→"链接"面板→"贴图"工具，在弹出的下拉菜单中选择"放置贴花" 命令。

（2）操作步骤

1）按上述执行方式，系统将弹出"贴花类型"对话框，首先单击"新建贴花"按钮，如图 2-160 所示，将弹出"新贴花"对话框，输入贴花名称，单击"确定"按钮。

图 2-160　新建贴花

2）在左侧面板中，选择新建的贴花，然后单击源位置后面的 按钮，如图 2-161 所示，

图 2-161　选择图像

3）在弹出的对话框中，选择相应的图像文件打开。将在源位置处显示图像预览图，如图 2-162 所示。

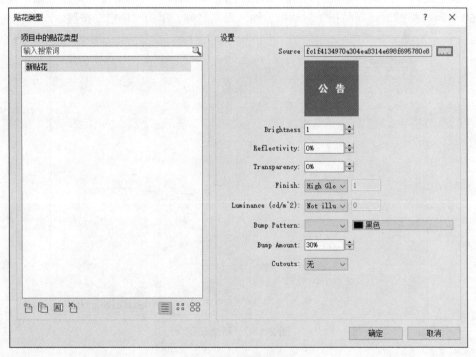

图 2-162　预览图像

4）单击"确定"按钮，即可在视图中的图元上放置图像。放置图像时或放置后，可以在选项栏或实例属性面板中设置图像的尺寸，如图 2-163 所示。

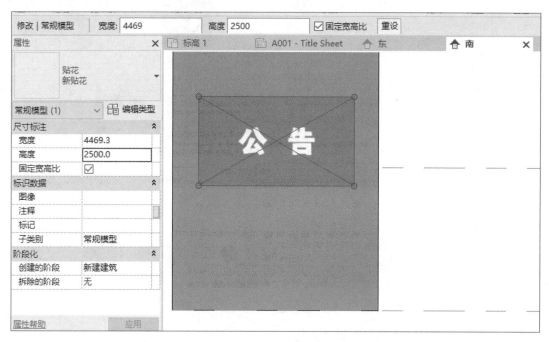

图 2-163　放置图像

> 📖 **说明**：只有放置视图的视图样式为"真实"或"光线追踪"时，才能正常显示图像内容，否则只显示边框大小。

9. 管理贴花

第一次使用"放置贴花"命令，会自动弹出"贴花类型"对话框。而如果想修改或新建贴花时，则需要使用"贴花类型"命令，才能正常弹出"贴花类型"对话框。

（1）执行方式　功能区：单击"插入"选项卡→"链接"面板→"贴图"工具，在弹出的下拉菜单中选择"贴花类型" 命令。

（2）操作步骤　按上述执行方式，系统将弹出"贴花类型"对话框，可以修改或删除现有贴花，也可以再次新建新的贴花，如图 2-164 所示。

10. 管理链接

使用"管理链接"工具，可以将多种格式文件链接到 Revit 项目中。当需要对链接文件删除或更新等操作时，则需要使用"管理链接"工具来实现。

（1）执行方式　功能区：单击"插入"选项卡→"链接"面板→"管理链接" 工具。

（2）操作步骤　按上述执行方式，系统将弹出"管理链接"对话框，在其中可以查看已链接的不同格式文件，还可以对其进行删除、更新等操作，如图 2-165 所示。

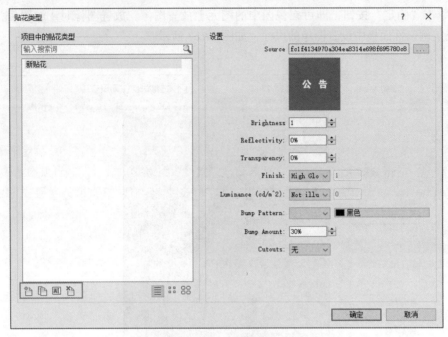

图 2-164　编辑贴花

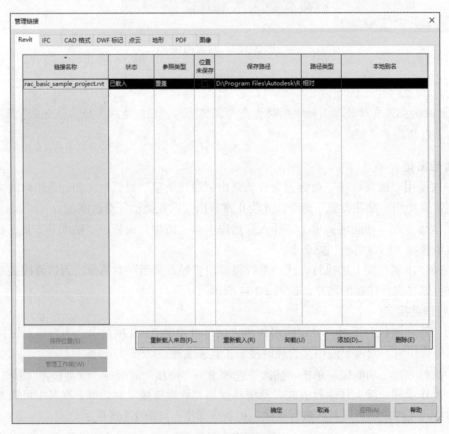

图 2-165　管理链接

（3）选项说明

1）重新载入来自：如果当前链接文件位置发生变化，可以使用此按钮重新指定链接文件位置。

2）重新载入：如果链接文件已经修改，可以使用此按钮将其最新状态载入。

3）卸载：将不加载选中的链接文件，但在链接文件列表中依然存在，可以再次载入。

4）添加：将打开"添加链接文件"对话框，根据所在选项卡不同，弹出链接文件的对话框也不同。

5）删除：将删除选中的链接文件。

2.11.2　实例——链接 Revit 模型

本实例通过"链接 Revit"工具，可将 RVT 格式文件载入到项目中。链接 Revit 模型的操作步骤如下。

1）打开本书资源包中实例文件下第 2 章文件夹中的"建筑模型 .rvt"文件，打开后切换到 F1 平面视图，如图 2-166 所示。

链接 Revit 模型

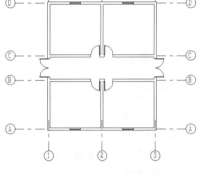

图 2-166　F1 平面视图

2）切换至"插入"选项卡，单击"链接 Revit"工具。在"导入 / 链接 RVT"对话框中首先选择"机电模型 .rvt"，本案例的"机电模型 .rvt"文件见本书资源包中实例文件下第 2 章文件夹。然后设置"定位"为"自动 - 内部原点到内部原点"，最后单击"打开"按钮，如图 2-167 所示。

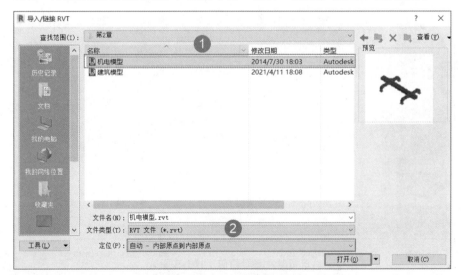

图 2-167　选择机电模型

3）切换到三维视图后，可以看到链接完成的效果，如图 2-168 所示。

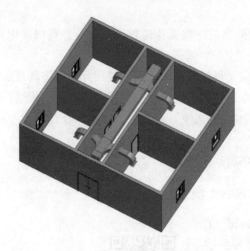

图 2-168　链接完成的效果

2.11.3　导入

通过"导入 CAD"工具，可以将外部文件直接插入当前文件，成为文件的一部分。

1. 导入 CAD

"导入 CAD"工具与"链接 CAD"工具所弹出对话框的内容相同，包括所支持格式也完全一致。可以按照链接 CAD 的设置内容，来进行导入 CAD 的设置。

（1）执行方式　功能区：单击"插入"选项卡→"导入"面板→"导入 CAD"工具。

（2）操作步骤　按上述执行方式，系统将弹出"导入 CAD 格式"对话框，首先选择需要导入的 CAD 文件，然后设置相应的参数，最后单击"打开"按钮，如图 2-169 所示。

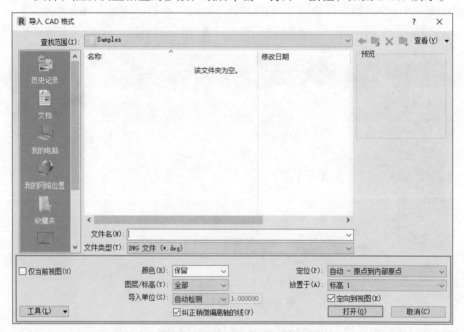

图 2-169　导入 CAD 设置

2. 导入 gbXML

使用分析软件进行负荷分析，将分析结果导出为 gbXML 格式。将负荷分析结果导入 Revit 后，gbXML 文件的计算参数会自动添加到项目的 Revit 空间（作为空间属性）中。

（1）执行方式　功能区：单击"插入"选项卡→"导入"面板→"导入 gbXML" 工具。

（2）操作步骤　按上述执行方式，系统将弹出"导入 gbXML"对话框，首先选择需要导入的文件，然后单击"打开"按钮，如图 2-170 所示。

图 2-170　导入 gbXML

3. 导入 PDF

使用此命令，可以将 PDF 文件导入当前项目中使用。

（1）执行方式　功能区：单击"插入"选项卡→"导入"面板→"从文件插入"工具，在弹出的下拉菜单中选择"插入文件中的视图" 命令。

（2）操作步骤　按上述执行方式，系统将弹出"输入 PDF"对话框，首先选择需要导入的 PDF 文件，然后单击"打开"按钮，如图 2-171 所示。

4. 导入图像

使用此命令，可以将图像文件直接插入当前项目中。

（1）执行方式　功能区：单击"插入"选项卡→"导入"面板→"图像" 工具。

（2）操作步骤

1）按上述执行方式，系统将弹出"导入图像"对话框，首先选择需要导入的图像，然后单击"打开"按钮，如图 2-172 所示。

2）直接在视图中单击放置图像，然后选中图像，在实例属性面板中设置图像的尺寸参数，如图 2-173 所示。

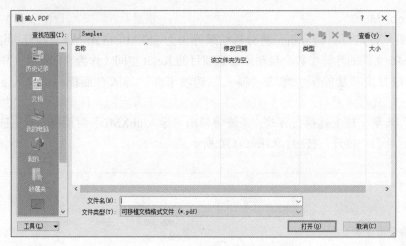

图 2-171   选择需要导入的 PDF 文件

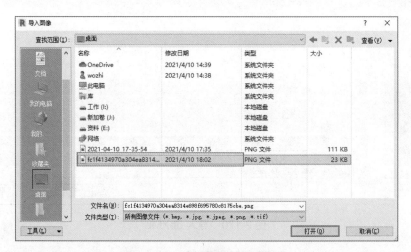

图 2-172   选择需要导入的图像

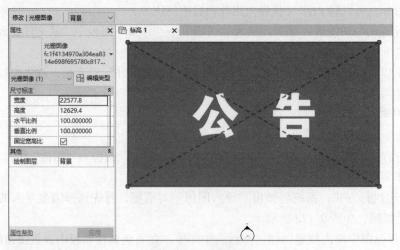

图 2-173   放置图像

📖 **说明**：只能在二维视图中放置图像，在三维视图中无法放置图像。

2.11.4 实例——导入 CAD 图

导入 CAD 图

本实例通过"导入 CAD"工具，将 CAD 图导入项目中使用。导入 CAD 图的操作步骤如下。

1）使用"建筑样板"新建项目文件，切换至"插入"选项卡，单击"导入 CAD"工具。在"导入 CAD 格式"对话框中选择"CAD.dwg"文件，本案例的"CAD.dwg"文件见本书资源包中实例文件下第 2 章文件夹。勾选"仅当前视图"选项，设置"导入单位"为"毫米"，单击"打开"按钮，如图 2-174 所示。

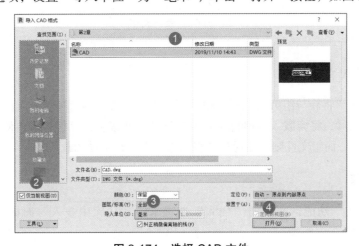

图 2-174 选择 CAD 文件

2）文件导入后，对其进行解锁并移动位置。选中导入的 CAD 文件，单击"分解"工具，还可以将其分解，如图 2-175 所示。

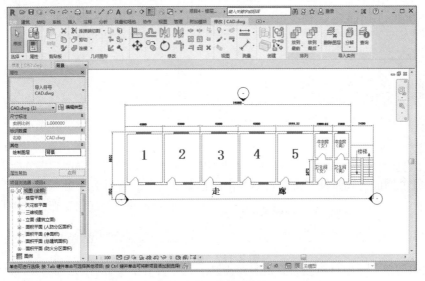

图 2-175 分解 CAD

3）分解后 CAD 文件的线段与文字将成为 Revit 的图元，可以进行任意编辑，如图 2-176 所示。

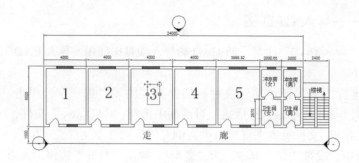

图 2-176　编辑文字

■ 2.12　载入族与组

本小节主要介绍将族与组载入到项目中使用的方法。常用的两种载入族的方法：第一种是通过"载入族"工具，将族载入到项目中；第二种则方便很多，直接将需要使用的族文件拖曳到项目中就可以了。而组文件则只能通过"载入组"来实现文件的载入。

2.12.1　载入族

（1）执行方式　功能区：单击"插入"选项卡→"从库中载入"面板→"载入族" 工具。

（2）操作步骤　按上述执行方式，系统将弹出"载入族"对话框，选择需要载入的族文件，直接单击"打开"按钮即可，如图 2-177 所示。

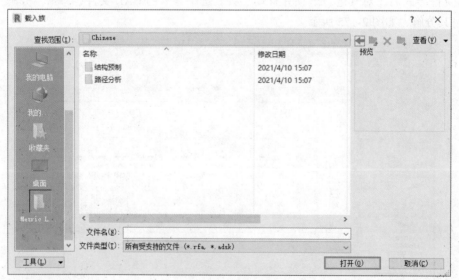

图 2-177　载入族

2.12.2　载入组

（1）执行方式　功能区：单击"插入"选项卡→"从库中载入"面板→"作为组载入"
工具。

（2）操作步骤　按上述执行方式，系统将弹出"将文件作为组载入"对话框，选择需要载入的组文件，直接单击"打开"按钮即可，如图 2-178 所示。

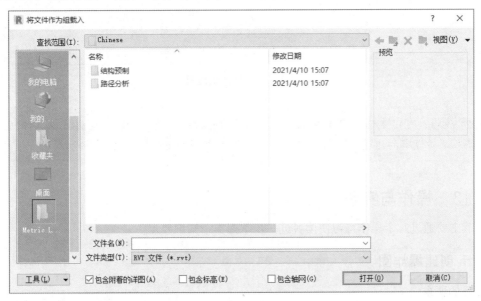

图 2-178　载入组

> 📖 **技巧**：系统族与内建族文件无法直接加载到项目文件。可以将系统族或内建族先创建为组单独保存，再以组的形式载入。

2.12.3　创建组

本小节主要介绍创建组的方法。组分为两种：一种是"模型组"，里面只包含模型部分内容；另一种是"详细组"，里面则是二维详图部分的内容。

（1）执行方式

1）功能区：单击"修改"选项卡→"创建"面板→"创建组" 工具。

2）快捷键：按〈GP〉键。

（2）操作步骤

1）按上述执行方式，系统将弹出"创建模型组"对话框，输入名称及设置组的类型，然后单击"确定"按钮，如图 2-179 所示。

图 2-179　创建模型组

2）单击"添加"按钮，将需要成组的对象添加到其中，并单击"完成"按钮，如图 2-180所示。

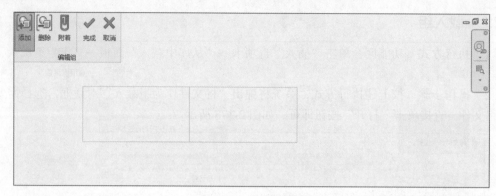

图 2-180　添加组成员

> ✍ **技巧**：可以先选中需要成组的对象，然后再执行创建组命令，这样可以省掉一步操作。如果是对现有的组进行编辑，则可以通过添加或删除进行组成员的增减。

2.13　操作与实践

本节主要通过几个操作练习使读者进一步掌握本章知识要点。

2.13.1　创建爆炸图

1. 目的要求

当建筑内部结构较为复杂时，可以使用爆炸图的形式来体现各构件之间的连接关系，让人能更直接地了解所设计建筑物的内部构造关系，如图 2-181 所示。本实践将房屋结构分解，使读者掌握"置换图元"工具的使用方法。

2. 操作提示

1）选中各个图元，使用"置换图元"工具移动各图元位置。

2）对于"门窗"依附于主体图元的构件，可以通过按〈Tab〉键选中进行置换。

3）将置换后的图元通过路径按钮互相连接。

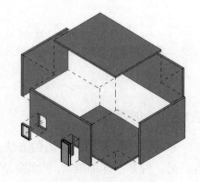

图 2-181　爆炸图

2.13.2　设定常用的快捷键

1. 目的要求

Revit 中大部分工具都预设了快捷键，方便使用软件。但很多默认的快捷键，本身并不方便。例如，"对齐"工具的快捷键为〈AL〉键，则横跨了键盘大部分区域，很难在不移动手掌位置的情况下单手按下快捷键。针对这类情况，需要将常用的工具设置为方便的快捷键，来提高工作效率。下面将提供几组示意性的快捷键设置，如图 2-182 所示，使读者掌握快捷键的设置方法。

移动:	MN
对齐:	AD
复制:	CC
旋转:	RT
格式刷:	MM

图 2-182　常用快捷键

2. 操作提示

1）打开"快捷键"对话框。

2）搜索常用的工具命令。

3）在结果中选中对应的工具，输入新的快捷键并指定。

4）将设定完成的快捷键保存为独立的文件，供在其他计算机上使用。

2.13.3　创建建筑施工图项目样板

1. 目的要求

开始项目模型搭建前，应该选择一个合适的项目样板，这样才能在项目实施过程中事半功倍。可以根据不同类型项目的特性，创建不同的项目样板，以便在对应项目中进行使用。

2. 操作提示

1）使用"建筑样板"为基础创建项目样板。

2）设置项目单位，并将常用的族载入到项目中。

3）将文件另存为"项目样板"RTE 格式文件供以后的工作使用。

第 3 章

Revit 建筑建模

本章主要介绍利用 Revit 完成建筑模型创建工作的方法，包括建立标高与轴网，绘制墙体，放置门窗，创建楼板、天花板、屋顶等内容。

☑ 标高与轴网　　　　　　　　　　☑ 结构柱与建筑柱

☑ 墙体与门窗　　　　　　　　　　☑ 楼板、天花板与屋顶

☑ 楼梯、坡道与栏杆扶手　　　　　☑ 洞口

☑ 房间与面积　　　　　　　　　　☑ 构件

☑ 场地　　　　　　　　　　　　　☑ 操作与实践

■ 3.1 标高与轴网

本节主要介绍创建与编辑标高与轴网的方法。在 Revit 中，由标高与轴网共同构成模型的三维空间定位体系。标高控制图元在垂直方向的图元高度，而轴网则在水平方向中起着平面定位的作用。

3.1.1 创建与编辑标高

在 Revit 中应先在立面或剖面视图中建立标高，然后在平面视图中创建轴网。这种操作避免了因先创建轴网、后创建标高造成的新添加的平面视图不显示轴网的问题。

1. 直接创建标高

直接使用"标高"工具创建标高，可以直接生成标高所关联的平面视图。

（1）执行方式

1）功能区：单击"建筑"选项卡→"基准"面板→"标高"工具。

2）功能区：单击"结构"选项卡→"基准"面板→"标高"工具。

3）快捷键：按〈LL〉键。

（2）操作步骤

1）切换到立面或剖面视图，然后按上述执行方式。接着将指针放置于起始位置，然后输入层高数值，软件将自动修改临时尺寸数值，如图 3-1 所示。

图 3-1　修改层高数值

2）单击确定标高起点，移动指针至合适的位置再次单击确定终点，如图 3-2 所示。此时标高已经创建完成，并且生成对应的平面视图。

图 3-2　新建标高

3）还可以先创建标高，然后在标头位置输入标高数值，此时单位为 m，如图 3-3 所示。

图 3-3　修改标高数值

2. 使用复制工具创建标高

除直接创建标高外，还可以利用项目中现有的标高进行复制，来创建新的标高。不过这种创建方法，不能直接创建标高所关联的平面视图，需要手动创建。如果只需要创建标高，而不需要生成对应的平面视图，可以使用此种方法。

（1）执行方式

1）功能区：单击"修改"选项卡→"修改"面板→"复制"工具。

2）快捷键：按〈CO〉或〈CC〉键。

（2）操作步骤

1）切换到立面或剖面视图，然后按上述执行方式。选中现有标高，按〈Enter〉键确认。将指针放置于标高上单击确定起点，然后向上或向下拖动指针，输入高度数值，如图 3-4 所示，按〈Enter〉键确认。

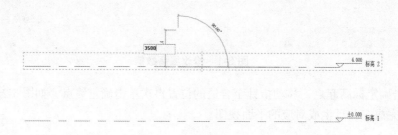

图 3-4　创建标高

2）选中标高后，可以在"属性"对话框中修改标高的高度参数，也可以修改标高名称等信息，如图 3-5 所示。除此方法外，也可直接双击标高的数值和名称修改信息。

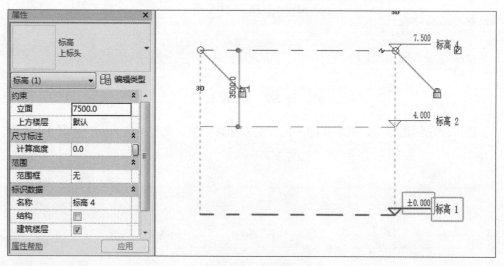

图 3-5　修改标高

（3）实例属性参数介绍

1）立面：标高的垂直高度。

2）上方楼层：此参数指示该标高之上的建筑楼层。

3）计算高度：在计算房间周长、面积和体积时要使用的标高之上的距离。

4）范围框：应用于标高的范围框。

5）名称：标高的名称。

6）结构：将标高标识为主要结构。

7）建筑楼层：在使用"导出"选项"按标高拆分墙和柱"导出为 IFC 时，将它与"上方楼层"参数结合使用。

3. 修改标高样式

（1）操作步骤　选中标高后，单击"属性"对话框中"类型选择器"，在弹出的下拉列表框中选择需要替换的标高样式，如图 3-6 所示。

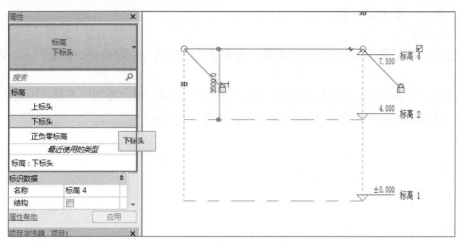

图 3-6　标高样式

（2）标高图解　除通过编辑标高属性的方式来修改标高样式外，还可以直接在视图中操作标高来修改样式，如图 3-7 所示。

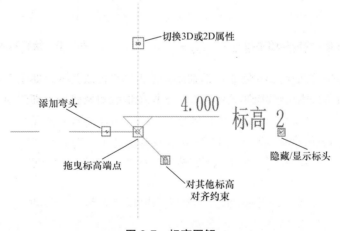

图 3-7　标高图解

> **技巧**：双击软件中当前视图中的蓝色标高标头可直接跳转到与之关联的楼层平面。如果软件中当前视图中的标高标头显示为灰色，则代表项目中没有与之关联的视图，也无法直接跳转。

3.1.2　创建与编辑轴网

创建完成标高后，在平面视图中创建轴网。正常情况下，在任意平面视图创建的轴网，都会贯穿所有标高，在所有平面视图中显示。

1. 执行方式

1）功能区：单击"建筑"选项卡→"基准"面板→"轴网" ⊞ 工具。

2）功能区：单击"结构"选项卡→"基准"面板→"轴网" ⊞ 工具。

3）快捷键：按〈GR〉键。

2. 操作步骤

1）按上述执行方式，在任意平面视图，绘制垂直方向轴线，默认起始轴号为①，如图3-8所示。

2）重复1）中的操作继续手动绘制。也可以使用"复制"或"阵列"工具，按照从左向右的顺序绘制剩余轴线，系统将会自动进行排序，如图3-9所示。

图 3-8　绘制起始轴线　　　　　　　　　　　　　　图 3-9　绘制其他轴线

3）绘制水平方向的轴线。先绘制一根轴线，单击轴号修改为Ⓐ，如图3-10所示。

4）以从下往上的原则继续绘制其余轴线，系统依旧会自动排序，如图3-11所示。

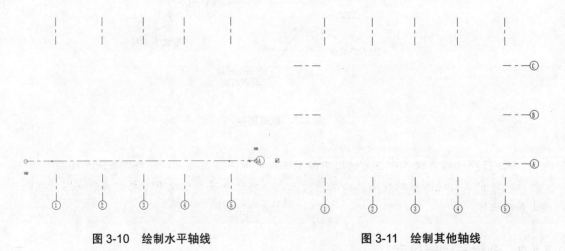

图 3-10　绘制水平轴线　　　　　　　　　　　　　图 3-11　绘制其他轴线

5）选中需要修改的轴线，在"属性"对话框中修改轴号，也可以直接在视图中单击修改轴号，如图3-12所示。

6）单击"编辑类型"按钮，弹出"类型属性"对话框。在其中可以复制新的轴线类型，并修改轴线类型属性，包括符号、轴线末端颜色等参数，如图 3-13 所示。

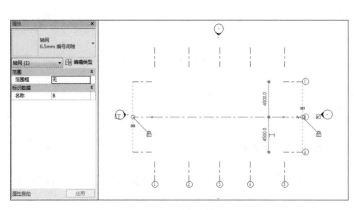

图 3-12　修改轴号

图 3-13　轴线类型属性

3.1.3　实例——创建标高与轴网

本实例主要使用"标高"与"轴网"工具，来完成标高与轴网系统的创建。同时配合"类型属性"对话框，介绍创建新的族类型的方法。创建标高与轴网的操作步骤如下。

创建标高与轴网

1）使用"建筑样板"新建项目文件，切换到立面视图，打开本书资源包中实例文件下第 3 章文件夹中的"办公楼建筑 .dwg"文件。放大"⑩—①轴立面图"查看标高信息，如图 3-14 所示。

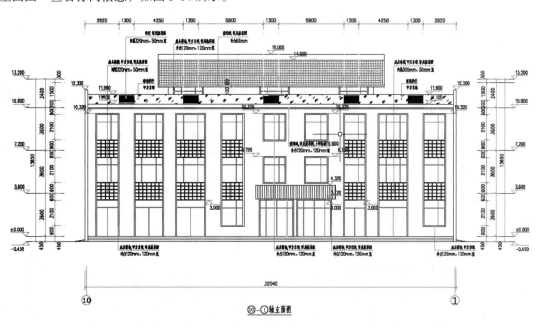

图 3-14　⑩—①轴立面图

2）选中"标高 2"，单击标高数值，将其修改为"3.600"，如图 3-15 所示。

图 3-15　修改标高

3）切换至"建筑"选项卡，单击"标高"工具，按照立面图中标高信息依次绘制标高，如图 3-16 所示。

图 3-16　绘制标高

4）由于 F1 的标高与室外地坪标高间距过小，可以选择室外地坪的标高，在"属性"对话框中选择标高类型为"下标头"来解决此问题，如图 3-17 所示。

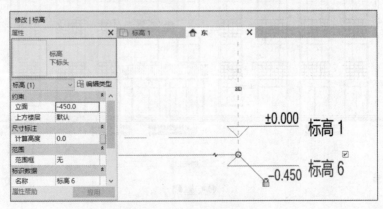

图 3-17　修改标高样式

5）分别修改各个标高名称为"室外地坪、F1、F2、F3、F4、屋面"，如图 3-18 所示。如弹出"是否希望重命名视图？"对话框时，单击"是"按钮即可。

图 3-18　重命名标高

6）打开 F1 楼层平面，切换至"插入"选项卡，单击"链接 CAD"工具。在弹出的"链接 CAD 格式"对话框中，打开本书资源包中实例文件下第 3 章文件夹，选择"首层平面 .dwg"文件，勾选"仅当前视图"选项，单击"打开"按钮，如图 3-19 所示。

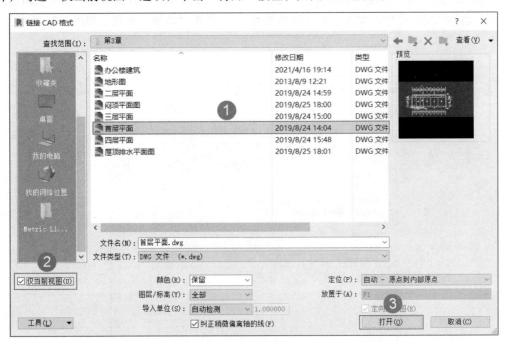

图 3-19　链接 CAD

7）选中 CAD 图，按〈UP〉键进行解锁，将其移动至视图中心，并将立面符号移动至 CAD 图外侧，如图 3-20 所示。

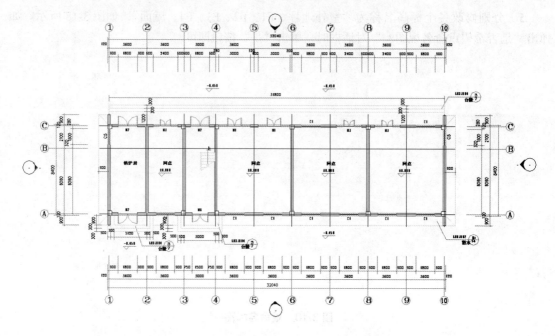

图 3-20　调整 CAD 图位置

8）切换至"建筑"选项卡，单击"轴网"工具，在"属性"对话框中单击"编辑类型"按钮。在弹出的"类型属性"对话框中，单击"复制"按钮基于现有类型复制出一个新的族类型。在"名称"对话框中，输入"8.0mm 标准轴号"，单击"确定"按钮，如图 3-21 所示。

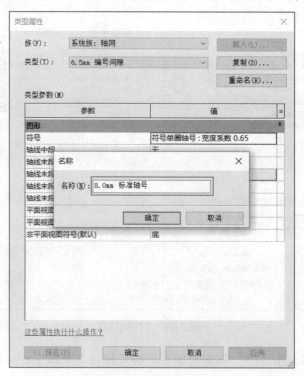

图 3-21　新建轴网类型

9）选择族类型为"8.0mm 标准轴号"修改"轴线中段"为"连续","轴线末段颜色"为"红色","轴线末段填充图案"为"轴网线",并勾选"平面视图轴号端点 2（默认）"选项,单击"确定"按钮,如图 3-22 所示。

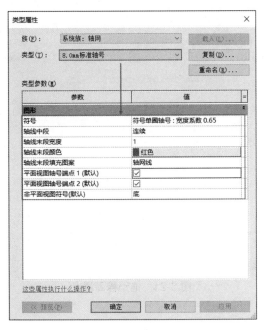

图 3-22　修改轴线样式

10）单击"拾取线"工具,从左到右依次拾取 CAD 轴线开始创建垂直方向轴线。然后从下到上依次拾取水平方向轴线。修改第一根轴线名称为Ⓐ,如图 3-23 所示。

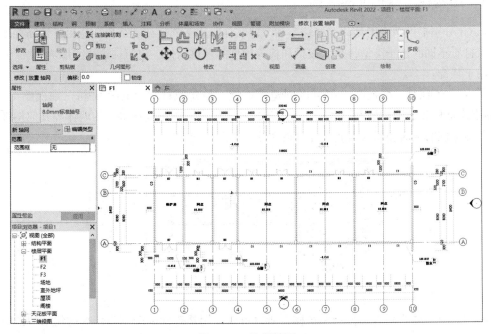

图 3-23　绘制轴网

11）切换到各立面视图，拖动标高端点至距离轴线合适的位置，如图 3-24 所示。

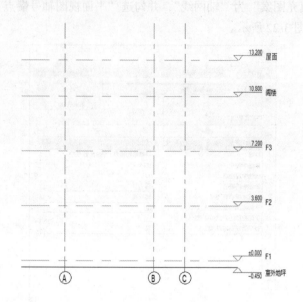

图 3-24　拖动标高端点

■ 3.2　结构柱与建筑柱

本节主要介绍结构柱与建筑柱的创建与编辑，同时说明两种类型的柱在 Revit 中的区别。

3.2.1　结构柱与建筑柱的区别

Revit 分别提供两个工具"结构柱"和"建筑柱"用于创建柱。结构柱适用于钢筋混凝土柱等与墙材质不同的柱子类型，是承载梁和板等构件的承重构件。建筑柱适用于墙垛等柱子类型，主要用于装饰。

平面、立面和三维视图上都可以创建结构柱，但建筑柱只能在平面和三维视图上绘制。Revit 中建筑柱和结构柱最大的区别在于，建筑柱可以自动继承其连接到的墙体等其他构件的材质，而结构柱的截面和墙的截面是各自独立的，如图 3-25 所示。

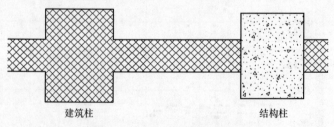

图 3-25　建筑柱与结构柱对比

同时，由于墙的复合层包络建筑柱，所以可以使用建筑柱围绕结构柱来创建结构柱的外装饰涂层，如图 3-26 所示。

3.2.2　放置与编辑结构柱

结构柱在 Revit 中有两种放置方式，一种是垂直柱，另一种是斜柱，一般情况下用不到斜柱。下面将分别介绍这两种放置方法。

1. 放置垂直柱

（1）执行方式

1）功能区：单击"建筑"选项卡→"构建"面板→"柱"工具，在弹出的下拉菜单中单击"结构柱" ⬚ 工具。

2）功能区：单击"结构"选项卡→"结构"面板→"柱" ⬚ 工具。

3）快捷键：按〈CL〉键。

（2）操作步骤

1）按上述执行方式，在"属性"对话框的类型选择器中，选择合适的结构柱类型，如图 3-27 所示。

2）在选项栏中，设置结构柱的放置方式为"高度"，标高为"标高 2"，如图 3-28 所示。

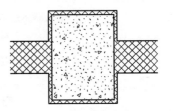

图 3-26　建筑柱围绕结构柱

图 3-27　选择结构柱类型

图 3-28　设置结构柱

> 📖 **说明：** 放置结构柱时默认放置方式为"深度"。也就是以当前标高为基准，向下进行放置。但当前所使用的是建筑样板，并且是在楼层平面中进行放置。因为视图深度设置导致结构柱在楼层平面中无法显示，而在结构平面中可以正常显示，并且符合结构工程师操作习惯。

3）在平面视图中单击放置结构柱，如图 3-29 所示。

4）如果柱截面大小一致，并且全部在轴线交点位置居中放置，还可以单击"在轴网处"工具，如图 3-30 所示。如果已经放置了建筑柱，也可以单击"在柱处"工具，基于建筑柱的基础上放置结构柱。

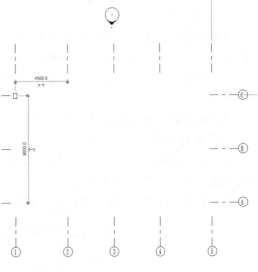

图 3-29　放置结构柱

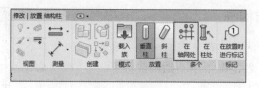

图 3-30　单击"在轴网处"工具

5）框选轴线，此时将在轴线交叉位置出现结构柱放置预览，如果没有问题直接单击"完成"按钮，如图 3-31 所示，结构柱将放置成功。

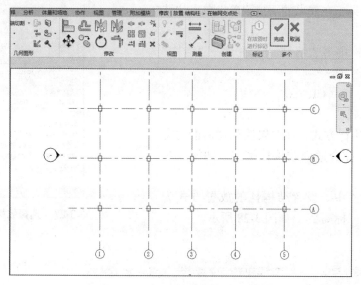

图 3-31　框选轴线放置结构柱

2. 放置斜柱

（1）执行方式

1）功能区：单击"建筑"选项卡→"构建"面板→"柱"工具，在弹出的下拉菜单中单击"结构柱" 🔲 工具。

2）功能区：单击"结构"选项卡→"结构"面板→"柱" 🔲 工具。

3）快捷键：按〈CL〉键。

（2）操作步骤

1）按上述执行方式，在"属性"对话框的类型选择器中，选择合适的结构柱类型，如图 3-32 所示。

2）单击"放置"面板→"斜柱"工具，如图 3-33 所示。

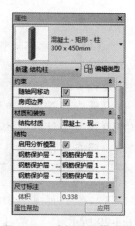

图 3-32　选择结构柱类型

图 3-33　单击"斜柱"工具

3）在选项栏中，设置第一次单击标高与偏移值、第二次单击标高与偏移值，如图 3-34 所示。

图 3-34　设置斜柱

4）在平面视图中，第一次单击确定柱底位置，第二次单击确定柱顶位置，如图 3-35 所示。

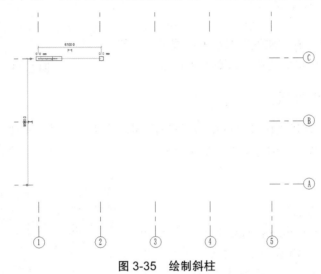

图 3-35　绘制斜柱

5）选中需要修改的结构柱，在"属性"对话框中可以设置柱标高、材质等实例属性，如图 3-36 所示。

6）单击"编辑类型"按钮，可以修改结构柱的类型属性，如图 3-37 所示。

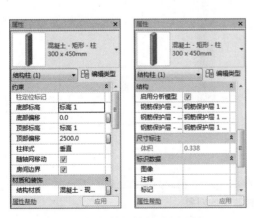

图 3-36　设置结构柱实例属性

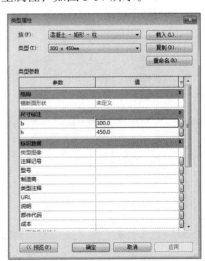

图 3-37　结构柱类型属性

📖 **说明：** 当选择的结构柱类型不同时，实例属性参数与类型属性参数也会发生变化。

3.2.3 放置建筑柱

放置建筑柱的方法与结构柱类似，区别在于建筑柱
本身没有结构计算属性。

1. 执行方式

功能区：单击"建筑"选项卡→"构建"面板
→"柱：建筑柱" 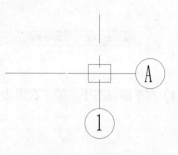工具。

2. 操作步骤

按上述执行方式，在"属性"对话框中选择合适的
柱类型，然后在视图中单击放置，如图 3-38 所示。

图 3-38　放置建筑柱

3.2.4 柱的附着与分离

无论是结构柱还是建筑柱都可以使用"附着顶部 / 底部"工具，实现与其他图元的附着。
附着的对象可以是楼板、屋面，也可以是参照平面。关于参照平面会在"7.2　创建族"中详细
介绍。

1. 柱的附着

柱的附着操作步骤如下。

首先选中绘制好的建筑柱或结构柱，然后单
击"修改柱"面板→"附着顶部 / 底部"工具，如
图 3-39 所示。在选项栏中设置附着柱的顶或底，最
后选择要附着的对象，如图 3-40 所示。

图 3-39　单击"附着顶部 / 底部"工具

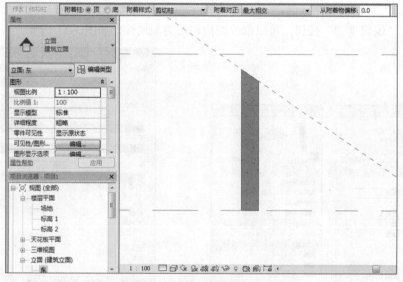

图 3-40　选择柱附着的对象

2. 柱的分离

柱的分离操作步骤如下。

首先选中附着状态的柱，然后单击"修改柱"面板→"分离顶部 / 底部"工具，如图 3-41
所示。在选项栏中设置附着柱的顶或底，最后选择要分离的对象，如图 3-42 所示。

图 3-41　单击"分离顶部 / 底部"工具

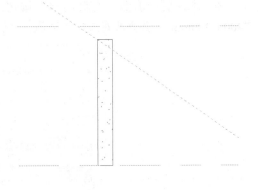

图 3-42　从参照平面分离柱

3.2.5　实例——绘制结构柱

绘制结构柱

本实例主要使用"结构柱"工具，来完成结构柱的创建。绘制结构柱的操作步骤如下。

1）打开本书资源包中实例文件下第 3 章文件夹中的"3-1.rvt"文件。进入 F1 楼层平面，切换至"建筑"选项卡，单击"结构柱"工具，然后单击"载入族"工具载入所需的结构柱族，如图 3-43 所示。

图 3-43　单击"载入族"工具

2）在"载入族"对话框中，进入系统自带族库，依次进入"结构\柱\混凝土"文件夹，在其中选择"混凝土 - 矩形 - 柱 .rfa"文件，单击"打开"按钮进行载入，如图 3-44 所示。

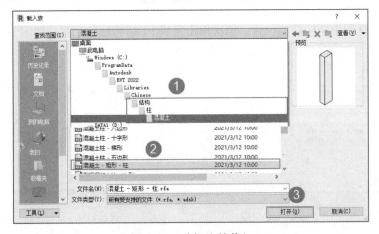

图 3-44　选择族并载入

3）载入后，单击"编辑类型"按钮，弹出"类型属性"对话框，复制新的柱类型为"400 x 400mm"，并修改对应的参数值，如图 3-45 所示。

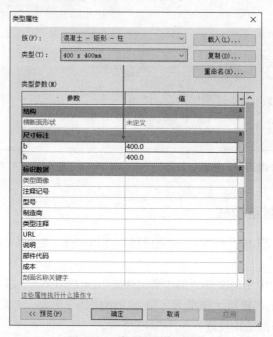

图 3-45　复制新的柱类型

4）在选择栏中设置放置方式为"高度"，约束标高为"F2"，如图 3-46 所示。

图 3-46　设置柱参数

5）按照 CAD 图中结构柱的位置，依次单击完成 F1 结构柱的绘制，如图 3-47 所示。

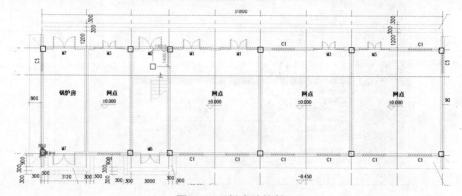

图 3-47　创建结构柱

6）打开 F2 楼层平面，链接"二层平面图"，并将其与现有轴网对齐，如图 3-48 所示。其他楼层也按相同方法操作。

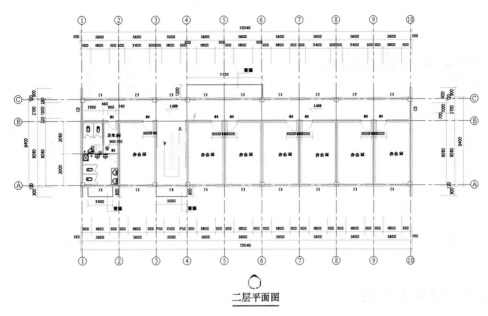

图 3-48 对齐 CAD 图

7）由于各层平面布局基本相同，可以打开 F1 楼层平面。框选所有结构柱，单击"复制"工具，然后单击"粘贴"工具，在弹出的下拉菜单中选择"与选定的标高对齐"命令，如图 3-49 所示。

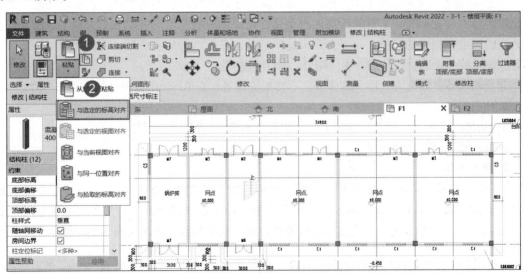

图 3-49 复制结构柱

8）在弹出的"选择标高"对话框中，选择"F2"和"F3"标高，并单击"确定"按钮，如图 3-50 所示。

9）依次进入 F2 和 F3 楼层平面查看结构柱位置，没有任何问题。切换至三维视图，查看完成效果，如图 3-51 所示。

图 3-50　选择复制楼层

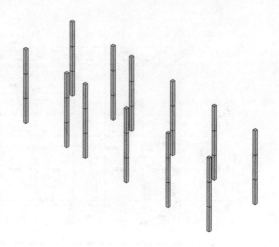

图 3-51　结构柱完成效果

3.3　墙体与门窗

本节主要介绍创建墙体与门窗的方法。在 Revit 中门窗不能独立放置，必须依附于墙或其他构件。当放置完成门窗后，墙上会自动开洞，极大地方便了绘图工作。

3.3.1　创建与编辑基本墙

与建筑模型中的其他基本图元类似。墙也是预定义系统族类型的实例，表示墙功能、组合和厚度的标准变化形式。通过修改墙的类型属性来添加或删除层、将层分割为多个区域，以及修改层的厚度或指定的材质，可以自定义这些特性。在图纸中放置墙后，可以添加墙饰条或分隔条，编辑墙的轮廓，以及插入主体构件，如门和窗等。

常见的墙体，如混凝土墙、砌体墙、石膏板隔墙等，在 Revit 中都将其归类为基本墙。

1. 执行方式

1）功能区：单击"建筑"选项卡→"构建"面板→"墙" 🗀 工具。

2）快捷键：按〈WA〉键。

2. 操作步骤

1）按上述执行方式，在"属性"对话框中选择墙体类型，然后在"选项栏"中设置墙体高度及定位线。接着选择绘制方式，在平面视图中单击，以顺时针方向开始绘制墙体，如图 3-52 所示。绘制墙体时，可直接输入数值修改临时尺寸标注，从而得到想要的墙体长度。

> 📝 **技巧：** 墙体本身是有法线方向的，正常应该按照顺时针方向进行绘制。当绘制复合墙时会发现，如果逆时针绘制墙体时，所设置的内面层会翻转到外侧，也就是说法线方向反了。如果出现这种情况，可以选中墙体，单击软件中当前视图下出现的蓝色翻转符号，如图 3-53 所示。或按空格键进行图元的翻转。翻转符号所在的一侧，表示墙体外侧。

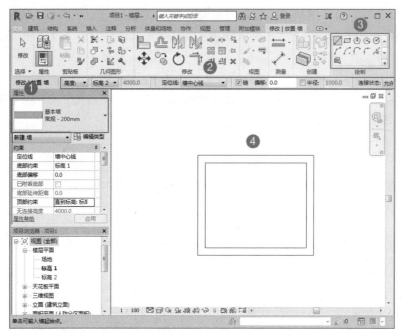

图 3-52　绘制墙体

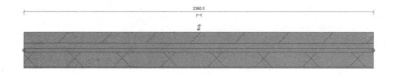

图 3-53　翻转墙体方向

2）选中项目中墙体，可以在"属性"对话框中设置墙体实例属性参数，如图 3-54 所示。

3）单击"编辑类型"按钮，弹出"类型属性"对话框，可以进行墙体结构及其他参数设置。单击"结构"后面的"编辑"按钮，如图 3-55 所示。

图 3-54　设置墙体实例属性参数

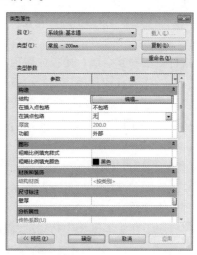

图 3-55　单击"编辑"按钮

4）弹出"编辑部件"对话框，单击"插入"按钮可以插入新的结构层，单击"向上"按钮可以将其移动至当前结构层上方。设置新插入的结构层功能，并设定材质和厚度，如图 3-56 所示。

3. 墙体结构介绍

Revit 中墙包含多个垂直层或区域，墙的类型参数"结构"中定义了墙的每个层的功能、材质和厚度等，如图 3-57 所示。

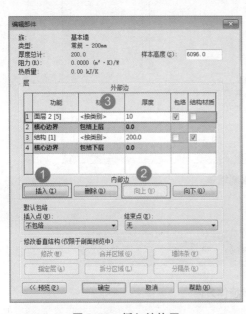

图 3-56　插入结构层

图 3-57　墙体结构参数

Revit 预设了七种层的功能：面层 1[4]、保温层 / 空气层 [3]、涂膜层、结构 [1]、面层 2[5]、衬底 [2] 和核心边界。注意，"[]"内的数字代表优先级，可见"结构 [1]"具有最高优先级，"面层 2[5]"具有最低优先级。Revit 会首先连接优先级较高的层，然后连接优先级较低的层。

Revit 预设层功能介绍如下。

1）结构 [1]：支撑其余墙、楼板或屋顶的层。

2）衬底 [2]：作为其他材质基础的材质（例如胶合板或石膏板）。

3）保温层 / 空气层 [3]：隔绝并防止空气渗透。

4）涂膜层：通常用于防止水蒸气渗透的薄膜。涂膜层的厚度应该为零。

5）面层 1[4]：通常是外层。

6）面层 2[5]：通常是内层。

7）核心边界：一般指结构 [1] 与其他层之间的边界。

4. 墙的定位线介绍

墙的定位线用于在绘图区域中指定的路径来定位墙，也就是墙体的哪一个平面作为绘制墙体的基准线。

墙的定位方式共有六种，包括"墙中心线"（默认）"核心层中心线""面层面：外部""面层面：内部""核心面：外部"和"核心面：内部"，如图 3-58 所示。墙的核心是指其主结构层，在非复合的砖墙中，"墙中心线"和"核心层中心线"会重合。

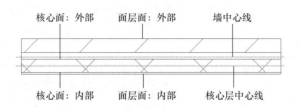

图 3-58　墙的定位线

3.3.2　墙饰条与分隔条

除可以更改墙体构造外，还可以在墙体上添加墙饰条与分隔条。墙饰条是指在原始墙体基础上单独添加的装饰条。使用"墙：饰条"工具向墙中添加踢脚板、冠顶饰或其他类型的装饰用水平或垂直投影。而分隔条则是在原始墙体基础上，将墙体挖出一条沟槽出来。两者效果恰恰相反，一个是凸出来，而另外一个则是凹进去。

添加墙饰条与分隔条的方法有两种：一种是在设置墙体构造中直接添加墙饰条或分隔条，将墙饰条与墙体整合到一起；另一种是使用"墙：饰条"或"墙：分隔条"工具单独添加，自由度较高一些。

1. 添加墙饰条

（1）执行方式　功能区：单击"建筑"选项卡→"构建"面板→"墙"工具，在弹出的下拉菜单中单击"墙：饰条"⬚工具。

（2）操作步骤

1）切换到三维或立面视图中，然后进行上述执行方式。在绘制好的墙体基础上，单击放置墙饰条，如图 3-59 所示。

2）选中墙饰条，拖动左右两端的端点，可以控制墙饰条的长度，如图 3-60 所示。

图 3-59　添加墙饰条

图 3-60　控制墙饰条的长度

3）在"属性"对话框中修改标高、偏移量等实例属性参数，如图 3-61 所示。

4）单击"编辑类型"按钮，弹出"类型属性"对话框。在"轮廓"参数后面，可以设置墙饰条轮廓，更改墙饰条的形状，如图 3-62 所示。单击"确定"按钮关闭对话框，查看修改后墙饰条效果，如图 3-63 所示。

图 3-61　修改墙饰条实例属性参数

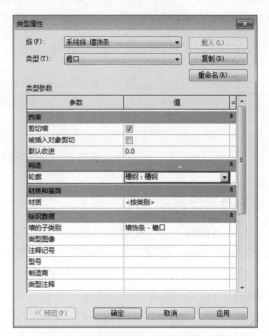

图 3-62　设置墙饰条轮廓

5）除此方法外，还可以在"属性"对话框中选择需要添加墙饰条的墙类型，然后单击"编辑类型"按钮，弹出"类型属性"对话框，单击"结构"后面的"编辑"按钮，如图 3-64 所示。

图 3-63　修改后墙饰条效果

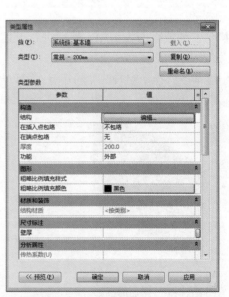

图 3-64　单击"编辑"按钮

6）在弹出的"编辑部件"对话框中，首先单击"预览"按钮，打开预览视图。然后修改"视图"为"剖面：修改类型属性"。最后单击"墙饰条"按钮，如图 3-65 所示。

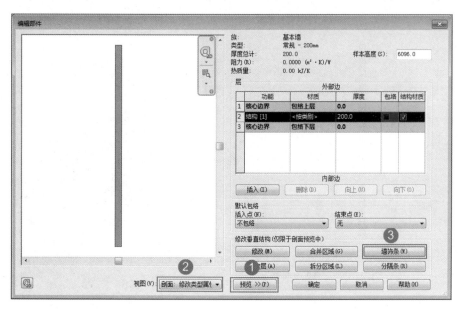

图 3-65　"编辑部件"对话框

7）在弹出的"墙饰条"对话框中，单击"添加"按钮，添加一个新的墙饰条。然后设置墙饰条轮廓、材质、距离等参数，如图 3-66 所示。如果没有合适的轮廓，还可以单击"载入轮廓"按钮，载入新的轮廓族。

图 3-66　添加墙饰条

8）单击"确定"按钮关闭当前对话框。在"编辑部件"对话框的预览视图中，可以查看添加墙饰条的效果，如图 3-67 所示。单击"确定"按钮关闭对话框，再次绘制此类型墙体时，将自动生成墙饰条，如图 3-68 所示。

　　📖 **说明**：使用编辑墙结构的方式添加的墙饰条不适用于此方法，只在能"编辑部件"对话框中进行修改。只有单独添加的墙饰条，可以单独编辑与修改。

2. 添加分隔条

添加分隔条的方法与墙饰条相似，只是使用的命令不同。

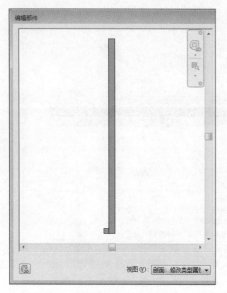

图 3-67　墙饰条预览效果

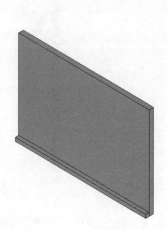

图 3-68　墙饰条

（1）执行方式　功能区：单击"建筑"选项卡→"构建"面板→"墙"工具，在弹出的下拉菜单中单击"墙：分隔条" ▭ 工具。

（2）操作步骤

1）切换到三维或立面视图中，然后按上述执行方式。在绘制好的墙体基础上，单击放置分隔条，如图 3-69 所示。

2）选中分隔条，拖动左右两端的端点，可以控制分隔条的长度，如图 3-70 所示。编辑分隔条的方法与墙饰条完全相同，限于篇幅将不做重复介绍。

图 3-69　添加分隔条

图 3-70　控制分隔条的长度

3.3.3　创建与编辑叠层墙

叠层墙实际是指将多个类型的基本墙组成在一起所形成的墙。

1. 执行方式

1）功能区：单击"建筑"选项卡→"构建"面板→"墙" 🗂 工具。

2）快捷键：按〈WA〉键。

2. 操作步骤

1）按上述执行方式，在"属性"对话框中选择叠层墙的墙体类型为"外部 - 砌块勒脚砖墙"，如图 3-71 所示。在平面视图中进行绘制操作，绘制完成后叠层墙三维效果，如图 3-72 所示。

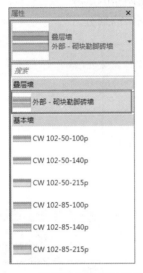

图 3-71　选择叠层墙的墙体类型

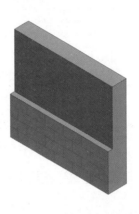

图 3-72　叠层墙三维效果

2）选中绘制好的叠层墙，单击"编辑类型"按钮。在弹出的"类型属性"对话框中，单击复制按钮复制新的墙体类型。然后单击"结构"参数后的"编辑"按钮，如图 3-73 所示。

3）在弹出的"编辑部件"对话框中可以插入、删除叠层墙中所包含的基本墙类型，如图 3-74 所示。

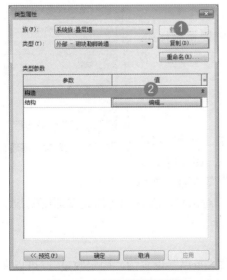

图 3-73　新建叠层墙类型

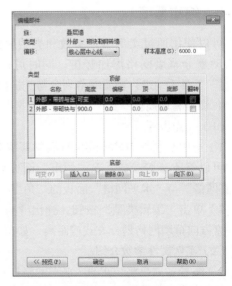

图 3-74　编辑叠层墙

3.3.4 创建幕墙

Revit 单独提供了绘制幕墙工具，可以通过此工具来自由创建玻璃幕墙或石材幕墙。Revit 默认提供了三种幕墙类型，分别代表不同复杂程度的幕墙。可根据实际情况，在此基础上进行复制修改。如图 3-75 所示，从左到右分别是"幕墙""外部玻璃""店面"三种幕墙类型示意。

1）幕墙：没有网格或竖梃，没有与此墙类型相关的规则，可以随意更改。

2）外部玻璃：具有预设网格，简单预设了横向与纵向幕墙网格的划分。

3）店面：具有预设网格，根据实际情况精确预设了幕墙网格的划分。

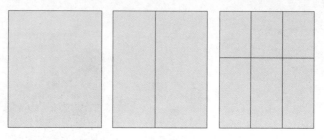

图 3-75 三种幕墙类型示意

1. 执行方式

1）功能区：单击"建筑"选项卡→"构建"面板→"墙" 🗀
工具。

2）快捷键：按〈WA〉键。

2. 操作步骤

按上述执行方式，在"属性"对话框中选择"幕墙"类型，如图 3-76 所示。然后在平面视图中按照绘制普通墙体的方法进行绘制。

3.3.5 编辑幕墙

可以使用通过实例属性参数和类型属性参数控制幕墙样式，并自动划分幕墙网格添加竖梃。同时可以通过"幕墙网格"及"竖梃"工具手动进行幕墙网格划分与竖梃添加。

1. 调整幕墙属性参数

（1）操作步骤

1）选中绘制好的幕墙或执行绘制幕墙命令，在"属性"对话框中可以修改幕墙参数。除"约束"面板的参数外，还可以修改

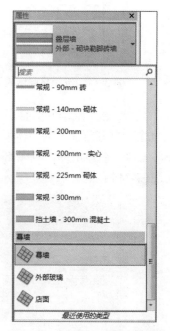

图 3-76 选择"幕墙"类型

"垂直网格"与"水平网格"面板的"角度""偏移"等参数，如图 3-77 所示。

2）单击"编辑类型"按钮，弹出"类型属性"对话框。在其中可以设置幕墙嵌板、水平与垂直方向幕墙网格划分方式或距离，如图 3-78 所示。

（2）实例属性参数介绍

1）编号：如果将"垂直 / 水平网格样式"下的"布局"设置为"固定数量"，可以在此输入幕墙实例上放置的幕墙网格的数量值，最大值是 200。

图 3-77 幕墙实例属性

图 3-78 幕墙类型属性

2）对正：当网格间距无法平均分割幕墙图元面的长度时，在此处设置 Revit 沿幕墙图元面调整网格间距的方式。

3）角度：将幕墙网格旋转到指定角度。

4）偏移：控制垂直或水平方向幕墙网格距边界的距离。

5）长度：幕墙的长度。

6）面积：幕墙的面积。

（3）类型属性参数介绍

1）功能：指明墙的作用，包括外墙、内墙、挡土墙、基础墙、檐底板或核心竖井。

2）自动嵌入：指示幕墙是否自动嵌入墙中。

3）幕墙嵌板：设置幕墙图元的幕墙嵌板族类型。

4）连接条件：控制在某个幕墙图元类型中在交点处截断竖梃的类型。

5）布局：沿幕墙长度设置幕墙网格线的自动垂直/水平布局。

6）间距：当"布局"设置为"固定距离"或"最大间距"时启用。

7）调整竖梃尺寸：调整网格线的位置，以确保幕墙嵌板的尺寸相等。

8）内部类型：指定内部垂直或水平竖梃的竖梃族。

9）边界1类型：指定左边界上垂直竖梃的竖梃族或底部边界上水平竖梃的竖梃族。

10）边界2类型：指定右边界上垂直竖梃的竖梃族或顶部边界上水平竖梃的竖梃族。

2. 手动划分幕墙网格

（1）执行方式　功能区：单击"建筑"选项卡→"构建"面板→"幕墙网格"⊞工具。

（2）操作步骤

1）绘制好一面幕墙，切换到立面或三维视图。按上述执行方式，将指针放置于幕墙上，将出现网格线预览，如图3-79所示，单击确认绘制网格线。当指针靠近垂直方向幕墙边界时，将出现垂直网格线。而当指针靠近水平方向幕墙边界时，将出现水平网格线。

2）幕墙网格绘制完成后，可以通过修改临时尺寸标注，来控制网格线所在的位置，如图3-80所示。

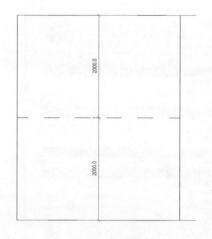

图3-79　划分幕墙网格

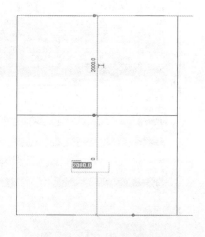

图3-80　修改幕墙网格

3）单击"放置"面板→"一段"工具，可以在两个幕墙网格之间只创建一段幕墙网格，如图3-81所示。

3. 添加幕墙竖梃

（1）执行方式　功能区：单击"建筑"选项卡→"构建"面板→"竖梃"⊞⊞工具。

（2）操作步骤

1）按上述执行方式，在"放置"面板中同样提供了三种放置方式，默认为"网格线"。在"属性"对话框中选择竖梃类型，将指针放置于需要添加竖梃的网格线上，如图3-82所示，单击即可完成放置。

2）如果单击"单段网格线"工具，系统将在交点处截断竖梃，只创建其中一段，如图3-83所示。

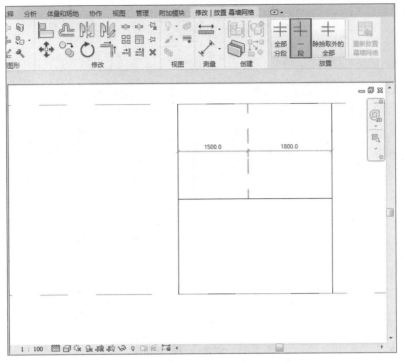

图 3-81　单击"一段"工具

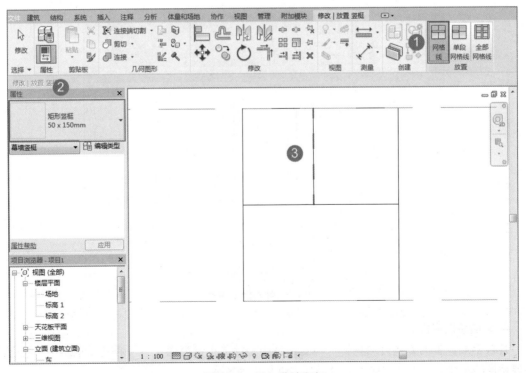

图 3-82　添加幕墙竖梃

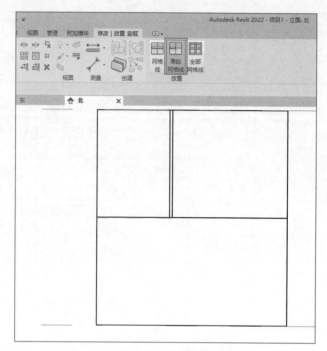

图 3-83　创建一段幕墙竖梃

3）如果单击"全部网格线"工具，系统将在所有未添加竖梃的网格线上创建竖梃，如图 3-84 所示。

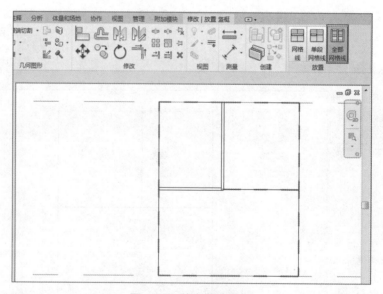

图 3-84　补全幕墙竖梃

4. 替换幕墙嵌板

替换幕墙嵌板的方式有两种：一种是通过类型参数批量替换；另一种是在视图中单独选中需要替换的幕墙嵌板，在"属性"对话框中进行单独替换。

替换幕墙嵌板的操作步骤如下。

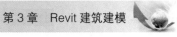

1）选中绘制好的幕墙，单击"编辑类型"按钮，弹出"类型属性"对话框，单击"幕墙嵌板"参数的值，在下拉列表框中选择需要替换的嵌板，单击"确定"按钮，如图 3-85 所示。

2）跳转到三维视图查看效果，如图 3-86 所示。

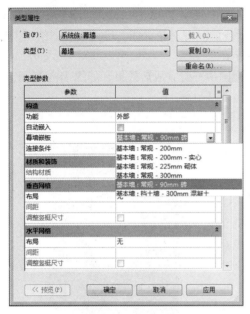

图 3-85　替换幕墙嵌板

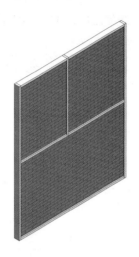

图 3-86　替换幕墙嵌板效果

3）将指针放置于需要替换的幕墙嵌板上，按〈Tab〉键进行循环选择，然后单击选中。在"属性"对话框中选择系统嵌板类型为"玻璃"完成替换，如图 3-87 所示。

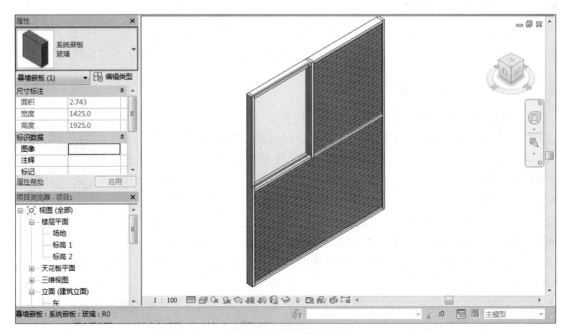

图 3-87　替换幕墙嵌板

3.3.6　编辑墙轮廓

编辑墙轮廓可以更改任何类型墙体的形状。

编辑墙轮廓的操作步骤如下。

1）切换到立面或者三维视图，选中需要修改的墙体，单击"修改|墙"上下文选项卡→"模式"面板→"编辑轮廓"按钮，然后拖动或删除现有轮廓线。也可以在"绘制"面板中选择绘图工具，绘制所需的形状，如图 3-88 所示。

2）绘制完成后，单击"完成"按钮，在三维视图中查看完成后效果，如图 3-89 所示。

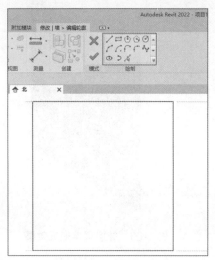

图 3-88　编辑墙轮廓

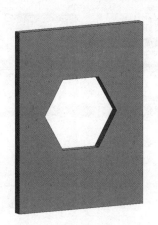

图 3-89　编辑墙轮廓完成效果

3.3.7　墙的附着与分离

墙体与柱相同，都具备附着于其他图元表面的特性。同样支持附着于屋顶、楼板及参照平面上。操作步骤与"3.2.4　柱的附着与分离"小节的方法相同，限于篇幅将不做重复介绍。

3.3.8　实例——绘制墙体与散水

本实例主要使用"墙体"工具，来进行内外墙体及幕墙的绘制，同时配合"墙：饰条"工具完成散水的绘制。绘制墙体与散水的操作步骤如下。

1）打开本书资源包中实例文件下第 3 章文件夹中的"3-2.rvt"文件。进入 F1 楼层平面，切换至"建筑"选项卡，单击"墙"工具，然后单击"编辑类型"按钮，弹出"类型属性"对话框。基于墙类型"常规 -200mm"基础上复制新类型，并命名为"砖墙 -240mm"，然后单击"结构"后面的"编辑"按钮设置墙体结构，如图 3-90 所示。

绘制墙体与
散水

2）进入"编辑部件"对话框，将结构 [1] 的"厚度"修改为"240"，单击"确定"按钮，如图 3-91 所示。

3）在选项栏中设置墙顶部的"高度"为"F2"，"定位线"为"核心面：外部"，并勾选"链"选项。接着选择绘制方式为"直线"，在视图中沿着结构柱最外侧，顺时针方向开始绘制墙体，如图 3-92 所示。

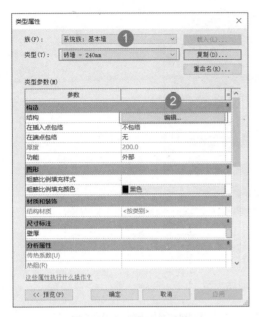

图 3-90　编辑墙体结构

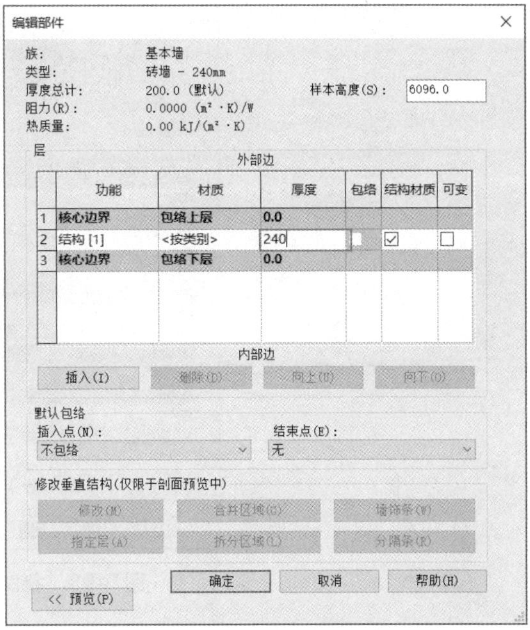

图 3-91　设置墙体厚度

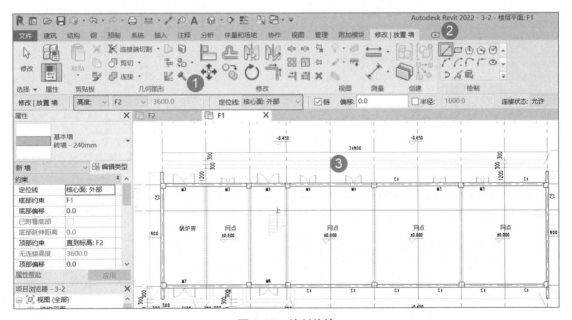

图 3-92　绘制外墙

> 📖 说明：当墙体遇到结构柱时在平面显示时会自动扣减，但实际墙体并没有被打断。在实际项目中建议分段绘制墙体，否则会导致后期工程量统计不准确、出现重复面的现象。

4）单击"编辑类型"按钮，在"类型属性"对话框中复制新的墙体类型，将其命名为"砖墙 -240mm（内墙）"，单击"确定"按钮，如图 3-93 所示。

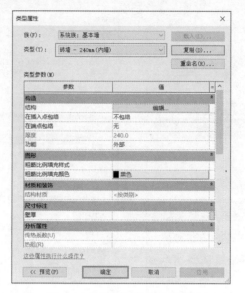

图 3-93　复制新的墙体类型

5）在选项栏中将"定位线"修改为"墙中心线"，开始绘制 F1 内墙，如图 3-94 所示。

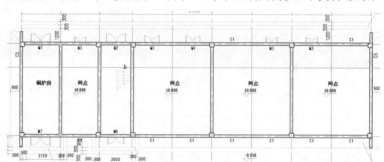

图 3-94　绘制 F1 内墙

6）F1～F3 外墙相同，而室内房间布局不同。所以选中 F1 的外墙，单击"复制"按钮，然后单击"粘贴"工具，在弹出的下拉菜单中选择"与选定的标高对齐"命令，如图 3-95 所示。

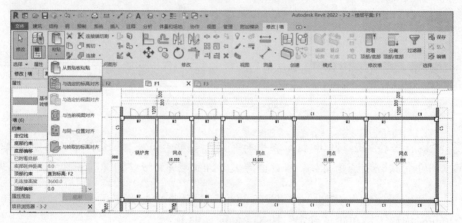

图 3-95　复制外墙

7）在弹出的"选择标高"对话框中，选择"F2"和"F3"，并单击"确定"按钮，如图 3-96 所示。

8）进入 F4 楼层平面，切换至"建筑"选项卡，单击"构建"面板→"墙"工具。在"属性"对话框中选择基本墙类型为"砖墙 -240mm（内墙）"，设置"顶部约束"为"未连接"，然后设置"无连接高度"为"300.0"，完成南北两侧女儿墙的绘制，如图 3-97 所示。

9）在"属性"对话框设置"顶部约束"为"未连接"，然后设置"无连接高度"为"1500.0"，完成东西两侧女儿墙的绘制，如图 3-98 所示。

图 3-96　选择标高

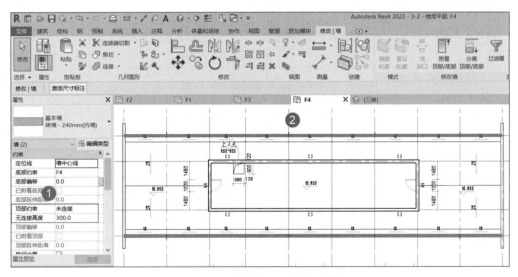

图 3-97　绘制南北两侧女儿墙

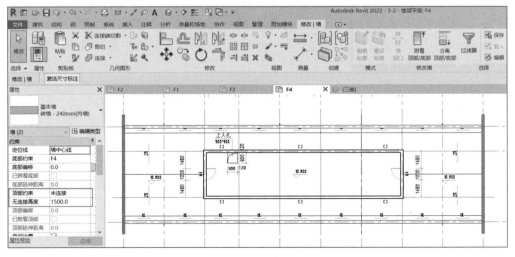

图 3-98　绘制东西两侧女儿墙

10）在"属性"对话框设置"顶部约束"为"直到标高：屋面"，完成中间部分的外墙绘制，如图 3-99 所示。

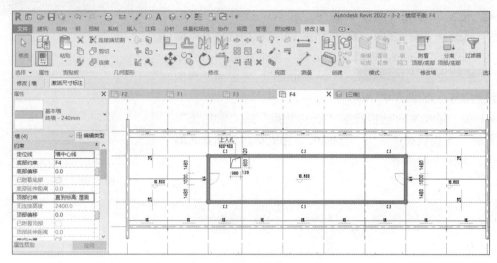

图 3-99　绘制中间部分的外墙

11）依次进入 F2 和 F3 楼层平面，完成内墙的绘制，如图 3-100 所示。

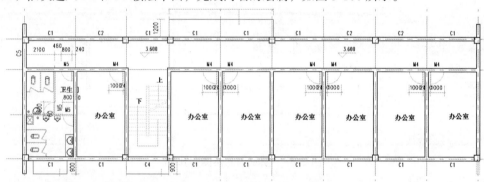

图 3-100　绘制内墙

12）返回 F1 楼层平面，选中全部外墙，然后在"属性"对话框中将"底部约束"设置为"室外地坪"，如图 3-101 所示。

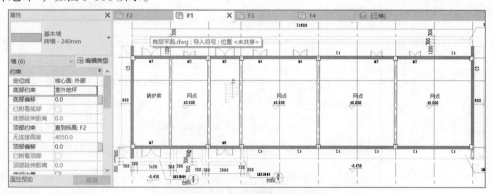

图 3-101　设置墙体标高

13）单击"载入族"工具，在弹出的"载入族"对话框中，进入系统自带族库，依次进入"轮廓\常规轮廓\场地"文件夹，在其中选择"散水.rfa"文件，单击"打开"按钮将其载入到项目中，如图 3-102 所示。

图 3-102　载入"散水"轮廓族

14）打开三维视图，首先切换至"建筑"选项卡，单击"构建"面板→"墙"工具，在弹出的下拉菜单中单击"墙：饰条"工具。然后单击"编辑类型"按钮，弹出"类型属性"对话框。复制新的墙饰条类型为"散水"，并修改"轮廓"为"散水：散水"，最后单击"确定"按钮，如图 3-103 所示。

15）依次拾取东、西、南三个方向的墙体底部创建散水，在转角位置如果没有自动连接，可以通过拖动墙饰条端点使其相交，散水在转角部分会自动进行切角处理，如图 3-104 所示。

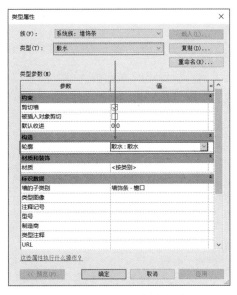

图 3-103　修改墙饰条轮廓

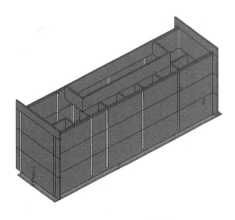

图 3-104　创建散水

16）北侧墙体需要单独创建散水转角。单击"修改转角"工具，然后拾取与北侧墙体相邻的散水界面，此时系统会自动生成转角，如图 3-105 所示。

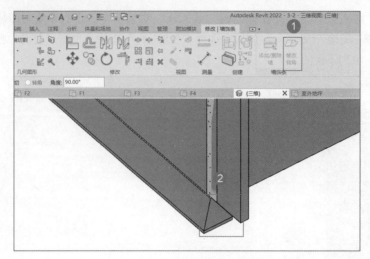

图 3-105　创建北侧散水转角

17）墙体和散水全部绘制完成后的效果，如图 3-106
所示。

3.3.9　放置与编辑门

一般情况下，门只能放置于墙体上，而不能单独存在。

1. 执行方式

1）功能区：单击"建筑"选项卡→"构建"面板
→"门" 工具。

2）快捷键：按〈DR〉键。

2. 操作步骤

1）按上述执行方式，在"属性"对话框中选择要放置

图 3-106　墙体和散水完成后的效果

的门类型，并在基本墙或叠层墙上放置门，如图 3-107 所示。放置门时移动指针可以控制门的
开启方向，按空格键可以控制门的左右翻转。放置完成后，选中门同样可以按空格键切换开启
方向，也可以使用翻转符号。

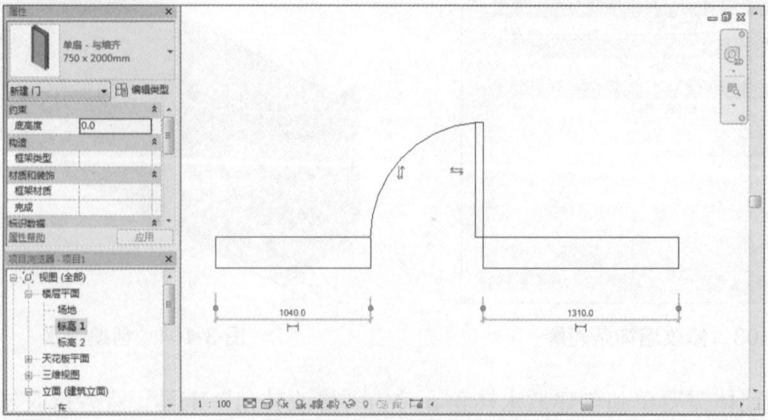

图 3-107　放置门

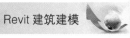

2）选中需要修改的门，在"属性"对话框中可以设置门所在标高、底高度等信息，如图 3-108 所示。

3）单击"编辑类型"按钮，弹出"类型属性"对话框。在其中可以修改门的宽度、高度及其他尺寸参数，如图 3-109 所示。建议修改门尺寸时，先单独复制出一个新的类型，并命名好相应的名称，再进行修改工作。

图 3-108　门实例属性　　　　　　　　图 3-109　门类型属性

3.3.10　放置与编辑窗

与门相同，窗在一般情况下只能放置于墙体上，但也存在特殊情况，如放置在屋顶上的天窗，天窗不属于传统的窗族，而是用常规模型所代替。

1. 执行方式

1）功能区：单击"建筑"选项卡→"构建"面板→"窗"▦工具。

2）快捷键：按〈WN〉键。

2. 操作步骤

1）按上述执行方式，在"属性"对话框中选择要放置的窗类型，然后在基本墙或叠层墙上放置窗，如图 3-110 所示。和门一样，在放置窗时通过移动指针控制窗的方向，按空格键实现水平翻转。

2）选中需要修改的窗，在"属性"对话框中可以设置窗所在标高、底高度等信息，如图 3-111 所示。

3）单击"编辑类型"按钮，弹出"类型属性"对话框。在其中可以修改窗的宽度、高度及材质等信息，如图 3-112 所示。

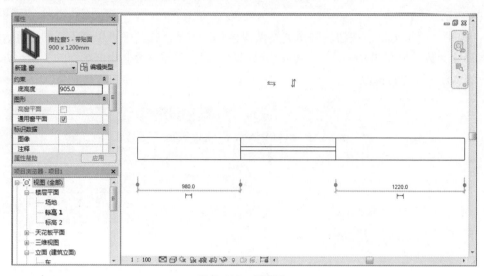

图 3-110　放置窗

图 3-111　窗实例属性

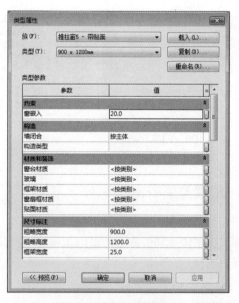

图 3-112　窗类型属性

3.3.11　实例——放置门窗

放置门窗

本实例主要使用"门"和"窗"工具，来进行门窗的放置，同时也介绍替换幕墙门窗的方法。放置门窗的操作步骤如下。

1）打开本书资源包中实例文件下第 3 章文件夹中的"3-3.rvt"文件。进入 F1 楼层平面，选中 CAD 底图，在选项栏中将显示模式修改为"前景"，如图 3-113 所示。

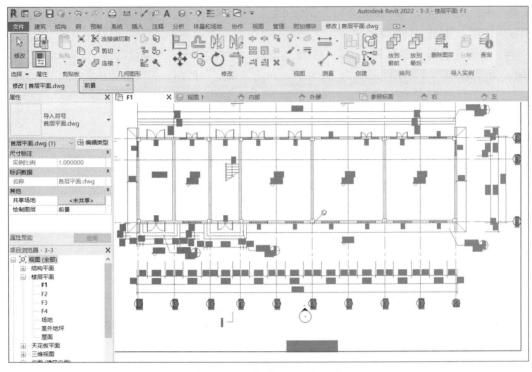

图 3-113 修改 CAD 为前景

2）切换至"插入"选项卡，单击"载入族"工具。在弹出的"载入族"对话框中，打开本书资源包中实例文件下第 3 章文件夹，选择所有的门窗族，单击"打开"按钮将其载入到项目中，如图 3-114 所示。

图 3-114 载入门窗族

3）切换至"建筑"选项卡，单击"窗"工具。选择"普通窗 - 一横一纵"窗类型，然后单击"编辑类型"按钮，弹出"类型属性"对话框。复制新类型窗为"C1"，并修改"宽度"

为"1800.0","高度"为"2100.0","横梃间距"为"600.0","竖梃间距"为"1200.0"。单击"确定"按钮，如图 3-115 所示。

4）继续复制新类型窗为"C4"，修改"宽度"为"1500.0","高度"为"1800.0","横梃间距"为"600.0","竖梃间距"为"900.0"。单击"确定"按钮，如图 3-116 所示。

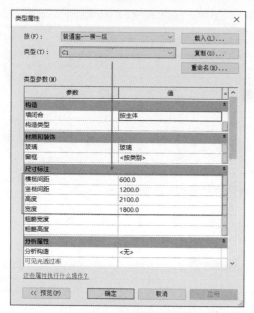

图 3-115　修改窗尺寸　　　　　　　　图 3-116　创建新类型窗 C4

5）复制新类型窗为"C5"，修改"宽度"为"1500.0","高度"为"2100.0","横梃间距"为"600.0","竖梃间距"为"900.0"。单击"确定"按钮，如图 3-117 所示。

6）在"属性"对话框中选择窗类型为"普通窗 - 一横一纵 C1"，并设置"底高度"为"900.0"。在视图中 C1 窗的位置依次单击进行放置，如图 3-118 所示。

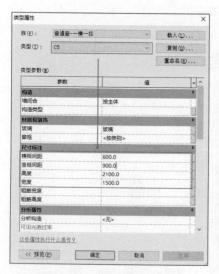

图 3-117　创建新类型窗 C5

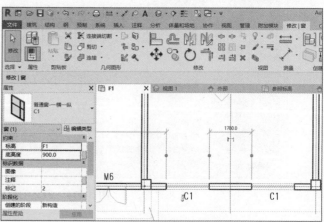

图 3-118　放置首层窗 C1

7）在"属性"对话框中选择窗类型为"普通窗 - 一横一纵 C5"，并设置"底高度"为"900.0"，在视图中东西两侧 C5 窗的位置依次单击进行放置，如图 3-119 所示。

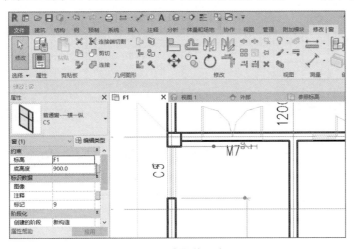

图 3-119　放置首层窗 C5

8）切换至"建筑"选项卡，单击"门"工具。在"属性"对话框中选择门类型为"玻璃门 - 一横一纵"，然后单击"编辑类型"按钮，弹出"类型属性"对话框。复制新类型门为"M7"，修改"宽度"为"1800.0"，"高度"为"3000.0"，"门扇宽"为"900.0"，"横梃间距"为"600.0"。单击"确定"按钮，如图 3-120 所示。

9）继续复制新类型门为"M3"，然后修改"宽度"为"2400.0"，"高度"为"3000.0"，"门扇宽"为"1200.0"，"横梃间距"为"600.0"。单击"确定"按钮，如图 3-121 所示。

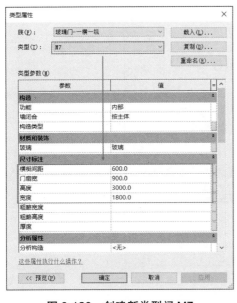

图 3-120　创建新类型门 M7

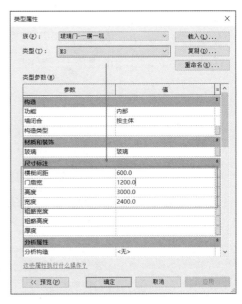

图 3-121　创建新类型门 M3

10）选择族为"玻璃门 - 一纵"，然后复制新类型门为"M2"，修改"宽度"为"1800.0"，"高度"为"2100.0"，"门扇宽"为"900.0"。单击"确定"按钮，如图 3-122 所示。

11）继续复制新类型门为"M6"，然后修改"宽度"为"1500.0"，"高度"为"2100.0"。单击"确定"按钮，如图 3-123 所示。

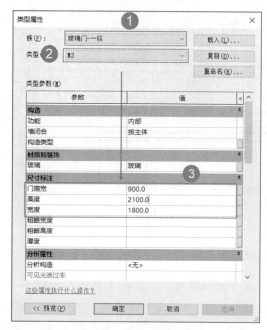

图 3-122　创建新类型门 M2

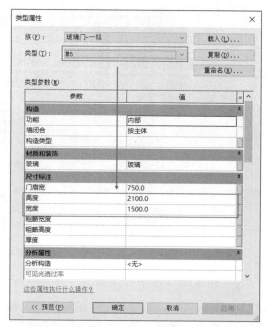

图 3-123　创建新类型门 M6

12）选择族为"玻璃门 - 一横三纵"，然后复制新类型门为"M1"，修改"横梃间距"为"600.0"，"竖梃右间距"为"600.0"，"竖梃左间距"为"600.0"，"宽度"为"3000.0"，"高度"为"3000.0"。单击"确定"按钮，如图 3-124 所示。

图 3-124　创建新类型门 M1

13）按照图中的编号，依次在视图单击放置不同类型的门，如图 3-125 所示。

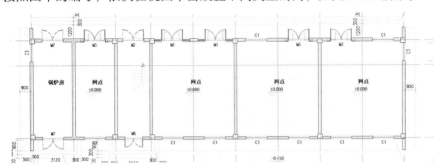

图 3-125　放置门

14）按照相同的方法依次完成其他各层门窗的放置，如图 3-126 所示。

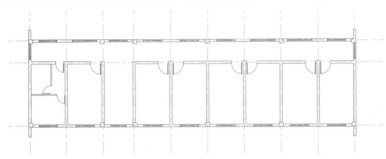

图 3-126　放置门窗

15）全部门窗放置好后，进入南立面视图，会发现楼梯间的窗因为跨越了两个楼层正常剪切墙体。切换到"修改"选项卡，单击"连接"工具，然后拾取需要连接的墙体，此时窗就可以正常剪切两面墙体，如图 3-127 所示。

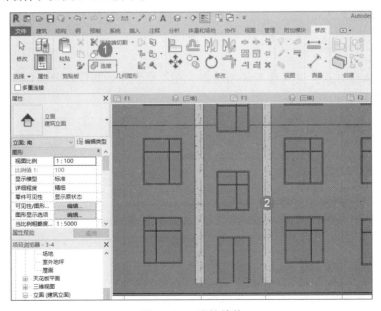

图 3-127　连接墙体

16）切换到三维视图，查看最终完成效果，如图 3-128 所示。

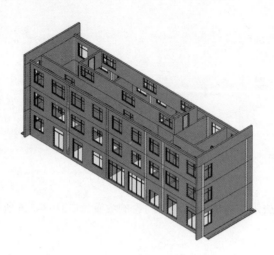

图 3-128　完成效果

■ 3.4　楼板、天花板与屋顶

本节将分别介绍楼板、天花板与屋顶的创建与编辑方法。在 Revit 中，这三种类型图元创建的方法非常相似，都是基于轮廓进行绘制的。

3.4.1　创建与编辑楼板

楼板作为建筑物中不可缺少的部分，起着重要的结构承重作用。Revit 提供了三种楼板工具，分别是建筑楼板、结构楼板和面楼板。

1. 执行方式

功能区：单击"建筑"选项卡→"构建"面板→"楼板" 📖 工具。

2. 操作步骤

1）按上述执行方式，进入楼板绘制状态。在"绘制"面板中选择绘制工具，如"矩形"工具，如图 3-129 所示。

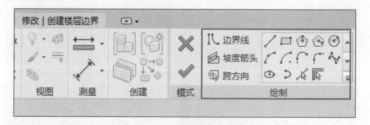

图 3-129　选择绘制工具

2）在平面视图中绘制楼板外轮廓，绘制完成后可以单击"临时尺寸标注"工具，来修改楼板的尺寸。修改完成后在"属性"对话框中，选择需要的楼板类型并设定其他参数。单击"完成"按钮完成楼板的绘制，如图 3-130 所示。

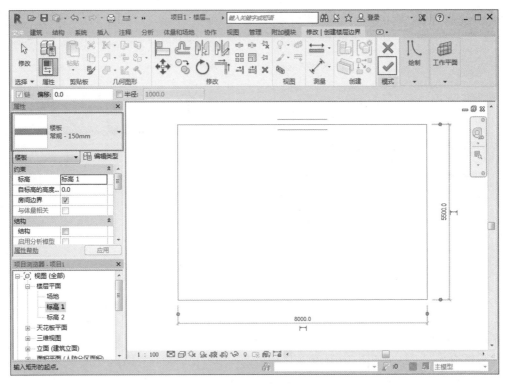

图 3-130　绘制楼板外轮廓

3）绘制完成后，浏览楼板三维效果，如图 3-131 所示。

4）选中需要修改的楼板，在"属性"对话框中可以设置楼板所在标高、高度偏移等信息，如图 3-132 所示。

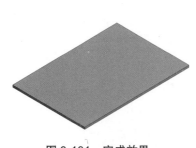

图 3-131　完成效果

图 3-132　楼板实例属性

5）单击"编辑类型"按钮，弹出"类型属性"对话框。在其中可以设置楼板功能、填充样式及填充颜色等参数。单击"结构"后面的"编辑"按钮，如图 3-133 所示。

6）弹出"编辑部件"对话框，单击"插入"按钮可以插入新的结构层，并设置其功能属性及厚度，如图 3-134 所示。

　　📖 说明：与"墙"工具的区别在于，"楼板"工具新增一个预设层选项"压型板"，常用于钢结构项目。在结构设计内容中会详细介绍。

图 3-133　楼板类型属性　　　　　　　　图 3-134　编辑楼板结构

7）如果需要重新定义楼板边界，可以直接双击楼板，或选中楼板，单击"模式"面板→"编辑边界"工具，如图 3-135 所示，即可进入编辑楼板轮廓界面。

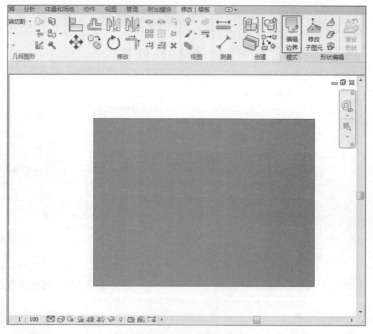

图 3-135　编辑楼板轮廓

3.4.2　创建与编辑楼板边缘

结构设计中常用到的圈梁、板加腋等沿楼板边缘所放置的构件，可通过"楼板"工具中的"楼板：楼板边"工具来实现。

1. 执行方式

功能区：单击"建筑"选项卡→"构建"面板→"楼板"工具，在弹出的下拉菜单中单击"楼板：楼板边"  工具。

2. 操作步骤

1）按上述执行方式，在"属性"对话框中选择楼板边缘类型，然后拾取楼板边界线，将根据楼板边界线长度自动生成楼板边，如图 3-136 所示。可以通过翻转控制，以水平或垂直方向翻转楼板边。

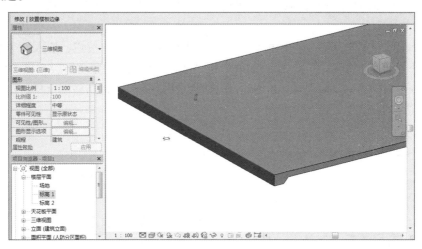

图 3-136　添加楼板边缘

2）选中需要修改的楼板边缘，在"属性"对话框中可以设置楼板边缘垂直和水平方向轮廓的偏移距离，如图 3-137 所示。

3）单击"编辑类型"按钮，弹出"类型属性"对话框。在其中可以设置楼板边缘的轮廓及材质，如图 3-138 所示。

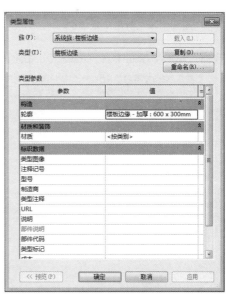

图 3-137　楼板边缘实例属性　　　　　　　　图 3-138　楼板边缘类型属性

3.4.3 实例——绘制楼板与室外台阶

本实例主要使用"楼板"工具，来进行室内楼板的绘制。绘制楼板与室外台阶的操作步骤如下。

绘制楼板与
室外台阶

1）打开本书资源包中实例文件下第 3 章文件夹中的"3-4.rvt"文件。进入 F1 楼层平面，切换至"建筑"选项卡，单击"楼板"工具。在"属性"对话框中单击"编辑类型"按钮，弹出"类型属性"对话框，复制新的楼板类型，命名为"室内 -150+30+10mm"。然后单击"结构"后面的"编辑"按钮，如图 3-139 所示。

2）在弹出的"编辑部件"对话框中，首先单击两次"插入"按钮，插入两个结构层。然后分别将这两个层的功能设置为"面层 1[4]"和"衬底 [2]"，并设置"面层 [4]"的"厚度"为"10.0"，"衬底 [2]"的"厚度"为"30.0"。单击"向上"按钮，将其移动至核心边界上部。最后单击"确定"按钮，如图 3-140 所示。

图 3-139　创建楼板类型

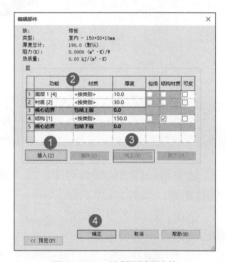

图 3-140　编辑楼板结构

3）选择"矩形"绘制工具，沿墙边开始绘制楼板轮廓，单击"完成"按钮，如图 3-141 所示。

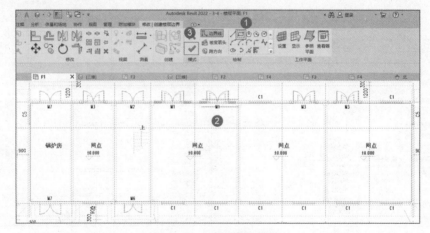

图 3-141　绘制楼板轮廓

4）选中绘制好的楼板，单击"复制"工具，然后单击"粘贴"工具，在弹出的下拉菜单中选择"与选定的标高对齐"命令，如图 3-142 所示。

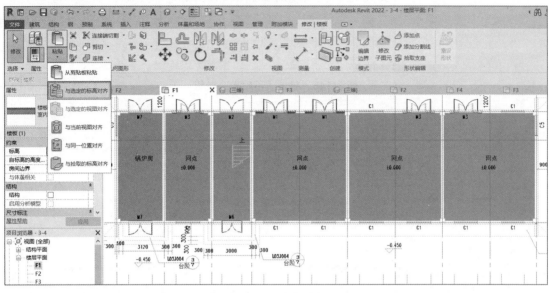

图 3-142　复制楼板

5）在"选择标高"对话框中，选择"F2""F3""F4"标高，单击"确定"按钮，如图 3-143 所示。

6）进入 F4 楼层平面，首先双击楼板进入编辑草图状态，将楼板轮廓调整到外墙边线位置，然后单击绘制上人孔位置的洞口轮廓，最后单击"完成"按钮，如图 3-144 所示。

7）当弹出"正在附着到楼板"对话框时，单击"不附着"按钮，如图 3-145 所示。

8）进入 F1 楼层平面，首先单击"楼板"工具，选择楼板类型为"常规 -150mm"。然后分别绘制室外平台部分的楼板轮廓，最后单击"完成"按钮，如图 3-146 所示。

图 3-143　选择标高

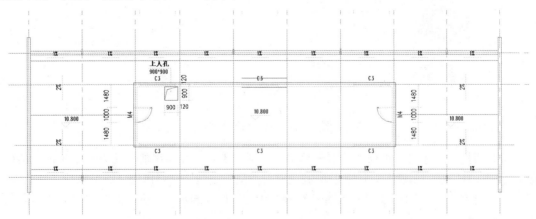

图 3-144　绘制楼板轮廓

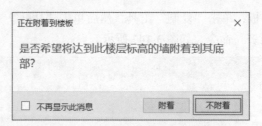

图 3-145　单击"不附着"按钮

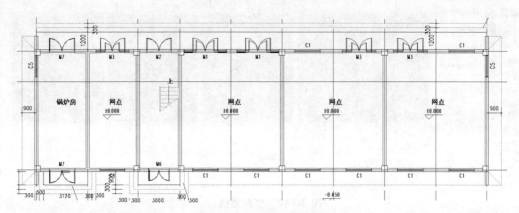

图 3-146　绘制平台楼板轮廓

9）切换至"插入"选项卡，单击"载入族"工具。在弹出的"载入族"对话框中，打开本书资源包中实例文件下第 3 章文件夹，选择"台阶 .rfa"文件，单击"打开"按钮，如图 3-147 所示。

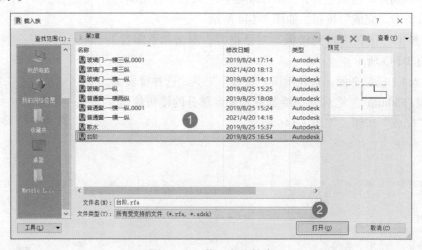

图 3-147　载入台阶轮廓

10）切换至"建筑"选项卡，首先单击"楼板"工具，在弹出的下拉菜单中单击"楼板：楼板边"工具。在"属性"对话框中单击"编辑类型"按钮，在弹出的"类型属性"对话框中复制新类型为"室外台阶"。然后设置"轮廓"为"台阶：台阶"。最后单击"确定"按钮，如图 3-148 所示。

图 3-148　创建新楼板边缘类型

11）依次拾取室外楼板底部边线，创建室外台阶，如图 3-149 和图 3-150 所示。

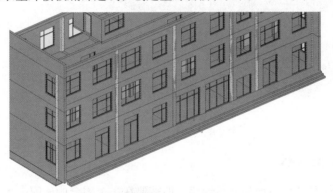

图 3-149　室外台阶 1

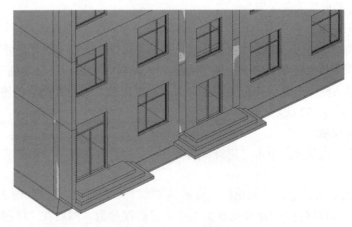

图 3-150　室外台阶 2

12）楼板与室外台阶全部创建完成后，效果如图 3-151 所示。

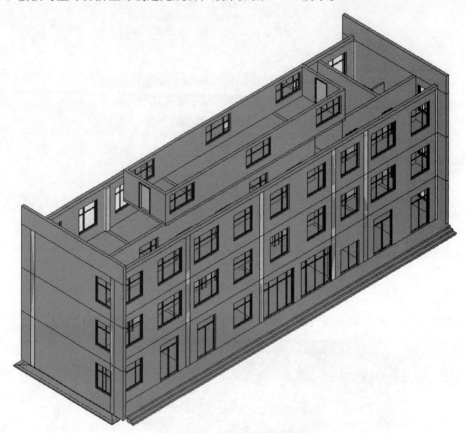

图 3-151　完成效果

3.4.4　创建与编辑天花板

创建天花板有两种方式：一种是自动创建，但需要在一个闭合的房间中才能实现，并且只能生成与房间形状一致的天花板；另一种是手动绘制，与绘制楼板的方法一样，可以手动定义边界，可以生成各类形状的天花板。

1. 自动创建天花板

（1）执行方式　功能区：单击"建筑"选项卡→"构建"面板→"天花板" 工具。

（2）操作步骤　按上述执行方式，首先单击"天花板"面板→"自动创建天花板"工具。然后在"属性"对话框中选择天花板类型，并设置高度参数。最后在闭合的房间内单击，完成天花板的绘制，如图 3-152 所示。

2. 手动绘制天花板

（1）执行方式　功能区：单击"建筑"选项卡→"构建"面板→"天花板" 工具。

（2）操作步骤

1）按上述执行方式，单击"天花板"面板→"绘制天花板"工具，如图 3-153 所示。

2）在"属性"对话框中选择天花板类型并设置高度参数，然后在"绘制"面板中选择合适的绘制工具，在视图中绘制天花板的轮廓，如图 3-154 所示。

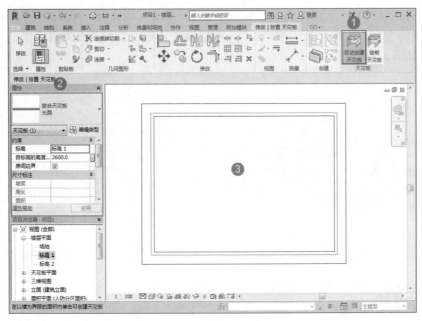

图 3-152　自动创建天花板

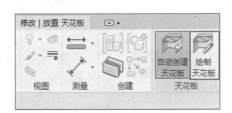

图 3-153　单击"绘制天花板"工具

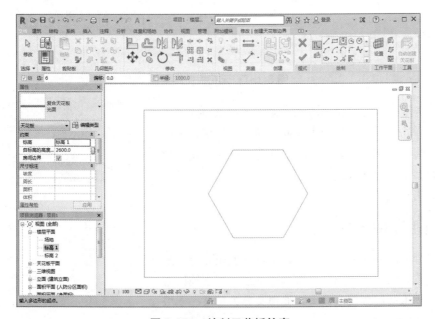

图 3-154　绘制天花板轮廓

3）绘制完成后单击"完成"按钮，在三维视图中查看完成效果，如图 3-155 所示。

4）选中需要修改的天花板，在"属性"对话框中可以设置天花板垂直和水平方向轮廓的偏移距离，如图 3-156 所示。

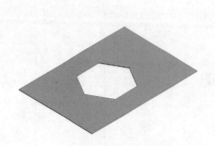

图 3-155　完成效果

图 3-156　天花板实例属性

5）单击"编辑类型"按钮，弹出"类型属性"对话框。在其中可以设置天花板功能、填充样式及填充颜色等参数。单击"结构"后面的"编辑"按钮，如图 3-157 所示。

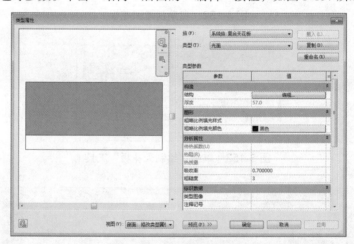

图 3-157　天花板类型属性

6）与墙体、楼板的编辑方法一样。在"编辑部件"对话框中，单击"插入"按钮可以插入新的结构层，并设置材质与厚度，如图 3-158 所示。如果需要修改天花板轮廓，可以直接双击天花板或单击"编辑边界"工具，都可进入草图编辑模式。

3.4.5　创建与编辑屋顶

屋顶是建筑的构成元素之一，有平顶和坡顶之分，主要目的是用于防水。干旱地区房屋多用平顶，湿润地区多用坡顶。多雨地区屋顶坡度较大，坡顶又分为单坡、双坡和四坡等。Revit 提供了多种屋顶创建工具，分别是"迹

图 3-158　设置天花板结构

线屋顶""拉伸屋顶"及"面屋顶"。除屋顶工具外，Revit 还提供了"底板""封檐带"和"檐槽"工具，供用户更加方便地创建屋顶相关图元。

1. 创建迹线屋顶

"迹线屋顶"工具常用于创建不规则的屋顶，如创建别墅类住宅的屋顶。

（1）执行方式　功能区：单击"建筑"选项卡→"构建"面板→"屋顶"工具，在弹出的下拉菜单中单击"迹线屋顶" ▛ 工具。

（2）操作步骤

1）按上述执行方式，首先在"绘制"面板中选择合适的绘制工具。然后在"属性"对话框中选择屋顶类型，并设置高度及坡度参数。最后在平面视图中绘制屋顶外轮廓，如图 3-159 所示。

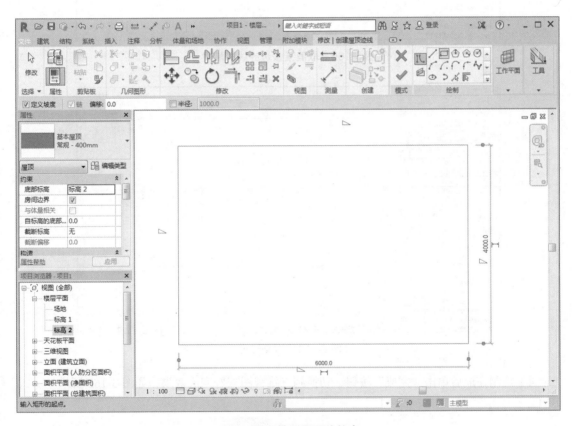

图 3-159　绘制屋顶外轮廓

2）在选项栏中默认勾选了"定义坡度"选项，则绘制屋顶所有边界线都定义坡度。如果需要取消某条边界线的坡度，则选中该边界线，在选项栏中取消勾选"定义坡度"选项，或者在"属性"对话框中取消勾选"定义屋顶坡度"选项，如图 3-160 所示。此时边界线的坡度三角符号也将消失。

3）同理，如果需要单独定义某条边界线的坡度。可以单独选中边界线，然后在坡度三角符号处或"属性"对话框中定义坡度，如图 3-161 所示。

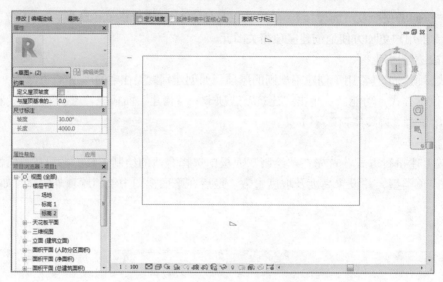

图 3-160 取消某条边界线的坡度

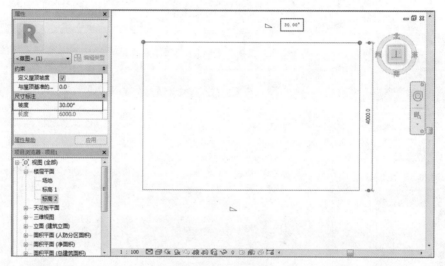

图 3-161 定义坡度

4）绘制完成后单击"完成"按钮，切换到三维视图查看完成效果，如图 3-162 所示。

图 3-162 完成效果

2. 创建参照平面

参照平面可以理解为在绘制 Revit 模型时的辅助平面，在平面或立面视图中，参照平面都会以线的形式显示。

（1）执行方式

1）功能区：单击"建筑"选项卡→"工作平面"面板→"参照平面" 工具。

2）快捷键：按〈RP〉键。

（2）操作步骤　按上述执行方式，在平面、立面或剖面视图中单击，开始绘制参照平面，如图 3-163 所示。

3D

〈单击以命名〉 — — — — — — — — — — — — — — 〈单击以命名〉

3D

图 3-163　绘制参照平面

3. 创建拉伸屋顶

使用"拉伸屋顶"工具可以创建平屋顶或双坡屋顶。

（1）执行方式　功能区：单击"建筑"选项卡→"构建"面板→"屋顶"工具，在弹出的下拉菜单中单击"拉伸屋顶" 工具。

（2）操作步骤

1）在平面视图中绘制参照平面作为拉伸屋顶的起点，然后按上述执行方式。在弹出的"工作平面"对话框中，选择"拾取一个平面"选项，并单击"确定"按钮，如图 3-164 所示。

2）拾取绘制好的参照平面，弹出"转到视图"对话框。选择任意立面，单击"打开视图"按钮，如图 3-165 所示。

图 3-164　选择"拾取一个平面"选项

图 3-165　选择立面

3）在弹出的"屋顶参照标高和偏移"对话框中，设置屋顶参照标高与偏移值，如图 3-166 所示。

4）在"属性"对话框中选择屋顶类型，然后在"绘制"面板中选择需要的绘制工具，并在视图中绘制屋顶截面轮廓，如图 3-167 所示。

图 3-166　设置屋顶参照标高与偏移值

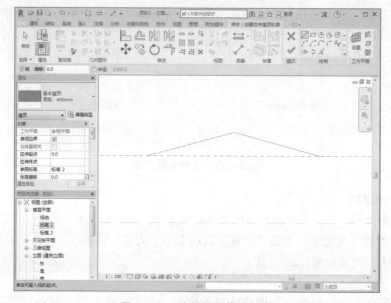

图 3-167　绘制屋顶截面轮廓

> 📖 说明：注意绘制拉伸屋顶轮廓时，只能绘制不封闭的轮廓，并且为连续的断线。否则无法生成屋顶。所绘制轮廓线为屋顶上表面线。

5）绘制完成后单击"完成"按钮，切换到三维视图查看屋顶。选中屋顶后，还可以拖动两端面的控制柄控制屋顶的拉伸长度，如图 3-168 所示。

6）选中迹线屋顶，在"属性"对话框中可以设置标高、坡度等参数。选中拉伸屋顶，在"属性"对话框中则可以设置拉伸起点与终点的数值，如图 3-169 所示。

图 3-168　拉伸屋顶控制柄

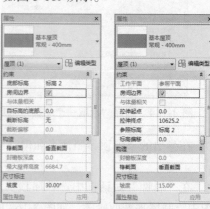

图 3-169　屋顶实例属性

7）单击"编辑类型"按钮，弹出"类型属性"对话框。在其中可以设置屋顶填充样式及填充颜色等参数，如图 3-170 所示。

8）单击"结构"参数后面的"编辑"按钮，可以打开"编辑部件"对话框。与墙体、楼板、天花板的编辑方法一样。在"编辑部件"对话框中，单击"插入"按钮可以插入新的结构层，并设置材质与厚度，如图 3-171 所示。如果需要修改屋顶轮廓，可以直接双击屋顶或单击"编辑迹线"工具，都可进入草图编辑模式。

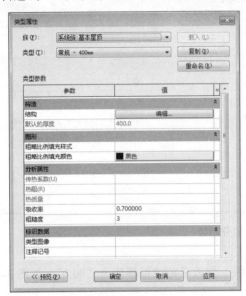

图 3-170　屋顶类型属性

图 3-171　设置屋顶结构

3.4.6　实例——绘制屋顶

绘制屋顶

本实例主要使用"楼板"与"迹线屋顶"工具，创建平屋顶和坡屋顶。绘制屋顶的操作步骤如下。

1）打开本书资源包中实例文件下第 3 章文件夹中的"3-5.rvt"文件。进入 F4 楼层平面，切换至"建筑"选项卡，单击"楼板"工具。选择楼板类型为"常规 -150mm"，使用"矩形"工具绘制闷顶轮廓，单击"完成"按钮，如图 3-172 所示。

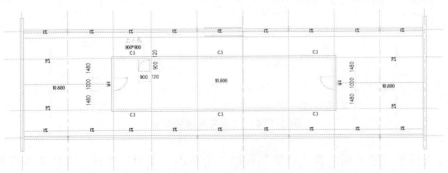

图 3-172　绘制闷顶轮廓

2）选中绘制好的闷顶轮廓，然后单击"添加分割线"工具，接着沿闷顶水平中心线位置绘制一条分割线，如图 3-173 所示。

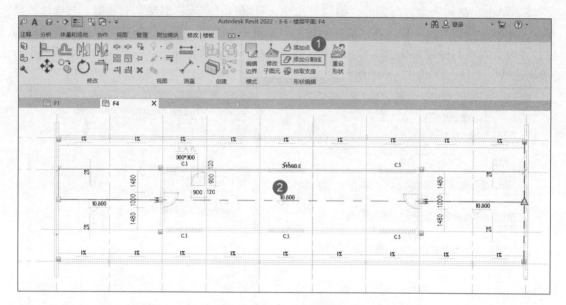

图 3-173　添加分割线

3）单击"修改子图元"工具，然后拾取分割线，修改分割线偏移值为"80.0"，如图 3-174所示。另一侧的分割线也做相同的操作。

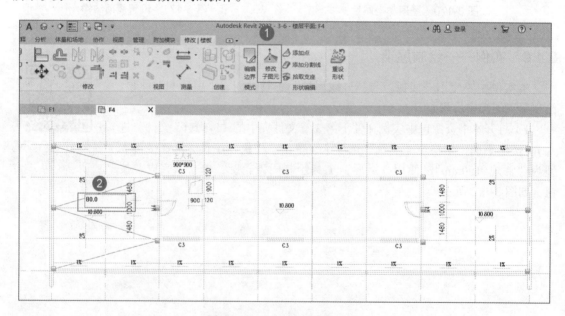

图 3-174　设置分割线偏移值

4）进入屋顶楼层平面，在"建筑"选项卡中单击"屋顶"工具。选择基本屋顶类型为"常规 -125mm"，使用"矩形"工具绘制屋顶轮廓，如图 3-175 所示。

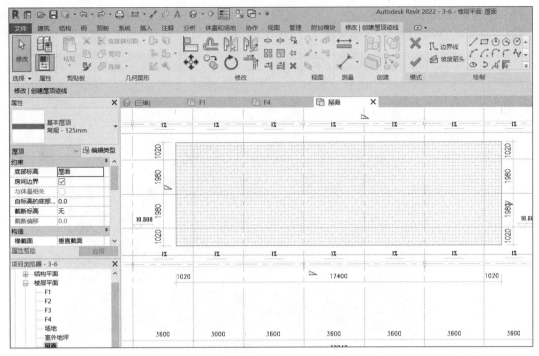

图 3-175 绘制屋顶轮廓

5）选中屋顶两侧轮廓线，在选项栏中取消勾选"定义坡度"选项，单击"完成"按钮，如图 3-176 所示。

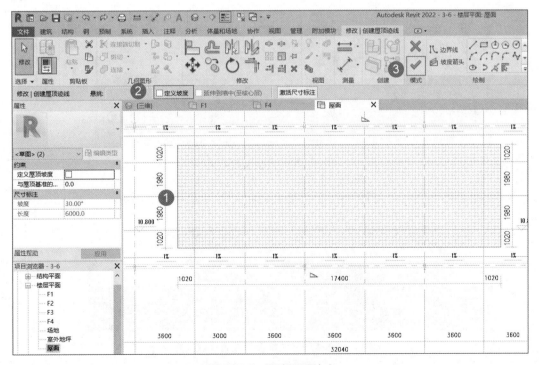

图 3-176 取消屋面坡度

6）进入南立面视图，选中屋顶，然后根据 CAD 立面图中的信息，在"属性"对话框中将屋顶的"自标高的底部偏移"参数修改为"−900.0"，如图 3-177 所示。

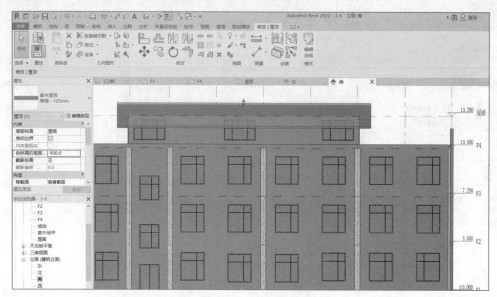

图 3-177　调整屋顶标高

7）按〈RP〉键在屋顶上方绘制参照平面，然后修改距离屋面标高的间距为"1800.0"，如图 3-178 所示。

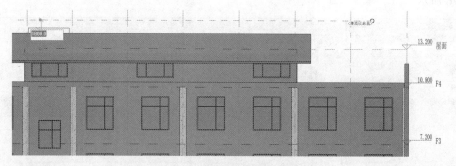

图 3-178　绘制参照平面

8）使用"对齐"工具，将屋顶屋脊与参照平面对齐，如图 3-179 所示。

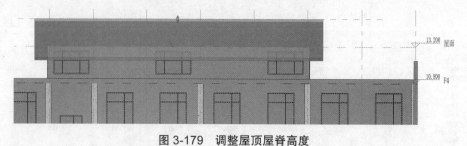

图 3-179　调整屋顶屋脊高度

9）进入三维视图，选中屋顶部分的墙体，单击"附着顶部 / 底部"工具，然后拾取屋顶将墙体附着于屋顶底部，如图 3-180 所示。

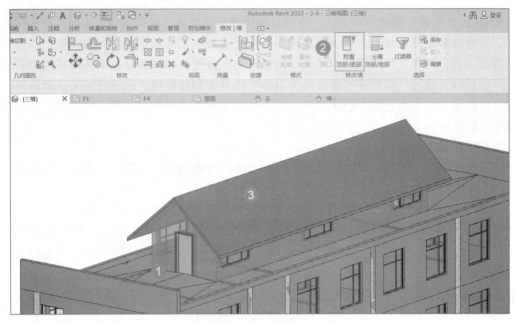

图 3-180　附着屋顶

10）最终完成效果，如图 3-181 所示。

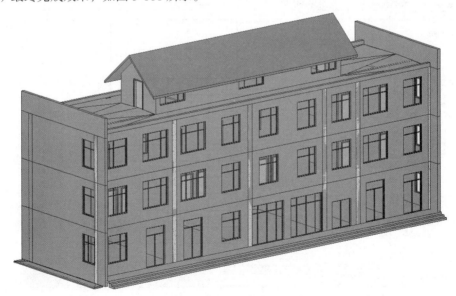

图 3-181　完成效果

■ 3.5　楼梯、坡道与栏杆扶手

本节主要介绍楼梯、坡道与栏杆扶手的创建与编辑方法。创建楼梯与坡道时会自动创建栏杆扶手，而栏杆扶手也可以单独创建。

3.5.1 创建与编辑楼梯

Revit 提供两种创建楼梯的方法，分别是按构件创建楼梯与按草图创建楼梯。按构件创建楼梯，是通过装配常见梯段、平台和支撑构件来创建楼梯。优点是在平面或三维视图中均可进行创建，对于创建常规样式的双跑或三跑楼梯非常方便。如果需要自定义楼梯的边界形状创建异形楼梯，还可以将标准梯段转换为草图。按草图创建楼梯，是通过定义绘制踢面、边界和楼梯路径，在平面视图中创建楼梯。优点是创建异形楼梯非常方便，可以自定义楼梯的平面轮廓形状。

1. 按构件创建楼梯

（1）执行方式　功能区：单击"建筑"选项卡→"楼梯坡道"面板→"楼梯" 🛠工具。

（2）操作步骤

1）按上述执行方式，在"属性"对话框中选择需要创建的楼梯样式，然后在选项栏中设置"定位线""偏移""实际楼梯宽度"等参数，在视图中单击开始绘制楼梯，如图 3-182 所示。由于在选项栏中默认勾选了"自动平台"选项，当绘制第二个梯段时，系统会自动在两个梯段之间创建平台。

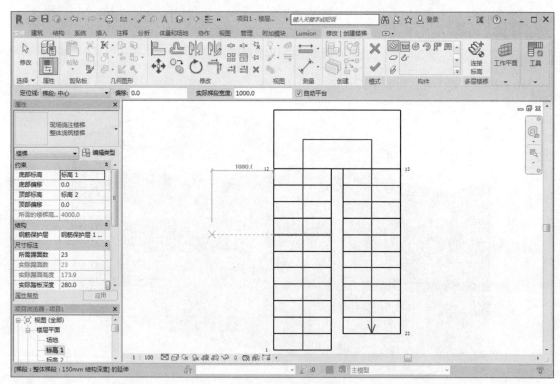

图 3-182　绘制楼梯

2）对于标准层的楼梯，可以执行多层楼梯命令。切换到立面视图，选中标准层楼梯，单击"多层楼梯"面板→"选择标高"工具，如图 3-183 所示。

3）单击"连接标高"工具，选择需要到达的标高。如果穿越多个标高，可以进行框选，如图 3-184 所示。

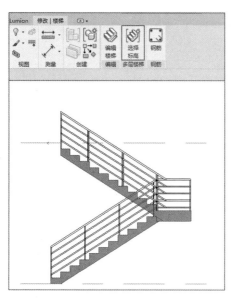

图3-183 单击"选择标高"工具	图3-184 选择穿越标高

4）单击"完成"按钮，多层楼梯创建完成效果，如图3-185所示。如果需要取消多层楼梯的创建，可以单击"断开标高"工具，选择需要取消楼梯所到达的标高，最后单击"完成"按钮。

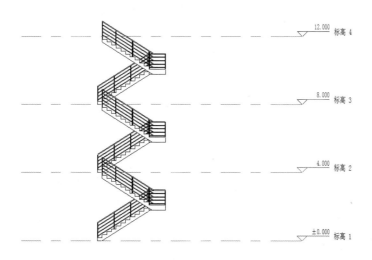

图3-185 多层楼梯创建完成效果

2. 按草图创建楼梯

（1）执行方式 功能区：单击"建筑"选项卡→"楼梯坡道"面板→"楼梯" 工具。

（2）操作步骤

1）按上述执行方式，单击"构件"面板→"创建草图"工具，如图3-186所示。

2）在"绘制"面板中，依次选择边界、踢面

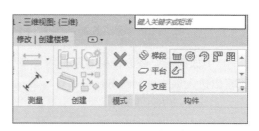

图3-186 单击"创建草图"工具

与楼梯路径，并分别选择合适的绘制工具进行楼梯绘制，如图 3-187 所示。

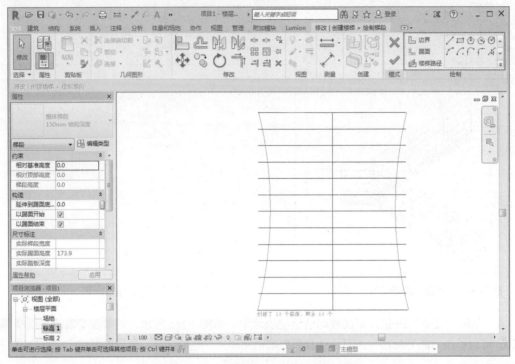

图 3-187　绘制边界、踢面与楼梯路径

3）绘制完成后单击"完成"按钮，切换到三维视图查看最终完成效果，如图 3-188 所示。

4）选中需要修改的楼梯，在平面视图中双击楼梯进入编辑状态，选中梯段可以设置其宽度，如图 3-189 所示。

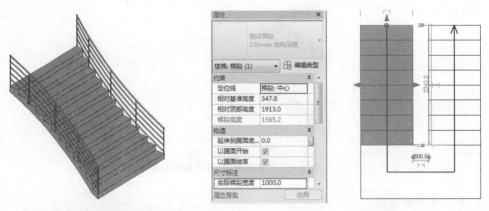

图 3-188　完成效果　　　　　　　　　图 3-189　设置梯段宽度

5）如果需要修改楼梯各部分构件位置与尺寸时，可以双击楼梯或单击"编辑楼梯"工具，都可以进入编辑楼梯状态。

（3）实例属性参数介绍

1）底部标高：设置楼梯的基面。

2）底部偏移：设置楼梯相对于底部标高的高度。

3）顶部标高：设置楼梯的顶部。

4）顶部偏移：设置楼梯相对于顶部标高的偏移量。

5）所需的楼梯高度：设置底部和顶部标高之间楼梯的高度，只有当顶部标高参数为"无"时才可用。

6）所需踢面数：踢面数是基于标高之间的高度计算得出的。

7）实际踢面数：通常，此值与所需踢面数相同，但如果未向给定梯段完整添加正确踢面数，则这两个值也可能不同。该值为只读。

8）实际踢面高度：显示实际踢面高度。

9）实际踏板深度：设置此值可以修改踏板深度。

10）踏板 / 踢面起始编号：设置起始踏步 / 踢面的编号值。

（4）类型属性参数介绍

1）最大踢面高度：设置楼梯上每个踢面的最大高度。

2）最小踏板深度：设置"实际踏板深度"实例参数的初始值。如果"实际踏板深度"低于此值，Revit 会发出警告。

3）最小梯段宽度：设置常用梯段宽度的初始值。

4）计算规则：单击"编辑"按钮以设置楼梯计算规则。

5）梯段类型：设置梯段所用类型，单击可设置梯段具体参数。

6）平台类型：设置平台所用类型，单击可设置平台具体参数。

7）功能：指示楼梯是内部的（默认值）还是外部的。

3.5.2　实例——绘制楼梯

绘制楼梯

本实例主要使用"楼梯"工具，来完成室内楼梯的绘制。绘制楼梯的操作步骤如下。

1）打开本书资源包中实例文件下第 3 章文件夹中的"3-6.rvt"文件。进入 F1 楼层平面，按〈RP〉键在楼梯起始踏步位置绘制水平参照平面，如图 3-190 所示。

2）切换至"建筑"选项卡，单击"楼梯"工具。在"属性"对话框中选择现场浇筑楼梯类型为"整体浇筑楼梯"，然后设置"所需踢面数"为"24"，"实际踏板深度"为"270.0"。接着在选项栏设置"定位线"为"梯段：左"，"实际梯段宽度"为"1330.0"。绘制第一跑梯段，沿着右侧墙体与参照平面交界的位置确定起始点，向下开始绘制 17 个梯面，如图 3-191 所示。

3）第一跑梯段绘制完成后，将指针水平向左延伸，开始绘制第二跑梯段，将剩余踢面数全部绘制完成，单击"完成"按钮，如图 3-192所示。

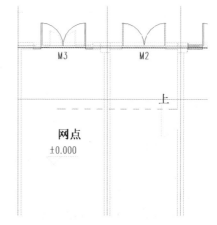

图 3-190　绘制水平参照平面

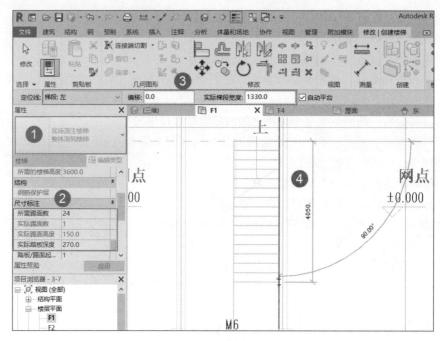

图 3-191　绘制第一跑梯段

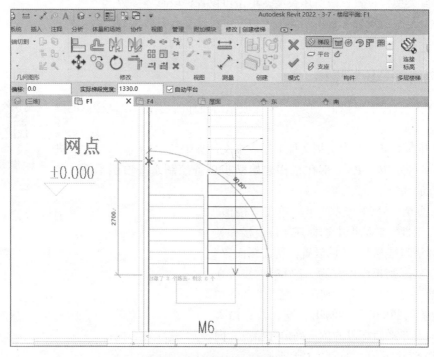

图 3-192　绘制第二跑梯段

4）进入 F2 楼层平面，修改"实际踏板深度"为"300.0"，然后开始绘制楼梯，两跑梯段踢面数均为"12"，如图 3-193 所示。梯段绘制完成后，选中平台，拖动控制柄将平台与墙面对齐，单击"完成"按钮，如图 3-194 所示。

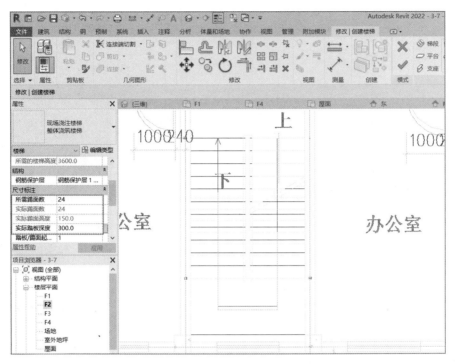

图 3-193　绘制 F2 梯段

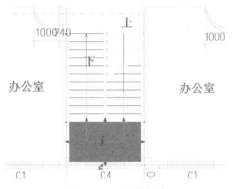

图 3-194　调整平台

5）删除沿墙一侧的楼梯扶手，然后单击"选择框"工具，如图 3-195 所示。

6）进入局部三维视图后，调整剖切框范围，将楼梯完整显示出来，如图 3-196 所示。

3.5.3　创建与编辑坡道

在商场、医院、酒店和机场等公共场合经常见到各式各样的坡道，其主要作为连接高差地面、楼面的斜向交通通道及门口的垂直交通和竖向疏散通道。建筑设计中，常用的坡道分为两种：一种是汽车坡道；另一种是残疾人坡道。

Revit 中建立坡道的方法，与建立楼梯的方法非常类似。区别在于，Revit 只提供按草图创建坡道，而楼梯有两种创建方式。两者的构造有本质不同，使用草图创建坡道同楼梯一样，有着非常大的自由度，可以任意编辑坡道的形状，且不限于固定的形式。

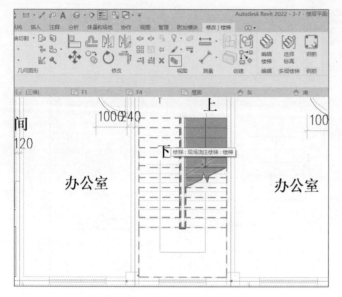

图 3-195 单击"选择框"工具   图 3-196 完成效果

1. 执行方式

功能区：单击"建筑"选项卡→"楼梯坡道"面板→"坡道" ◇ 工具。

2. 操作步骤

1）按上述执行方式，首先在"属性"对话框中选择坡道类型并设定约束条件。然后在"绘制"面板中，选择坡道形式，最后在视图中单击开始绘制坡道，如图 3-197 所示。

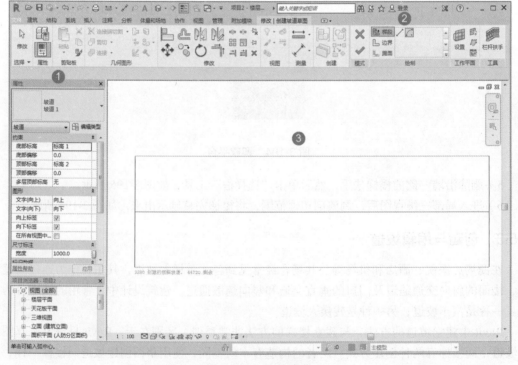

图 3-197 绘制坡道

2）绘制完成后，单击"完成"按钮。切换到三维视图，查看坡道完成效果，如图 3-198 所示。

3）选中需要修改的坡道，在"属性"对话框中可以设置楼梯底部和顶部标高限制条件，以及坡道宽度的设置，如图 3-199 所示。

图 3-198　坡道完成效果

图 3-199　坡道实例属性

4）单击"编辑类型"按钮，弹出"类型属性"对话框。在其中可以设置坡道造型、最大斜坡长度、坡道最大坡度（1/x）等参数，如图 3-200 所示。

5）坡道有两种构造造型：一种是结构板；另一种是实体。将"造型"参数修改为"实体"，坡道的构造将发生改变，如图 3-201 所示。

3. 坡道实例属性参数介绍

1）底部标高：设置坡道底部的基准标高。

2）底部偏移：设置距底部标高的坡道高度。

3）顶部标高：设置坡道的顶部标高。

4）顶部偏移：设置距顶部标高的坡道高度。

5）多层顶部标高：设置多层建筑中的坡道顶部。

图 3-200　坡道类型属性

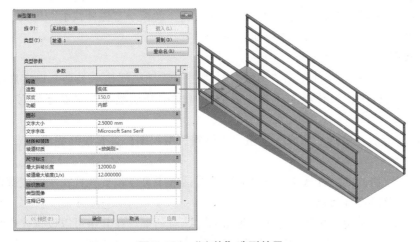

图 3-201　"实体"造型效果

6）文字（向上）：设置平面中"向上"符号的文字。

7）文字（向下）：设置平面中"向下"符号的文字。

8）向上标签：显示或隐藏平面中的"向上"标签。

9）上箭头：显示或隐藏平面中的"向上"箭头。

10）向下标签：显示或隐藏平面中的"向下"标签。

11）下箭头：显示或隐藏平面中的"向下"箭头。

12）在所有视图中显示向上箭头：在所有项目视图中显示向上箭头。

13）宽度：坡道的宽度。

4. 坡道类型属性参数介绍

1）造型：控制坡道的构造形式，有结构板和实体两个选项可供选择。

2）厚度：设置坡道的厚度。仅当"形状"属性设置为厚度时，才启用此属性。

3）功能：指示坡道是内部的（默认值）还是外部的。

4）文字大小：坡道向上文字和向下文字的大小。

5）文字字体：坡道向上文字和向下文字的字体。

6）坡道材质：为渲染而应用于坡道表面的材质。

7）最大斜坡长度：指定要求平台前坡道中连续踢面高度的最大数量。

8）坡道最大坡度（1/x）：设置坡比（x）的值以定义斜坡的最大斜率。

3.5.4 创建与编辑栏杆扶手

栏杆扶手在实际生活中很常见，其主要作用是保护人身安全，主要应用于建筑与桥梁，如楼梯两侧、残疾人坡道等。经过多年的发展，栏杆扶手除可以保护人身安全外，还可以起到分隔、导向、装饰的作用。

Revit 提供两种创建栏杆扶手的方法，分别是"绘制路径"和"放置在楼梯 / 坡道上"。使用"绘制路径"工具，可以在平面或三维视图任意位置创建栏杆扶手。使用"放置在楼梯 / 坡道上"工具时，必须先拾取主体才可以创建栏杆扶手，主体指楼梯和坡道两种构件。

1. 执行方式

1）功能区：单击"建筑"选项卡→"楼梯坡道"面板→"栏杆扶手" 工具。

2）功能区：单击"建筑"选项卡→"楼梯坡道"面板→"栏杆扶手"工具，在弹出的下拉菜单中单击"放置在楼梯 / 坡道上" 工具。

2. 操作步骤

1）按上述执行方式，首先在"属性"对话框中选择栏杆扶手类型并设定底部标高。然后在"绘制"面板中，选择绘制工具。最后在视图中开始绘制栏杆扶手路径，如图 3-202 所示。

2）绘制完成后，单击"完成"按钮。切换到三维视图，查看最终完成效果，如图 3-203 所示。

3）选中需要修改的栏杆扶手，在"属性"对话框中可以设置栏杆扶手的底部偏移与从路径偏移参数，如图 3-204 所示。

4）单击"编辑类型"按钮，弹出"类型属性"对话框。在其中可以设置扶栏结构（非连续）、栏杆位置、是否使用顶部扶栏及沿墙扶手等参数，如图 3-205 所示。

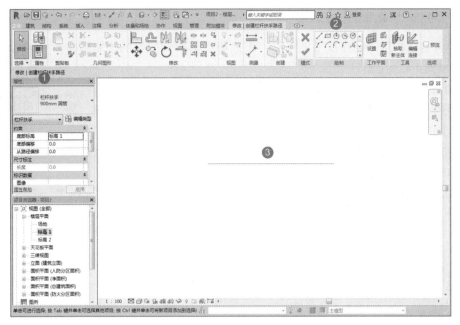

图 3-202　绘制栏杆扶手路径

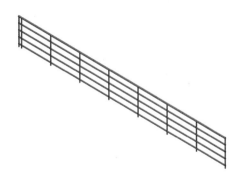

图 3-203　完成效果

图 3-204　栏杆扶手实例属性

图 3-205　栏杆扶手类型属性

3.5.5　实例——绘制屋面护栏

本实例主要使用"栏杆扶手"工具，来进行屋面栏杆扶手的绘制与编辑。绘制屋面护栏的操作步骤如下。

绘制屋面护栏

1）打开本书资源包中实例文件下第3章文件夹中的"3-7.rvt"文件。进入F4楼层平面，切换至"建筑"选项卡，单击"栏杆扶手"工具。在"属性"对话框中选择栏杆扶手类型为"玻璃嵌板-底部填充"，然后单击"编辑类型"按钮。在弹出的"类型属性"对话框中，单击"扶栏结构（非连续）"参数后面的"编辑"按钮，如图3-206所示。

2）在"编辑扶手（非连续）"对话框中，设置"扶栏1"和"扶栏2"的高度分别为"700.0"和"600.0"，单击"确定"按钮，如图3-207所示。

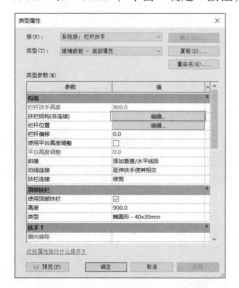

图 3-206　单击"编辑"按钮

图 3-207　添加扶栏

3）返回"类型属性"对话框，设置"顶部扶栏"的"高度"参数为"800.0"，单击"确定"按钮，如图3-208所示。

4）从南立面Ⓐ轴位置开始，沿外墙边向右绘制一条长"2680.0"mm的栏杆扶手路径，单击"完成"按钮，如图3-209所示。

5）再次使用"栏杆扶手"工具，选择"900mm 圆管"栏杆扶手类型，然后单击"编辑类型"按钮。在弹出的"类型属性"对话框中，复制新类型为"800mm 圆管"，修改"顶部扶栏"的"高度"为"800.0"，接着单击"扶栏结构（非连续）"参数后面的"编辑"按钮，如图3-210所示。

图 3-208　设置顶部扶栏的高度

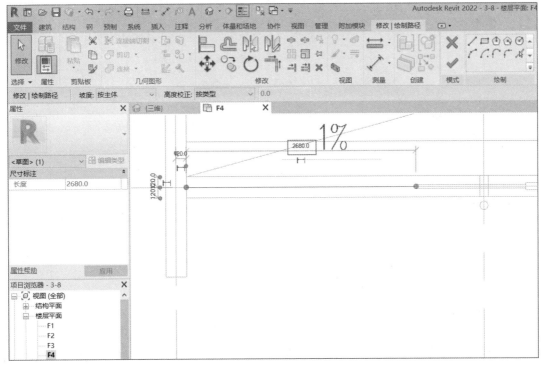

图 3-209　绘制栏杆扶手路径

6）首先删除"扶栏 4"，然后修改其余扶栏的高度，"扶栏 1"修改为"600.0"，"扶栏 2"修改为"400.0"，"扶栏 3"修改为"200.0"，最后单击"确定"按钮，如图 3-211 所示。

图 3-210　创建新栏杆类型

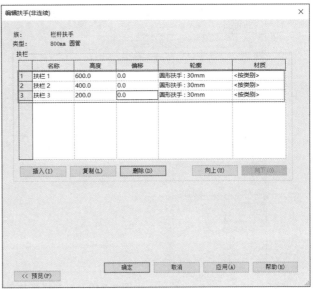

图 3-211　编辑扶栏

7）基于绘制完成的栏杆扶手端点，继续绘制一条长"1300.0"mm 的栏杆扶手路径，单击"完成"按钮，如图 3-212 所示。

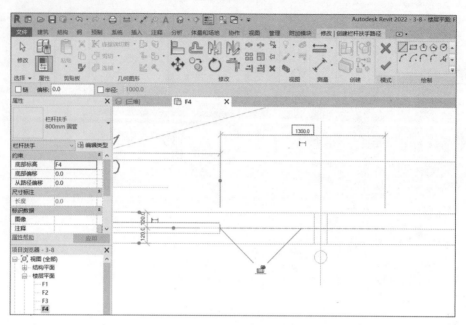

图 3-212　绘制栏杆扶手路径（1）

8）再次使用"栏杆扶手"工具，选择栏杆扶手类型为"玻璃嵌板 - 底部填充"，然后沿着绘制完成的栏杆扶手端点，继续绘制一条长"4250.0"mm 的栏杆扶手路径，最后单击"完成"按钮，如图 3-213 所示。

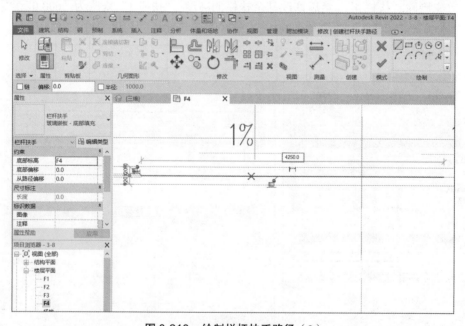

图 3-213　绘制栏杆扶手路径（2）

9）再次使用"栏杆扶手"工具，选择栏杆扶手类型为"800mm 圆管"，然后沿着绘制完成的栏杆扶手端点，继续绘制一条长"1300.0"mm 的栏杆扶手路径，最后单击"完成"按钮，如图 3-214 所示。

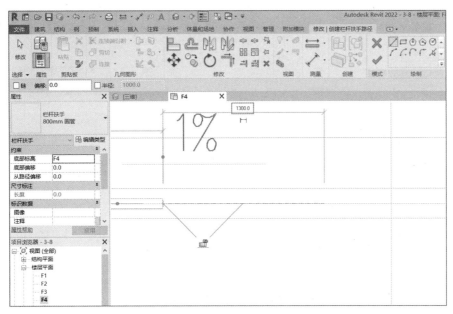

图 3-214　绘制栏杆扶手路径（3）

10）再次使用"栏杆扶手"工具，选择栏杆扶手类型为"玻璃嵌板 - 底部填充"，然后沿着绘制完成的栏杆扶手端点，继续绘制一条长"5600.0"mm 的栏杆扶手路径，最后单击"完成"按钮，如图 3-215 所示。

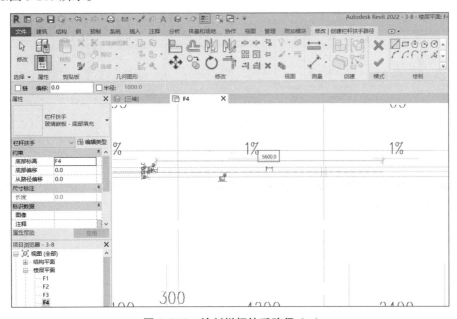

图 3-215　绘制栏杆扶手路径（4）

11）再次使用"栏杆扶手"工具，选择栏杆扶手类型为"800mm 圆管"，然后沿着绘制完成的栏杆扶手端点，继续绘制一条长"1300.0"mm 的栏杆扶手路径，最后单击"完成"按钮，如图 3-216 所示。

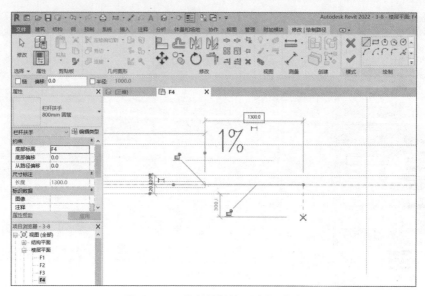

图 3-216　绘制栏杆扶手路径（5）

12）选中除最后一段绘制的栏杆外的其余栏杆，单击"镜像 - 绘制轴"工具，沿垂直方向绘制中心线将其镜像到右侧，如图 3-217 所示。

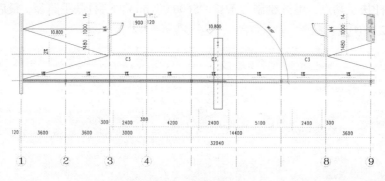

图 3-217　镜像栏杆（1）

13）选中全部栏杆，再次单击"镜像 - 绘制轴"工具，然后沿垂直方向绘制中心线镜像到北立面的位置，如图 3-218 所示。

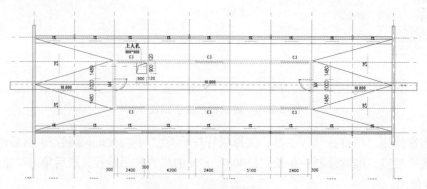

图 3-218　镜像栏杆（2）

14）选中全部栏杆，在"属性"对话框中设置"底部偏移"参数为"300.0"，如图 3-219 所示。

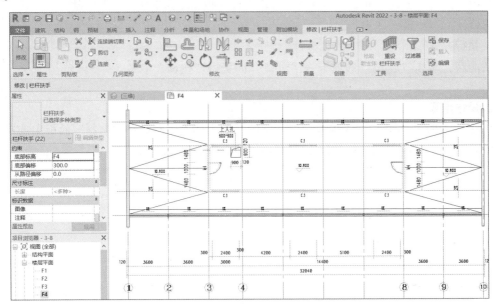

图 3-219　设置栏杆约束条件

15）进入三维视图，查看最终完成效果，如图 3-220 所示。

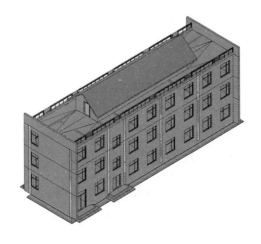

图 3-220　完成效果

3.6　洞口

建筑中存在多种多样的洞口，包括门窗洞口、楼板洞口、天花板洞口和结构梁洞口等。Revit 可以实现不同类型洞口的创建，并且根据不同情况、不同构件提供了多种洞口工具与开洞的方式。Revit 共提供了五种洞口工具，分别是"按面""竖井""墙""垂直"和"老虎窗"，如图 3-221 所示。

3.6.1 创建面洞口

使用"按面"工具，可以创建垂直于楼板、天花板、屋顶选定面的洞口。

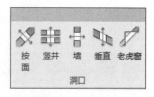

图 3-221 洞口工具

1. 执行方式

功能区：单击"建筑"选项卡→"洞口"面板→"按面"工具。

2. 操作步骤

1）按上述执行方式，首先拾取需要开洞图元的主体面。然后在"绘制"面板中选择合适的绘制工具。最后在所拾取图元面上绘制洞口轮廓，如图 3-222 所示。

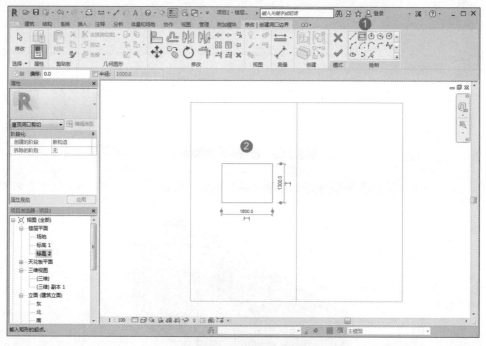

图 3-222 绘制洞口轮廓

2）绘制完成后，单击"完成"按钮。切换到三维视图，查看最终完成效果，如图 3-223 所示。

图 3-223 完成效果

3.6.2　创建竖井洞口

使用"竖井"工具,可以创建一个跨越多个标高的洞口,贯穿其中的楼板、天花板、屋顶都可以被剪切。在实际绘图过程中,可以将此工具应用于创建电梯井、楼梯间、管道井洞口等方面。

1. 执行方式

功能区:单击"建筑"选项卡→"洞口"面板→"竖井" ▓▓ 工具。

2. 操作步骤

1)按上述执行方式,首先在"属性"对话框中设置洞口所需要穿越的标高。然后在"绘制"面板中选择合适的绘制工具。最后在视图中绘制洞口轮廓,如图 3-224 所示。

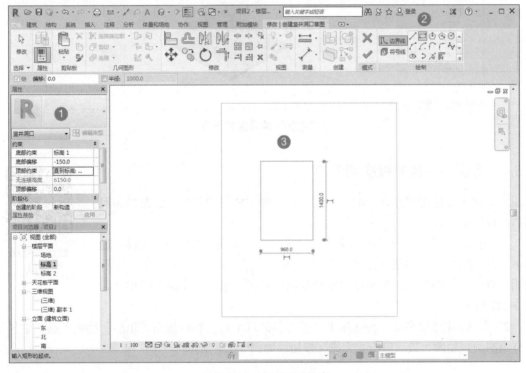

图 3-224　绘制洞口轮廓

2)绘制完成后,单击"完成"按钮。切换到三维视图,查看最终完成效果,如图 3-225 所示。

3.6.3　编辑竖井洞口

编辑竖井洞口的操作步骤如下。

选中需要编辑的竖井洞口,可以通过拖动上、下两个方向的控制柄,来控制洞口剪切的范围。也可以通过在"属性"对话框中重新设置约束条件,来控制洞口剪切范围。如果需要重新编辑洞口轮廓形状,可以双击洞口或单击"编辑草图"工具,如图 3-226 所示。此操作同样适用于其他洞口工具,不包含"墙"洞口工具。

图 3-225　完成效果

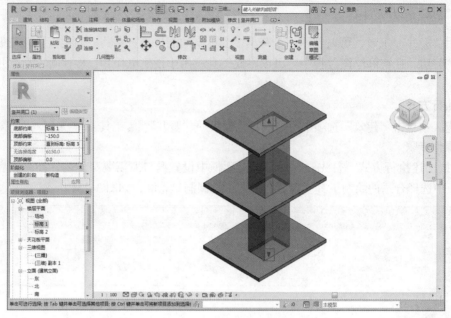

图 3-226　编辑竖井洞口

3.6.4　实例——绘制楼梯间洞口

绘制楼梯间洞口

本实例主要使用"垂直"洞口工具，来创建楼梯间的洞口。绘制楼梯间洞口的操作步骤如下。

1）打开本书资源包中实例文件下第 3 章文件夹中的"3-8.rvt"文件。进入 F2 楼层平面，首先切换至"建筑"选项卡，单击"垂直"洞口工具。然后使用"直线"绘制工具，沿梯段边界绘制洞口轮廓，单击"完成"按钮，如图 3-227 所示。

2）进入 F3 楼层平面，再次单击"垂直"洞口工具。然后使用"矩形"绘制工具，沿梯段边界绘制洞口轮廓，最后单击"完成"按钮，如图 3-228 所示。

图 3-227　绘制洞口轮廓（1）

图 3-228　绘制洞口轮廓（2）

3）进入 F1 楼层平面，选中楼梯扶手，双击进入编辑模式，如图 3-229 所示。

4）进入 F3 楼层平面，按照实际梯段长度修改左侧扶手线段，单击"完成"按钮，如图 3-230 所示。

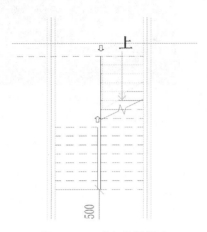

图 3-229 进入编辑模式

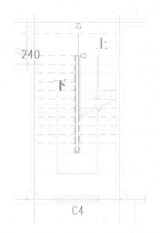

图 3-230 编辑扶手路径（1）

5）选择 F3 楼梯扶手，双击进入编辑模式，然后使用"直线"绘制工具添加楼梯顶部扶手路径，单击"完成"按钮，如图 3-231 所示。

6）选中楼梯，单击"选择框"按钮，进入局部三维视图。然后调整剖面框的范围，显示全部楼梯内容。最终完成效果，如图 3-232 所示。

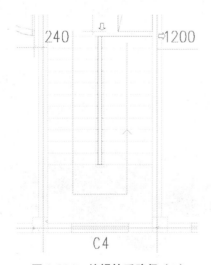

图 3-231 编辑扶手路径（2）

图 3-232 完成效果

3.6.5 创建墙洞口

使用"墙"洞口工具，可以在直墙或弯曲墙上创建一个矩形洞口。但这个洞口的尺寸无法用参数精确控制，只能依靠手动拖曳控制柄来调整洞口尺寸，所以在实际绘图中很少用到此洞口工具。

1. 执行方式

功能区：单击"建筑"选项卡→"洞口"面板→"竖井" 工具。

2. 操作步骤

按上述执行方式，拾取需要开洞的墙体。按下鼠标左键移动指针，直至移动至洞口尺寸合适的位置处，松开鼠标左键，洞口创建成功，如图 3-233 所示。可以通过修改临时尺寸标高来移动洞口位置。还可以通过"属性"对话框设置顶部与底部偏移，来设置洞口高度尺寸。

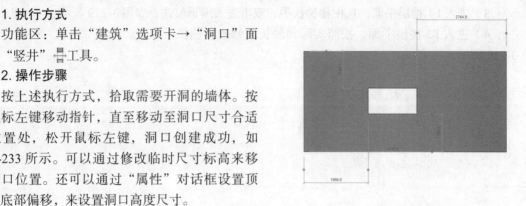

图 3-233　绘制墙洞口

3.6.6　创建老虎窗洞口

使用"垂直"洞口工具，可以创建一个贯穿楼板、天花板或屋顶的垂直洞口。其使用方法与"按面"洞口工具相同，但是垂直洞口垂直于标高而不是主体面。在创建楼板或天花板等预留洞口时，可以使用此工具。

1. 执行方式

功能区：单击"建筑"选项卡→"洞口"面板→"垂直" 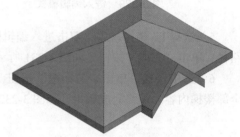 工具。

2. 操作步骤

1）分别使用"迹线屋顶"与"拉伸屋顶"工具创建两个屋顶并连接，如图 3-234 所示。

图 3-234　创建屋顶

2）单击"垂直"洞口工具，拾取需要开老虎窗的屋顶。然后分别拾取老虎窗屋顶和迹线屋顶的边，形成封闭的轮廓，如图 3-235 所示。最终单击"完成"按钮，查看老虎窗洞口完成效果，如图 3-236 所示。

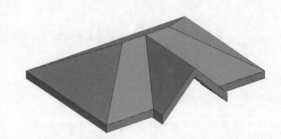

图 3-235　老虎窗洞口轮廓　　　　　　图 3-236　完成效果

■ 3.7　房间与面积

本节主要介绍创建房间，添加房间分隔和房间标记。同时还介绍使用面积工具来单独创建面积平面，单独计算防火分区、人防分区等面积的方法。

3.7.1　创建与编辑房间

建筑物中，空间的划分非常重要。不同类型的空间存在于不同的位置，也就决定了每个房间的用途各不相同。建筑师在平面中对空间进行分隔，Revit 就可以自动统计各个房间的面积，以及最终各类型房间的总数。当空间布局或房间数量改变后，相应的统计也会自动更新。还可以通过添加图例的方式，来表示各个房间的用途。

1. 执行方式

1）功能区：单击"建筑"选项卡→"房间和面积"面板→"房间" 工具。

2）快捷键：按〈RM〉键。

2. 操作步骤

1）按上述执行方式，在平面视图中封闭的区域内，单击放置房间，如图 3-237 所示。

2）双击房间名称可以修改文字，输入新的房间名称后，单击空白处或按回车键确认，如图 3-238 所示。

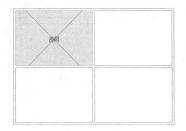

图 3-237　放置房间

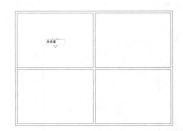

图 3-238　修改房间名称

3）如果需要批量创建房间，可以单击"房间"面板→"自动放置房间"工具，此时所有的封闭空间将自动创建房间，如图 3-239 所示。

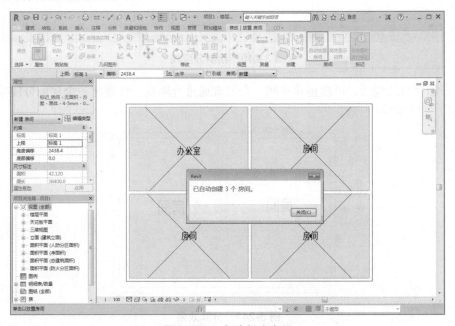

图 3-239　自动创建房间

3.7.2 添加房间分隔

通常情况下，只能在封闭的区域创建房间。但有些情况下根据不同的功能，不同区域间并没有采用实体的分隔，而是通过其他方式进行空间的分隔。在这种情况下，就需要手动添加房间分隔线。

1. 执行方式

功能区：单击"建筑"选项卡→"房间和面积"面板→"房间分隔" 工具。

2. 操作步骤

1）按上述执行方式，在"绘制"面板选择分隔线形式，在房间内绘制分隔线，如图 3-240 所示。

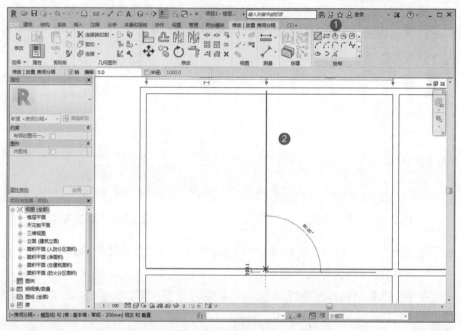

图 3-240　绘制分隔线

2）添加完分隔线后，再次创建房间。会发现通过分隔线，已经将一个房间分隔成两个独立的区域，如图 3-241 所示。

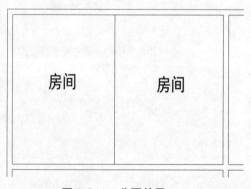

图 3-241　分隔效果

3.7.3　添加房间标记

默认情况下，创建房间时会自动创建房间标记。但因为反复修改，标记可能被误删。还有一种情况，在绘制剖面图时，所剖到的房间也需要进行标记。但房间都是在平面视图中创建，所以剖面图中并没有标记。这时就需要使用"标记房间"工具，来添加房间标记。

1. 执行方式

1）功能区：单击"建筑"选项卡→"房间和面积"面板→"标记房间" 工具。

2）快捷键：按〈RT〉键。

2. 操作步骤

按上述执行方式，在"属性"对话框中选择标记类型，然后在绘制区域依次单击放置房间标记，如图 3-242 所示。

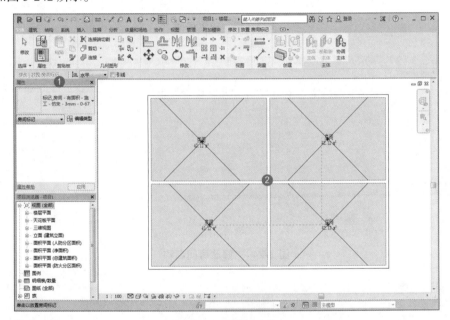

图 3-242　标记房间

3.7.4　实例——创建房间

本实例主要使用"房间"工具，来进行房间的创建与标记。创建房间的操作步骤如下。

创建房间

1）打开本书资源包中实例文件下第 3 章文件夹中的"3-9.rvt"文件。进入 F1 楼层平面，切换至"建筑"选项卡，单击"房间和面积"面板→"房间"工具，依次在各个房间位置单击放置，如图 3-243 所示。

2）依次双击添加好的房间标记，按照不同的房间修改各个房间的名称。然后选中房间标记，在"属性"对话框中将其类型替换为"有面积 - 施工 - 仿宋 -3mm-0-67"，如图 3-244 所示。如果有遮挡可以移动房间标记的位置。

3）进入 F2 楼层平面，再次单击"房间"工具，然后单击"自动放置房间"工具，此时软件自动将所有封闭区域创建好房间，并弹出对话框提示创建好房间的数量，如图 3-245 所示。

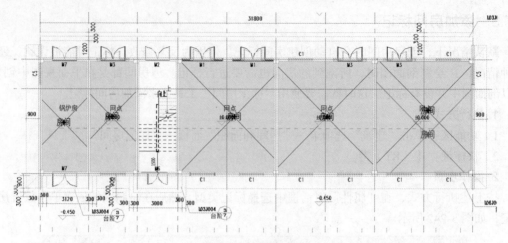

图 3-243　放置房间

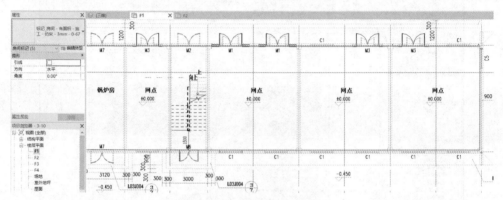

图 3-244　修改房间名称

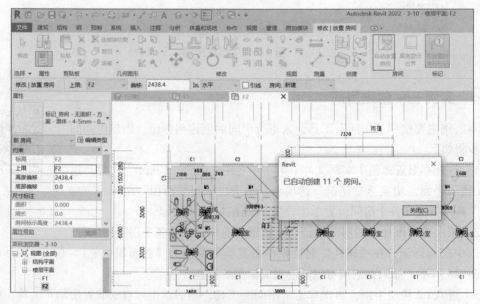

图 3-245　创建 F2 楼层平面的房间

4）删除多余的房间，并修改房间名称，如图 3-246 所示。

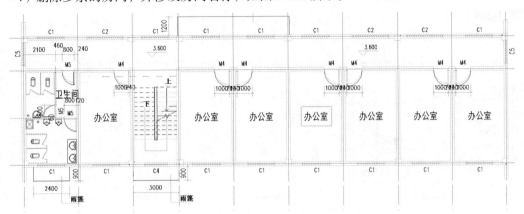

图 3-246　修改房间名称

5）选中卫生间内部的隔墙，在"属性"对话框中，取消勾选"房间边界"选项，如图 3-247 所示。弹出对话框后，单击"删除房间"按钮，随后单击"确定"按钮，如图 3-248 所示。

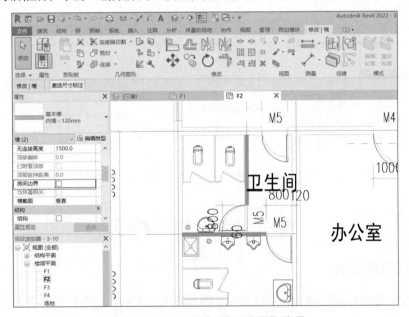

图 3-247　取消勾选"房间边界"选项

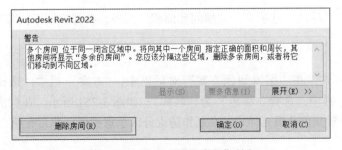

图 3-248　单击"删除房间"按钮

6）选中全部房间标记，在"属性"对话框中将其替换为"有面积-施工-仿宋-3mm-0-67"，如图 3-249 所示。

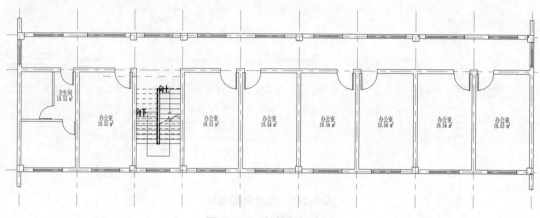

图 3-249　替换标记类型

7）进入 F3 楼层平面，按照同样的方法添加房间和房间标记，如图 3-250 所示。

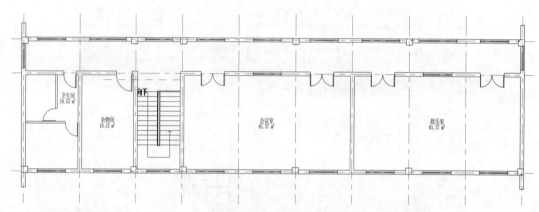

图 3-250　创建 F3 楼层平面的房间

3.7.5　创建颜色方案

无论是房间还是面积区域，都可以使用"颜色方案"工具，以不同颜色来表示不同的房间或面积区域。

1. 执行方式

功能区：单击"建筑"选项卡→"房间和面积"面板，在弹出的下拉菜单中单击"颜色方案"命令。

2. 操作步骤

按上述执行方式，在"编辑颜色方案"对话框中，"方案"栏中，选择"类别"为"房间"，"方案定义"栏中，选择"颜色"为"名称"，如图 3-251 所示。在列表中显示的房间类别，还可以分别设置颜色及填充样式。在制作防火分区示意图中，非常有用。

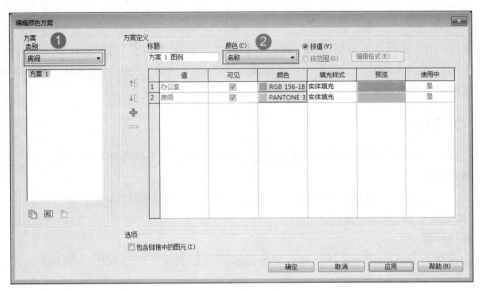

图 3-251　添加颜色方案

3.7.6　应用颜色方案

创建颜色方案后，这些颜色不会直接显示在视图中，需要借助"颜色填充图例"工具，才能让颜色方案设置在视图中显示。

1. 执行方式

功能区：单击"注释"选项卡→"颜色填充"面板→"颜色填充图例"工具。

2. 操作步骤

1）按上述执行方式，在平面视图中任意位置单击。在弹出的"选择空间类型和颜色方案"对话框中，选择"空间类型"为"房间"，"颜色方案"为"方案 1"，如图 3-252 所示。

2）单击"确定"按钮后，图例及颜色填充将应用到当前平面视图中，如图 3-253 所示。

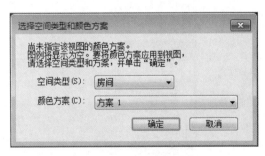

图 3-252　应用颜色方案

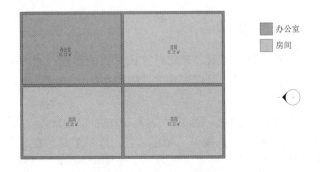

图 3-253　颜色方案效果

■ 3.8 构件

在 Revit 中，构件是指需要现场交付和安装的建筑图元（如门、窗和家具等）。构件是可载入族的实例，并以其他图元（即系统族的实例）为主体。例如，门以墙为主体，桌子等独立式构件以楼板或标高为主体。

3.8.1 放置构件

除门窗外，其他的三维可载入族都可以使用"放置构件"工具在项目中创建。

1. 执行方式

1）功能区：单击"建筑"选项卡→"构件"面板→"放置构件" ⬚工具。

2）快捷键：按〈CM〉键。

2. 操作步骤

按上述执行方式，在"属性"对话框中选择图元的类型，然后视图中单击进行放置，如图 3-254 所示。

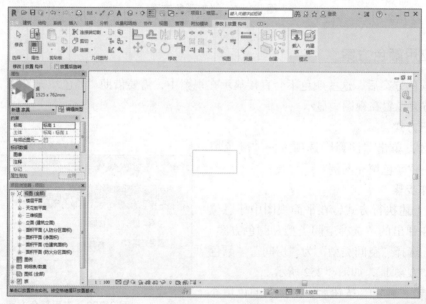

图 3-254 放置图元

3.8.2 实例——布置卫生间

本实例主要使用"放置构件"工具，来进行室内家具的布置。同时配合"创建组"及"镜像""复制"工具，可以快速完成室内空间的布置。布置卫生间的操作步骤如下。

布置卫生间

1）打开本书资源包中实例文件下第 3 章文件夹中的"3-10.rvt"文件。进入 F1 楼层平面，切换至"插入"选项卡，单击"载入族"工具。在"载入族"对话框中，打开本书资源包中实例文件下第 3 章文件夹，选择"卫生间隔断 .rfa""洗涤池 .rfa""带挡板的小便器 .rfa""面盆 .rfa"族文件，然后单击"打开"按钮，将其载入到项目中，如图 3-255 所示。

图 3-255　载入洁具族

2）切换至"建筑"选项卡，单击"构件"工具，在弹出的下拉菜单中选择"放置构件"工具。在"属性"对话框中选择卫生间隔断类型为"中间或靠墙（落地）"，然后拾取卫生间上方的墙体放置卫生间隔断，如图 3-256 所示。

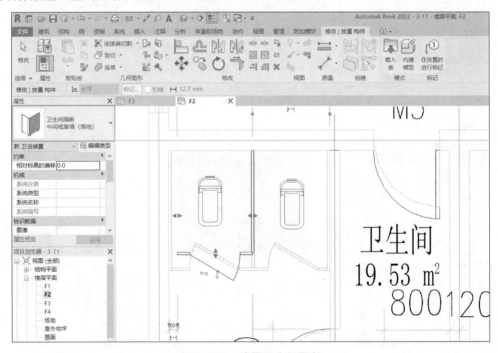

图 3-256　放置卫生间隔断

3）放置完成后，通过拖曳控制柄调整卫生间隔断的尺寸，然后复制到另外一侧，如图 3-257 所示。

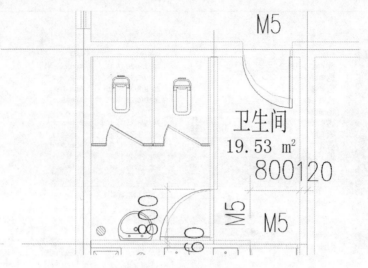

图 3-257　调整构件尺寸

4）再次单击"放置构件"工具，首先在"属性"对话框中选择面盆类型为"单个台式洗脸盆"，然后设置"左侧距墙"和"右侧距墙"参数均为"400.0"，最后在门边的位置单击进行放置，如图 3-258 所示。如果面盆的方向存在问题，可以按空格键进行方向切换。

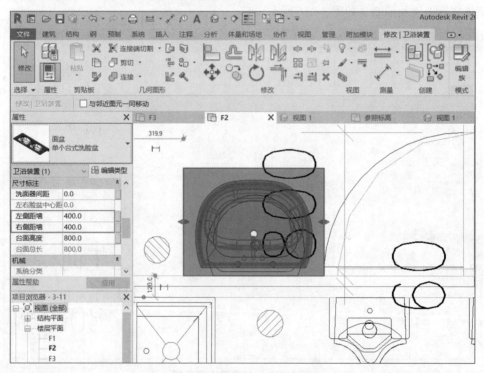

图 3-258　放置洗脸盆（1）

5）放置完成后，继续在"属性"对话框中选择面盆类型为"台式洗脸盆"，然后设置"左侧距墙"和"右侧距墙"参数均为"380.0"，最后在男卫墙边的位置单击进行放置，如图 3-259 所示。

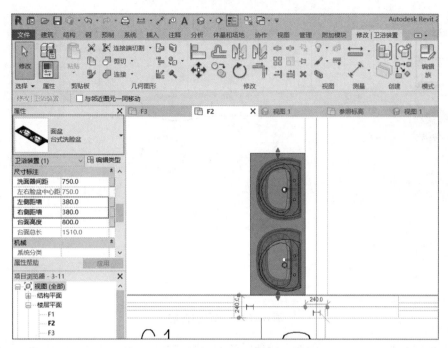

图 3-259　放置洗脸盆（2）

6）继续单击"放置构件"工具，在"属性"对话框中选择洗涤池类型，然后墙角的位置单击进行放置，如图 3-260 所示。

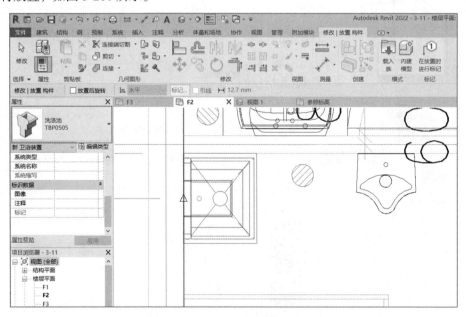

图 3-260　放置洗涤池

7）继续单击"放置构件"工具，在"属性"对话框中选择带挡板的小便器类型，然后拾取墙面进行放置，如图 3-261 所示。放置完成后将其复制到相邻的位置。剩余的其他构件按照同样的方式进行布置即可。

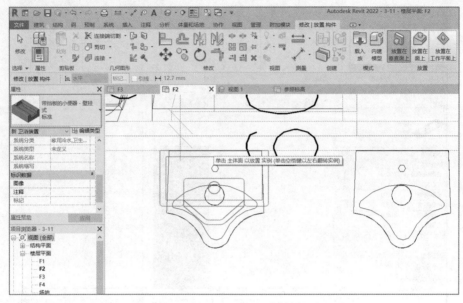

图 3-261 放置小便器

8）卫生间布置完成后，选中全部构件，单击"创建组"工具（或按〈GP〉键）。在"创建模型组"对话框中输入名称为"卫生间洁具"，单击"确定"按钮，如图 3-262 所示。

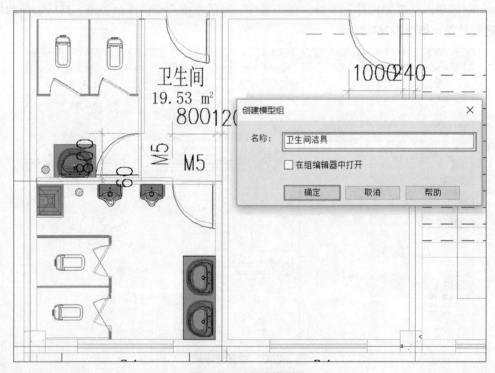

图 3-262 创建模型组

9）选中创建好的模型组，单击"复制"按钮，接着单击"粘贴"工具，在弹出的下拉菜单中选择"与选定的标高对齐"命令，如图 3-263 所示。

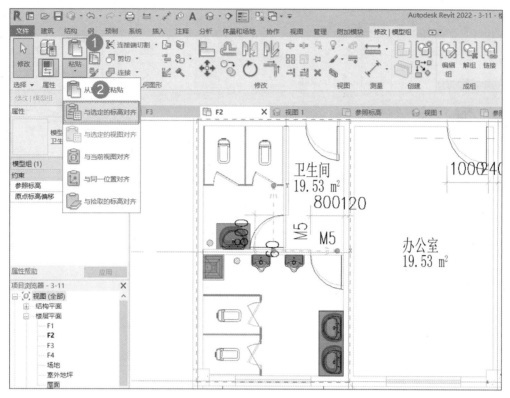

图 3-263　复制模型组

10）在"选择标高"对话框中选择"F3"，单击"确定"按钮，如图 3-264 所示。

图 3-264　选择标高

11）进入 F3 楼层平面，如果发现卫生间部分洁具的位置发生偏移或移动，可以单击"解组"工具，然后重新进行操作，如图 3-265 所示。

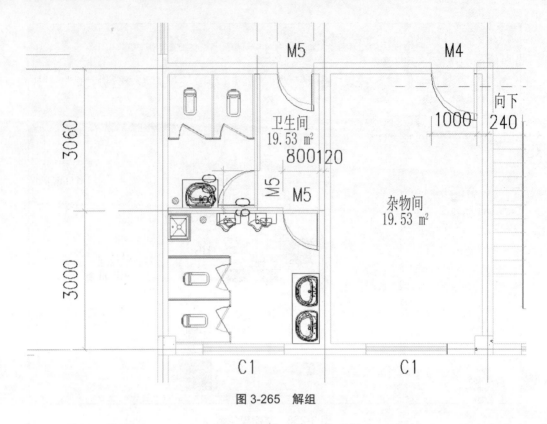

图 3-265 解组

12）返回 F2 楼层平面，选中卫生间洁具模型组，然后单击"选择框"工具（或按〈BX〉键），打开局部三维视图，查看卫生间布置的三维效果，如图 3-266 所示。

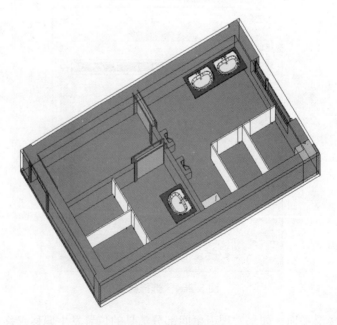

图 3-266 完成效果

■ 3.9　场地

在 Revit 中，生成地形的方式大致分为两种：一种是通过载入外部文件进行创建；另一种是通过放置高程点手动创建。创建原始地形后，还需要对地形进行处理。例如，进行场地平整、创建道路、放置植被等操作。

3.9.1　通过实例创建地形

如果所得到的原始地形文件为 CAD 格式的等高线文件，可以通过"选择导入实例"方式进行创建。但在某些情况下，CAD 地形文件中只标注等高线与高程点的实际高度，而等高线图形本身为平面，并没有实际高度。这种情况下，需要用到专业的地形处理软件，将等高线赋值才可以正常生成地形。

1. 执行方式

功能区：单击"体量和场地"选项卡→"场地建模"面板→"地形表面" 工具。

2. 操作步骤

1）首先将 CAD 地形文件导入 Revit 中，然后单击"地形表面"工具，在"工具"面板中单击"通过导入创建"工具，在弹出的下拉菜单中单击"选择导入实例"工具，最后在视图中单击进行放置，如图 3-267 所示。

图 3-267　单击"选择导入实例"工具

2）拾取所导入的地形文件，在弹出的对话框中单击"确定"按钮，系统将根据地形文件生成三维地形模型，如图 3-268 所示。

图 3-268　拾取 CAD 文件生成地形

3.9.2 通过点文件创建地形

除图形文件外，得到的地形文件有可能为高程点数据文件，这个文件记录了各个高程点的坐标位置、高度信息。对于这样的地形文件，可以通过"指定点文件"的方式来生成地形。

1. 执行方式

功能区：单击"体量和场地"选项卡→"场地建模"面板→"地形表面" 工具。

2. 操作步骤

1）按上述执行方式，在"工具"面板中单击"通过导入创建"工具，在弹出的下拉菜单中单击"指定点文件"工具，如图 3-269 所示。

图 3-269 单击"指定点文件"工具

2）在弹出的"选择文件"对话框中选择准备好的地形坐标点文件，然后单击"打开"按钮，如图 3-270 所示。

图 3-270 选择地形点文件

> **说明：** 地形坐标点文件，通常是由专业的地形处理软件，将原始的测绘数据进行编辑导出的文件。文件中内容由 X、Y、Z 三个方向的坐标数据组成。

3）系统将自动根据点文件中的高程点信息，创建原始地形，如图 3-271 所示。

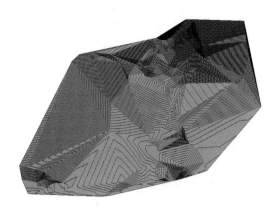

图 3-271　根据点文件生成地形

3.9.3　手动创建地形

通过实例和点文件创建地形的方法，可以实现将外部数据文件转换为 Revit 地形。如果在没有外部数据的情况下，还可以通过手动输入高程点，来创建地形。

1.执行方式

功能区：单击"体量和场地"选项卡→"场地建模"面板→"地形表面"工具。

2.操作步骤

1）切换到场地平面视图，首先单击"地形表面"工具，单击"工具"面板→"放置点"工具，然后在选项栏中输入高程点高度，最后在视图中单击放置高程点，如图 3-272 所示。

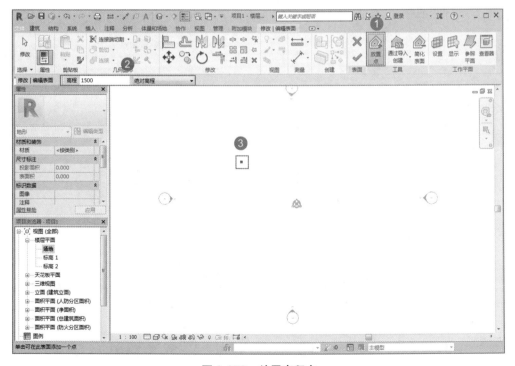

图 3-272　放置高程点

2）完成其他高程点的创建，形成完整的地形，如图 3-273 所示。

图 3-273　手动创建地形

3.9.4　创建建筑地坪

可以对原始地形进行挖方或填方处理。

1. 执行方式

功能区：单击"体量和场地"选项卡→"场地建模"面板→"建筑地坪" 🔲 工具。

2. 操作步骤

1）按上述执行方式，首先在"绘制"面板中选择合适的绘制工具，然后在"属性"对话框中输入地坪高度，最后在平面视图中绘制地坪边界轮廓，如图 3-274 所示。

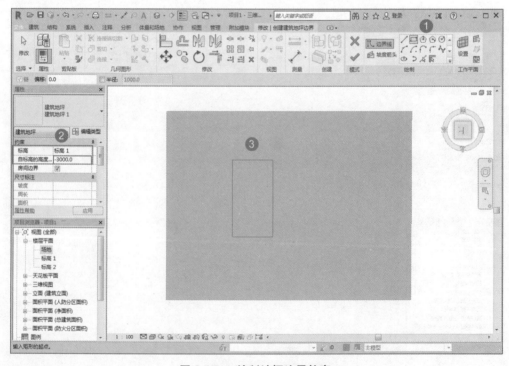

图 3-274　绘制地坪边界轮廓

> 📖 说明：地坪边界轮廓不能超过原始地形边界。

2）单击"完成"按钮，地坪创建成功，完成效果如图 3-275 所示。

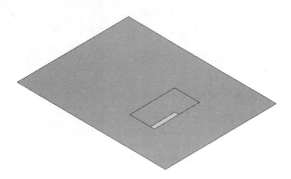

图 3-275　完成效果

3.9.5　拆分表面

可以将地形拆分成两个独立地形，以便单独编辑调整。

1. 执行方式

功能区：单击"体量和场地"选项卡→"修改场地"面板→"拆分表面" 工具。

2. 操作步骤

1）按上述执行方式，首先拾取地形表面。然后在"绘制"面板中选择合适的绘制工具，最后在现有地形基础上绘制穿越地形边界的分割线，或在地形边界内绘制封闭的轮廓，如图 3-276 所示。

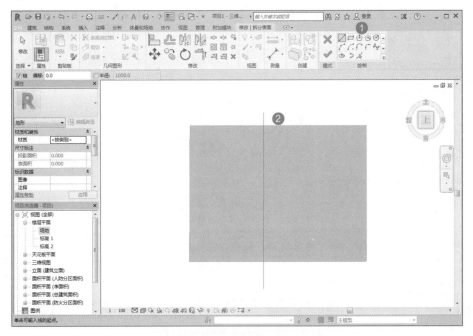

图 3-276　绘制分割线

2）单击"完成"按钮，地形表面成功拆分，拆分结果如图 3-277 所示。

3.9.6　合并表面

"合并表面"工具与"拆分表面"工具实现的功能相反。使用"合并表面"工具可以将两个完全独立的地形合并到一起，形成一个完整的地形表面。

1. 执行方式

功能区：单击"体量和场地"选项卡→"修改场地"面板→"合并表面" 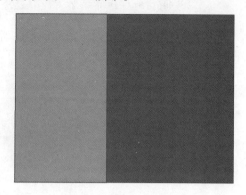工具。

2. 操作步骤

按上述执行方式，首先拾取其中一个地形，然后拾取需要合并的地形，最终将两个地形合并成为一个完整的地形表面。

图 3-277　拆分结果

3.9.7　创建子面域

可以在原始地形独立划分出一部分区域，并且可以单击定义材质。可以使用此工具绘制道路、湖泊等。

1. 执行方式

功能区：单击"体量和场地"选项卡→"修改场地"面板→"子面域" 工具。

2. 操作步骤

1）按上述执行方式，首先在"绘制"面板中选择合适的绘制工具，然后在"属性"对话框中定义材质，最后在地形边界内绘制子面域边界轮廓，如图 3-278 所示。

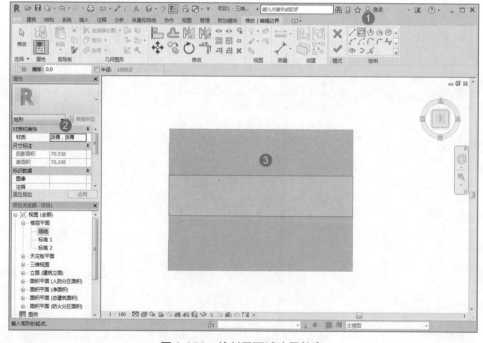

图 3-278　绘制子面域边界轮廓

2）单击"完成"按钮，子面域创建成功，完成效果如图 3-279 所示。

3.9.8　放置场地构件

可以在场地平面中放置场地专用构件（如树、电线杆和消防栓等）。

1. 执行方式

功能区：单击"体量和场地"选项卡→"场地建模"面板→"场地构件" 工具。

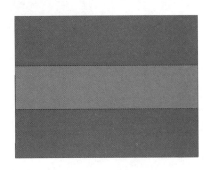

图 3-279　完成效果

2. 操作步骤

按上述执行方式，在"属性"对话框中选择要放置的图元，然后视图中单击进行放置，如图 3-280 所示。

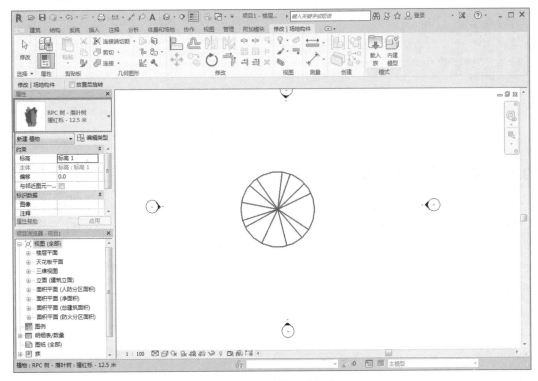

图 3-280　放置场地构件

3.9.9　放置停车场构件

可以在场地平面中放置停车场构件。

1. 执行方式

功能区：单击"体量和场地"选项卡→"场地建模"面板→"停车场构件"工具。

2. 操作步骤

按上述执行方式，在"属性"对话框中选择要放置的图元，然后视图中单击进行放置，如图 3-281 所示。

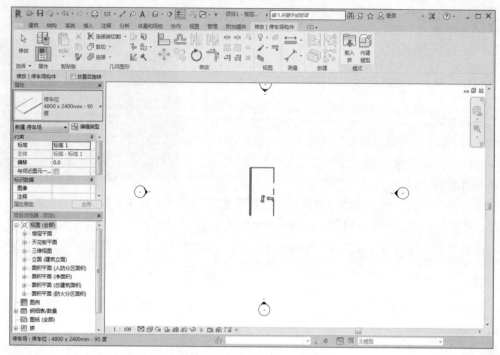

图 3-281　放置停车场构件

3.9.10　实例——创建场地与放置构件

本实例主要使用"指定点文件"工具，来完成原始地形的创建，同时使用"场地构件"工具来添加树木。创建场地与放置构件的操作步骤如下。

创建场地与
放置构件

1）打开本书资源包中实例文件下第 3 章文件夹中的"3-11.rvt"文件。进入场地楼层平面，切换至"建筑"选项卡，单击"参照平面"工具，在建筑四周绘制 4 条参照平面，如图 3-282 所示。

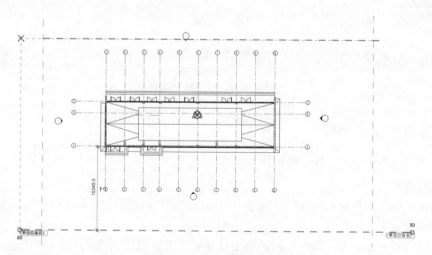

图 3-282　绘制参照平面

2）首先切换至"体量和场地"选项卡，单击"地形表面"工具。在选项栏中设置"高程"为"-450.0"，然后依次在参照平面交点位置单击放置高程点，最后单击"完成"按钮，如图 3-283 所示。

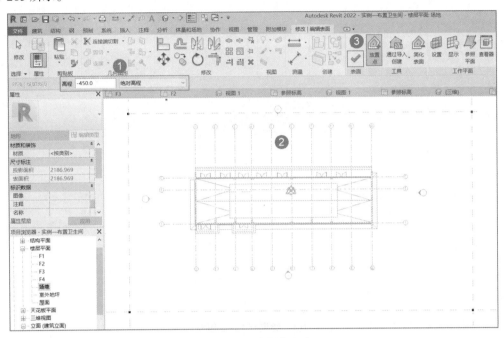

图 3-283　放置高程点

3）单击"子面域"工具，选择"直线"工具，在选项栏中勾选"半径"选项，设置"半径"参数为"2000.0"，然后沿地形外轮廓绘制 3 条直线，如图 3-284 所示。

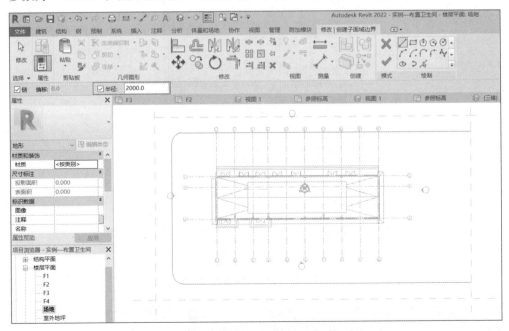

图 3-284　绘制子面域轮廓（1）

4）使用"偏移"工具将线段向内偏移 6000.0mm，并使用直线将所有线段连接为一个封闭的轮廓，单击"完成"按钮，如图 3-285 所示。

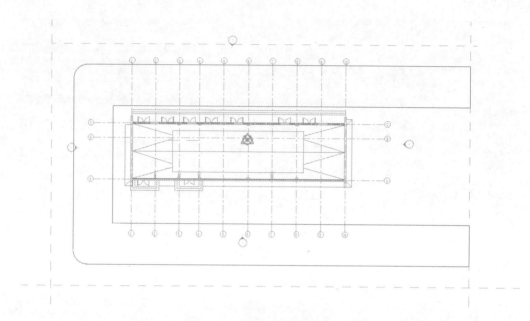

图 3-285　绘制子面域轮廓（2）

5）在"属性"对话框中，单击"视图范围"参数后面的"编辑"按钮，如图 3-286 所示。

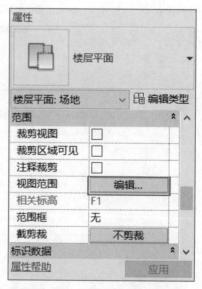

图 3-286　单击"编辑"按钮

6）在"视图范围"对话框中，"视图深度"栏中，设置"偏移"为"-600"，单击"确定"按钮，如图 3-287 所示。设置的目的是为了能够在视图中正常显示场地。

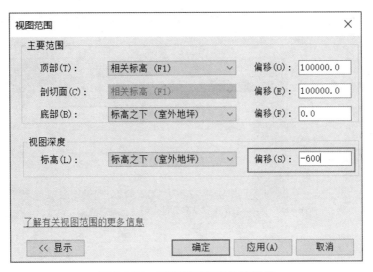

图 3-287 设置视图深度的偏移值

7）单击"场地构件"工具，然后在"属性"对话框中选择落叶树类型为"白蜡树 -5.6 米"，依次在道路外侧单击进行放置，如图 3-288 所示。

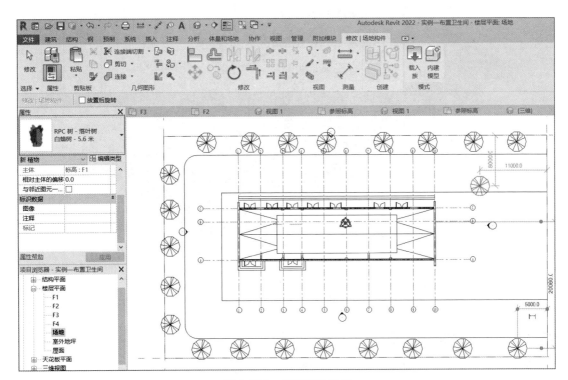

图 3-288 放置场地构件

8）选择创建的道路，在"属性"对话框中，设置"材质"为"沥青"，如图 3-289 所示。

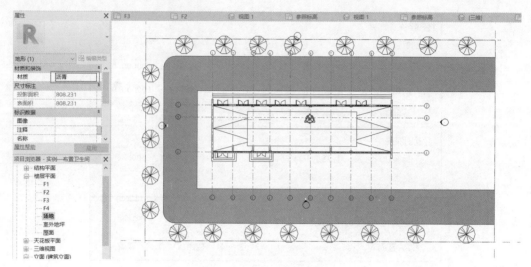

图 3-289　设置道路材质

9）进入三维视图，将"视觉样式"调整为"真实"，最终完成效果，如图 3-290 所示。

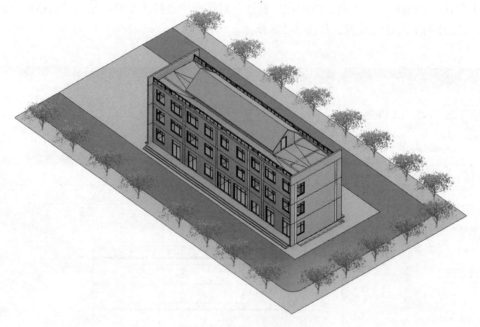

图 3-290　完成效果

3.10　操作与实践

本节通过一个操作练习使读者进一步掌握本章知识要点。

1. 目的要求

通过一个小别墅的案例，让读者对 Revit 建模流程有更深刻的理解与认识，如图 3-291 所示。

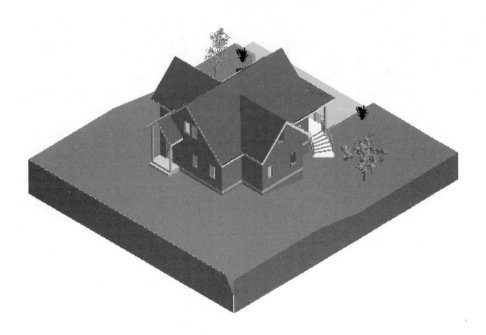

图 3-291　小别墅的三维效果

2. 操作提示

1）新建项目，建立标高、轴网定位体系。

2）依次创建结构柱、墙体，放置门窗等。

3）创建地形并添加树木等构件。

第 4 章

Revit 结构建模

本章主要介绍 Revit 软件在结构模块中的实际应用操作，包括结构柱、结构墙、结构梁、支撑、桁架及基础等模块创建。

- ☑ 基础
- ☑ 结构墙
- ☑ 结构板
- ☑ 桁架

- ☑ 结构柱
- ☑ 结构梁
- ☑ 支撑
- ☑ 操作与实践

■ 4.1 基础

使用条形基础、独立基础和基础底板工具为相关模型创建相关基础。

4.1.1 结构基础的分类

按照不同的基础的样式和创建方式，软件把基础分为三大类，分别为独立基础、条形基础和基础底板。

1）独立基础：将基脚或桩帽添加到结构模型中，是独立的构件。

2）条形基础：以条形结构为主体，可在平面或三维视图中沿着结构墙放置条形基础。

3）基础底板：用于建立平整表面上结构楼板的模型和复杂基础形状的模型。

4.1.2 创建与编辑独立基础

独立基础自动附着到柱的底部，将独立基础族放置在项目模型中之前，需要通过"载入族"工具将相应的族载入到当前项目中。

1. 执行方式

功能区：单击"结构"选项卡→"基础"面板→"结构基础：独立" 🖶工具。

2. 操作步骤

1）按上述执行方式，选择独立基础类型，设置独立基础的实例属性参数，在视图中单击进行放置，如图 4-1 所示。

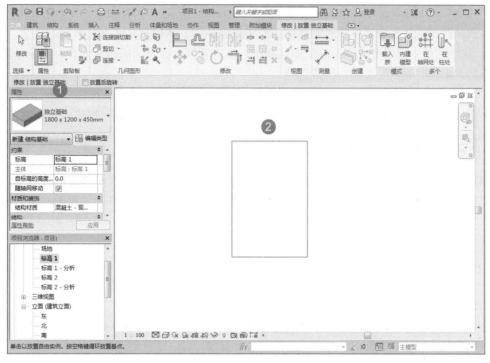

图 4-1　放置独立基础

2）如果没有合适的独立基础类型，可以载入其他类型基础族。如果需要编辑基础尺寸，可以单击"编辑类型"按钮，弹出"类型属性"对话框，修改长度、宽度等尺寸，如图 4-2 所示。不同类型的独立基础参数各不相同。

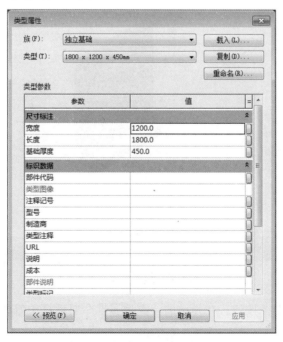

图 4-2　独立基础类型属性

3）创建独立基础还有两种方式，在"多个"面板中提供"在轴网处"和"在柱上"两种放置方式。通过这两种方式可快速创建同类型的独立基础，两种方式的说明如下。

① 在轴网处：单击此工具，在绘图区域中，框选轴网，在轴网的相交处会出现独立基础的临时模型，单击"完成"按钮，完成创建。

② 在柱上：单击此工具，在绘图区域中，选择已创建好的结构柱，按住〈Ctrl〉键可同时选择多个柱，选择的每根柱下会显示独立基础的临时模型，单击"完成"按钮，完成创建。

4.1.3　创建与编辑条形基础

条形基础的创建必须依附于条形的主体图元对象，主要的主体图元对象为结构墙体，所以要创建条形基础，首先要创建条形图元对象，将基础约束到其主体对象上。如果主体对象发生变化，条形基础也会随之调整。

1. 执行方式

1）功能区：单击"结构"选项卡→"基础"面板→"墙" 工具。

2）快捷键：按〈FT〉键。

2. 操作步骤

1）按上述执行方式，选择需要创建的基础类型，并设置实例属性参数。然后拾取结构墙创建条形基础，如图 4-3 所示。单击"选择多个"按钮，可以批量创建条形基础。

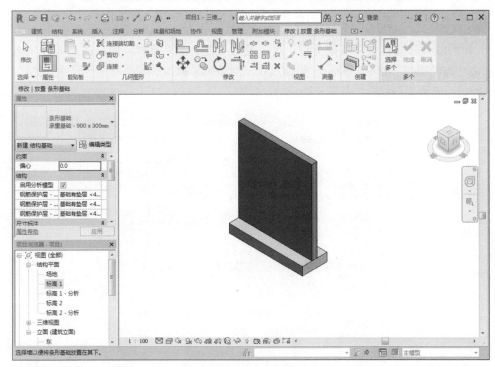

图 4-3　放置条形基础

2）单击"编辑类型"按钮，在弹出的"类型属性"对话框中修改条形基础的尺寸参数，如图 4-4 所示。

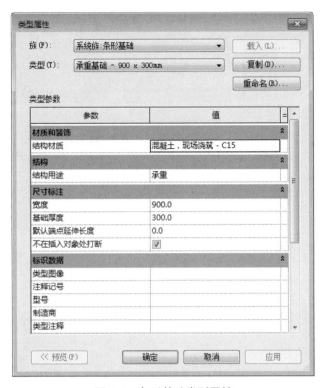

图 4-4　条形基础类型属性

3. 类型属性参数介绍

1）结构材质：为基础赋予某种材质类型。

2）结构用途：指定墙体的类型为挡土墙或承重墙。

3）宽度：指定承重墙基础的总宽度。

4）基础厚度：指定条形基础的厚度值。

5）默认端点延伸长度：指定基础将延伸至墙终点外的距离。

6）不在插入对象处打断：指定位于插入对象下方的基础是连续还是打断。

4.1.4　创建与编辑基础底板

基础底板不需要其他结构图元的支撑。使用基础底板可以创建平整表面的结构楼板，也可以创建复杂形状的基础模型。

1. 执行方式

功能区：单击"结构"选项卡→"基础"面板→"板"工具，在弹出的下拉菜单中单击"结构基础：楼板" 🗀 工具。

2. 操作步骤

1）按上述执行方式，选择基础底板类型。将视图切换到结构平面视图，选择需要的绘制工具来绘制基础底板的边界线。单击"完成"按钮，完成基础底板的创建，如图 4-5 所示。

2）单击"编辑类型"按钮，弹出"类型属性"对话框，设置基础底板的类型属性参数，如图 4-6 所示。

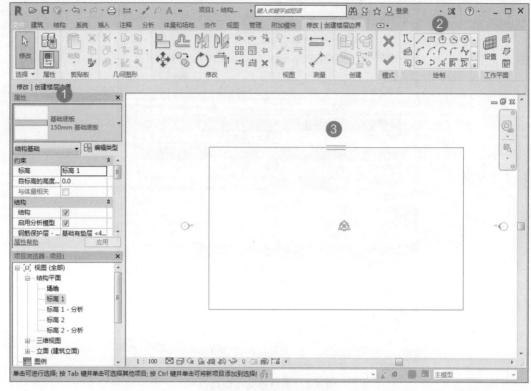

图 4-5 绘制基础底板

图 4-6 基础底板类型属性

4.1.5 实例——创建独立基础

本实例主要使用"独立基础"工具,来进行独立基础的创建。创建独立
基础的操作步骤如下。

1)使用"结构样板"新建项目文件,链接本书资源包中实例文件下第 4
章文件夹中的"办公楼建筑 .rvt"文件。选择"定位"为"自动 - 内部原点到
内部原点",单击"打开"按钮,如图 4-7 所示。

创建独立
基础

图 4-7 链接办公楼建筑文件

2)切换至"协作"选项卡,单击"复制 / 监视"工具,在弹出的下拉菜单中单击"选择链
接"工具,如图 4-8 所示。

图 4-8 单击"选择链接"工具

3)首先拾取链接模型,进入东立面视图。然后单击"复制"工具,勾选"多个"选项,
选择链接模型中的所有标高。最后单击"完成"按钮,如图 4-9 所示。

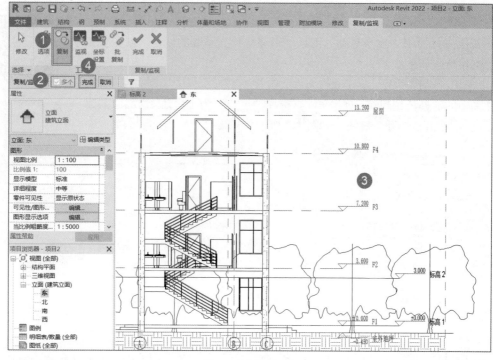

图 4-9　复制标高

> 📖 **说明：** 这样做的目的，是为了能够让建筑模型与结构模型坐标系统一致。如果只是单独创建结构模型，则可以采用手动创建轴网与标高的方式。

4）将室外地坪标高修改为 "-0.900" m，其余标高均向下偏移 "0.050" m，并将项目中自带的两个标高删除，如图 4-10 所示。

图 4-10　修改标高

📖 **说明：**如有必要还可以选中标高，在实例属性面板的“标识数据”栏板中，勾选“结构”选项。

5）切换至“视图”选项卡，单击“平面视图”工具，在弹出的下拉菜单中单击“结构平面”工具，如图 4-11 所示。

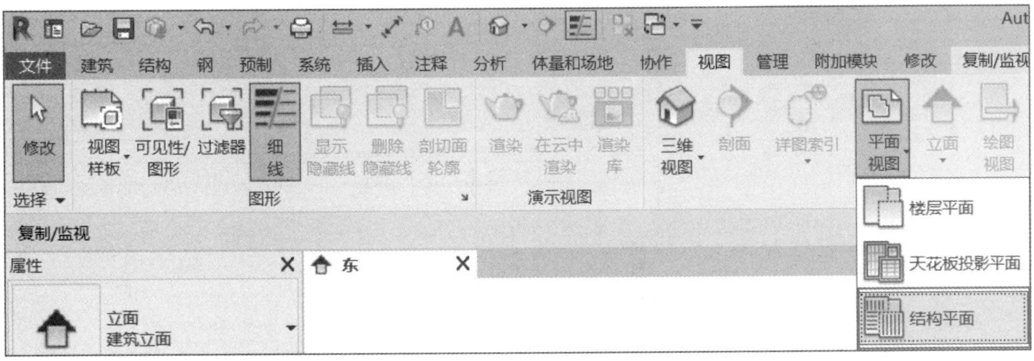

图 4-11　创建结构平面

6）在弹出的“新建结构平面”对话框中，选择所有标高，单击“确定”按钮，如图 4-12 所示。

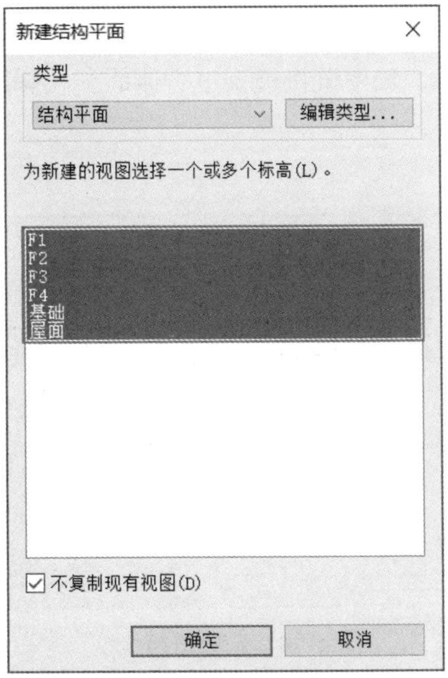

图 4-12　选择标高

7）进入 F1 结构平面，单击“复制”工具，勾选“多个”选项，选择所有轴线，单击“完成”按钮，确认标高和轴线全部复制完成后，再次单击“完成”按钮，如图 4-13 所示。

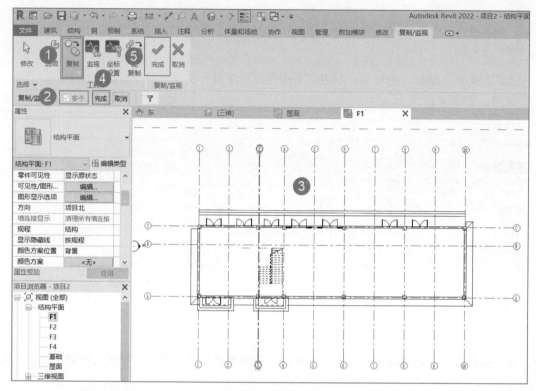

图 4-13　复制轴线

8）完成标高和轴网复制后，选中链接模型进行删除，在弹出的提示框中单击"删除链接"按钮，如图 4-14 所示。

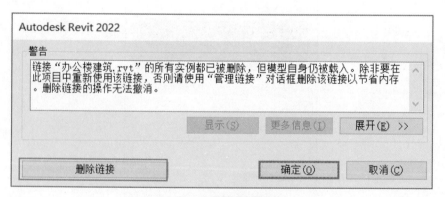

图 4-14　删除链接模型

9）切换至"插入"选项卡，单击"链接 CAD"工具。在弹出的"链接 CAD 格式"对话框中，打开本书资源包中实例文件下第 4 章文件夹，选择"基础布置图 .dwg"文件，勾选"仅当前视图"选项，单击"打开"按钮，如图 4-15 所示。

图 4-15　链接基础布置图

10）将 CAD 文件进行解锁，使用"对齐"工具将 CAD 图与轴网进行对齐，如图 4-16 所示。

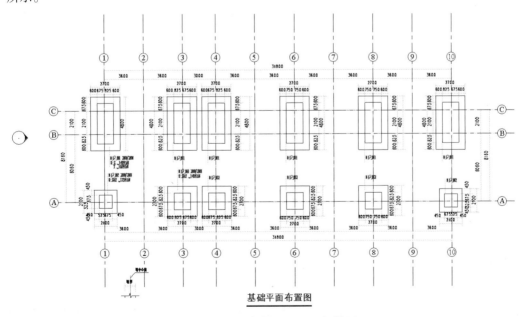

基础平面布置图

图 4-16　对齐 CAD 图与轴网

11）切换至"插入"选项卡，单击"载入族"工具。在弹出的"载入族"对话框中，打开本书资源包中实例文件下第4章文件夹，选择"独立基础-两阶.rfa"文件，单击"打开"按钮，如图 4-17 所示。

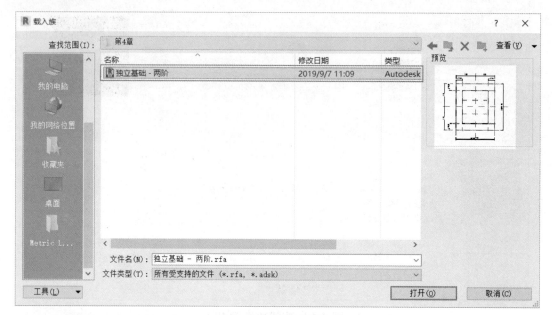

图 4-17 载入基础族

12）切换至"结构"选项卡，单击"结构基础：独立"工具。然后在"属性"对话框中单击"编辑类型"按钮，如图 4-18 所示，弹出"类型属性"对话框。

图 4-18 单击"编辑类型"按钮

13）根据基础布置图中给出的信息，复制新的独立基础类型为"DJ-01"，修改"h2"为"300.0"，"h1"为"500.0"，"y2"为"600.0"，"x2"为"600.0"，"宽度"为"2700.0"，"长度"为"4800.0"，单击"确定"按钮，如图 4-19 所示。

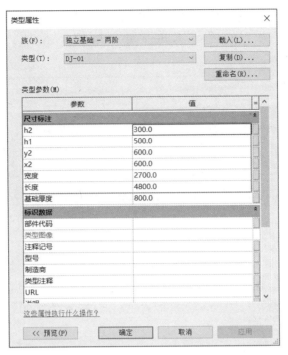

图 4-19　编辑独立基础尺寸参数（1）

14）再次复制新的独立基础类型为"DJ-02"，修改"h2"为"300.0"，"h1"为"500.0"，"y2"为"450.0"，"x2"为"450.0"，"宽度"为"2100.0"，"长度"为"2100.0"，单击"确定"按钮，如图 4-20 所示。

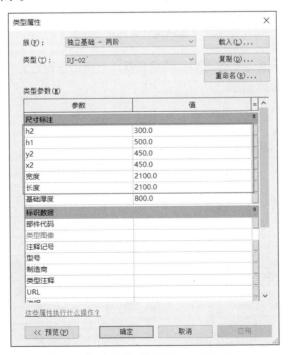

图 4-20　编辑独立基础尺寸参数（2）

15）再次复制新的独立基础类型为"DJ-03"，修改"h2"为"300.0"，"h1"为"500.0"，"y2"为"600.0"，"x2"为"600.0"，"宽度"为"2700.0"，"长度"为"2700.0"，单击"确定"按钮，如图 4-21 所示。

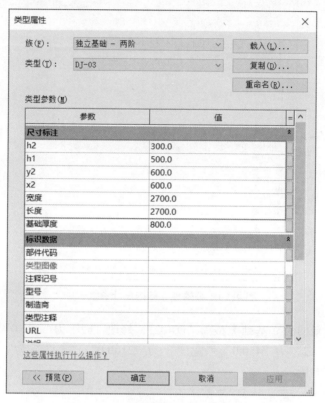

图 4-21　编辑独立基础尺寸参数（3）

16）依次选择不同的独立基础类型，分别在视图中单击进行放置，使用"对齐"工具修正独立基础的位置，如图 4-22 所示。

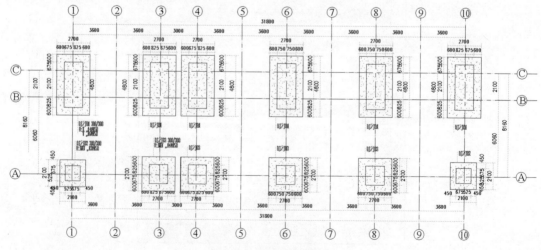

图 4-22　放置独立基础

17）进入三维视图，查看最终完成的效果，如图 4-23 所示。

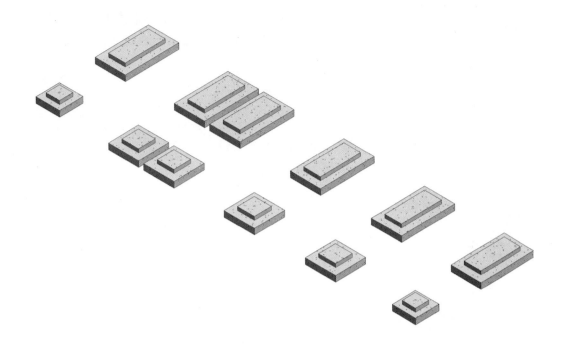

图 4-23 完成效果

4.2 结构柱

结构柱是用于承重的结构图元，主要作用是承受建筑荷载。

4.2.1 放置与编辑结构柱

放置结构柱的方法与建筑柱相同，属性参数与建筑柱基本一致。

1. 执行方式

1）功能区：单击"建筑"选项卡→"构建"面板→"柱"工具，在弹出的下拉菜单中单击"结构柱" 🗌 工具。

2）快捷键：按〈CL〉键。

2. 操作步骤

1）按上述执行方式，首先选择将要放置的结构柱类型，然后在选项栏中设计放置标高，最后在视图中单击进行放置，如图 4-24 所示。

2）如果项目中没有需要的结构柱类型尺寸，可以单击"编辑类型"按钮，弹出"类型属性"对话框。单击"复制"按钮，在"尺寸标注"选项组下输入新建的柱尺寸，并修改对应参数，如图 4-25 所示。

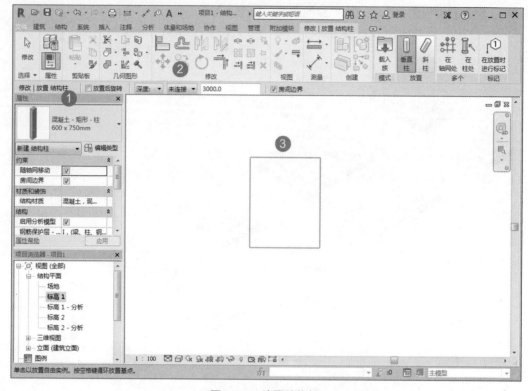

图 4-24　放置结构柱

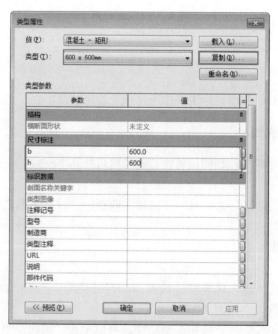

图 4-25　结构柱类型属性

3）如果是钢柱的话，则需要编辑的参数较多，如图 4-26 所示。

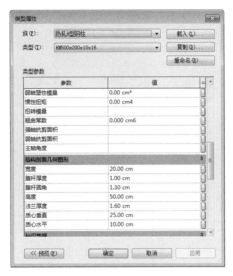

图 4-26　钢柱类型属性

> 📖 **说明**：结构柱还提供其他放置方式，在"第 3 章　Revit 建筑建模"中已经进行了较为详细的说明，此处不再重复说明。如需了解可以到第 3 章中进行学习。

4.2.2　实例——创建结构柱

创建结构柱

本实例主要应用"结构柱"工具，来完成结构柱的创建。创建结构柱的操作步骤如下。

1）打开本书资源包中实例文件下第 4 章文件夹中的"4-1.rvt"文件，进入 F1 结构平面，切换至"插入"选项卡，单击"链接 CAD"工具。在弹出的"链接 CAD 格式"对话框中，打开本书资源包中实例文件下第 4 章文件夹，选择"柱平面布置图.dwg"文件，勾选"仅当前视图"选项，单击"打开"按钮，如图 4-27 所示。

图 4-27　链接柱平面布置图

2）使用"对齐"工具对齐 CAD 图与轴线，并将 CAD 底图调整为"前景"模式，如图 4-28 所示。

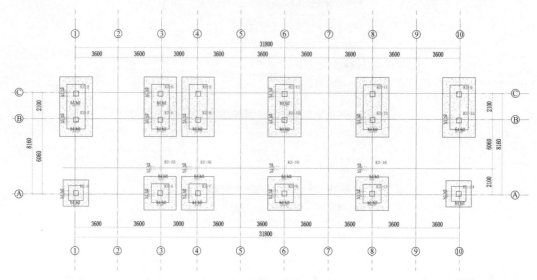

图 4-28　调整 CAD 图位置

3）切换至"结构"选项卡，单击"结构柱"工具，在"属性"对话框中选择混凝土柱类型，并单击"编辑类型"按钮。本项目中只存在两种柱截面尺寸，分别是"400 x 400mm"和"250 x 250mm"。在"类型属性"对话框中，复制新类型为"400 x 400mm"，并修改对应的 b 和 h 数值，如图 4-29 所示。按照相同方法完成另外一种柱类型的创建，如图 4-30 所示。

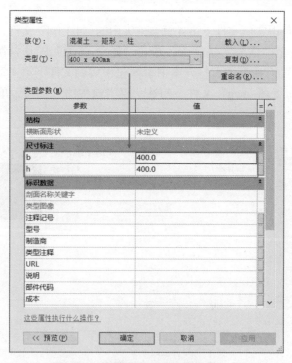

图 4-29　编辑混凝土柱类型参数（1）

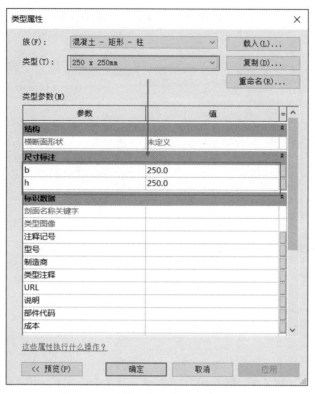

图 4-30　编辑混凝土柱类型参数（2）

4）选择"400 x 400mm"柱类型，然后依次在"KZ-1"~"KZ-15"的位置进行放置，如图 4-31 所示。

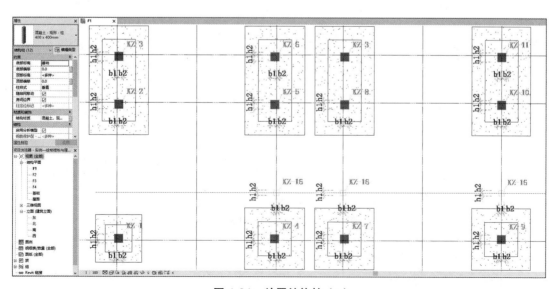

图 4-31　放置结构柱（1）

5）选择"250 x 250mm"柱类型，然后在"KZ-16"的位置进行放置，如图 4-32 所示。

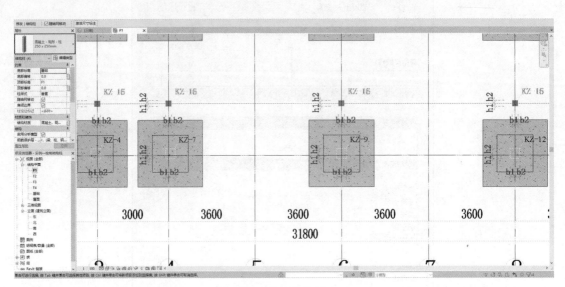

图 4-32　放置结构柱（2）

6）选中除"KZ-5""KZ-8""KZ-10""KZ-13""KZ-16"外的其他所有结构柱，在"属性"对话框中将"顶部标高"调整为"F4"，如图 4-33 所示。

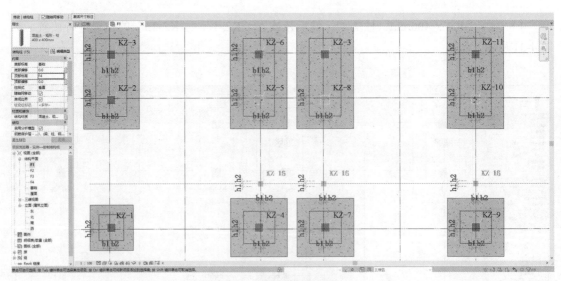

图 4-33　调整结构柱标高（1）

7）选中"KZ-5""KZ-8""KZ-10""KZ-13"结构柱，在"属性"对话框中将"顶部标高"调整为"屋面"，如图 4-34 所示。

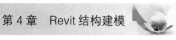

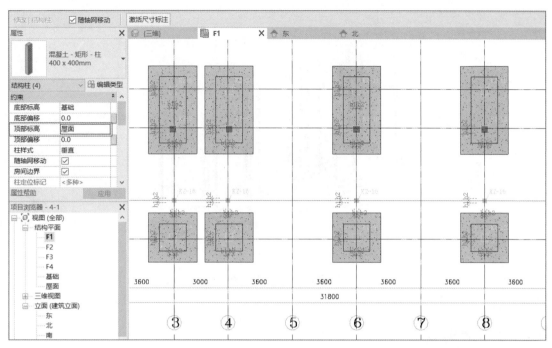

图 4-34 调整结构柱标高（2）

8）选中"KZ-16"结构柱，在"属性"对话框中将"底部标高"调整为"F4"，"顶部标高"调整为"屋面"，如图 4-35 所示。

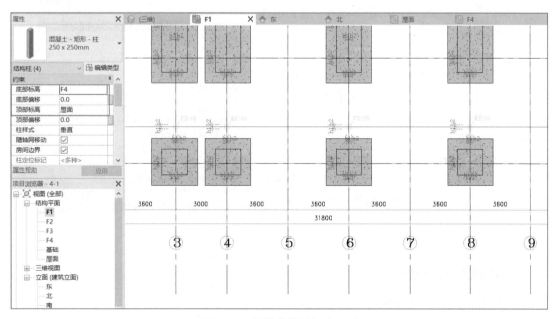

图 4-35 调整结构柱标高（3）

9）进入三维视图，查看结构柱最终完成效果，如图 4-36 所示。

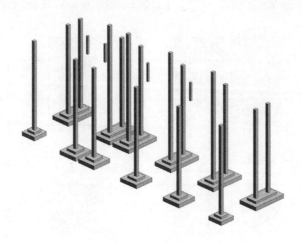

图 4-36　完成效果

4.3　结构墙

在建筑模型中的结构墙主要是指承重墙或剪力墙。

4.3.1　结构墙的构造

结构墙与建筑墙除结构用途不同外，它们的构造设置方法相同。

1. 执行方式

功能区：单击"结构"选项卡→"结构"面板→"墙"工具，在弹出的下拉菜单中单击"墙：结构"🗔工具。

2. 操作步骤

按上述执行方式，选择需要编辑的墙体类型，然后单击"编辑类型"按钮。在弹出的"类型属性"对话框中，单击"编辑"按钮，弹出"编辑部件"对话框，如图 4-37 所示。

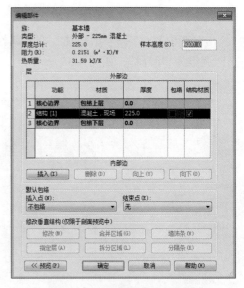

图 4-37　"编辑部件"对话框

结构墙可以参照建筑墙的构造设置方法进行设置。

4.3.2　创建与编辑结构墙

在完成结构墙的构造设置后，就可在绘图区域创建墙体。

1. 执行方式

功能区：单击"结构"选项卡→"结构"面板→"墙"工具，在弹出的下拉菜单中单击"墙：结构"🗔工具。

2. 操作步骤

1）按上述执行方式，首先选择需要绘制的基本墙类型，然后在选项栏中设置墙体标高。接着在"绘制"面板中选择需要的绘制工具。最后在视图中进行绘制，如图 4-38 所示。

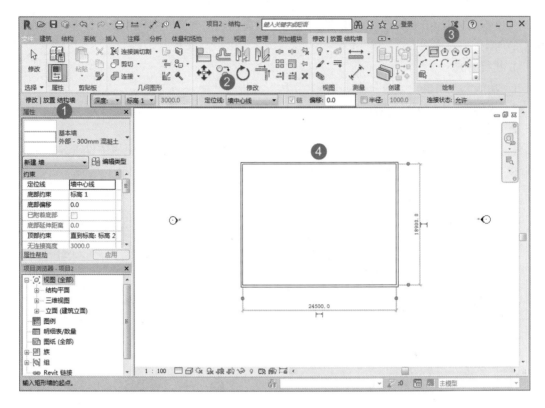

图 4-38　绘制结构墙

📖 **说明：** 结构墙与结构柱相同，默认的放置方式为"深度"。也就是说，是以当前平面标高向下绘制，是自上而下的绘制方法，比较符合结构设计人员的绘图习惯。

2）选择需要进行修改的结构墙，在实例属性面板中修改该实例墙体的限制条件，如图 4-39 所示。参数设置与建筑墙体设置相同。

3）除此以外，还可以对结构墙进行开洞等处理，操作与建筑墙完全一致，此处不做重复说明。

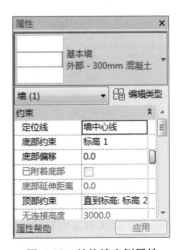

图 4-39　结构墙实例属性

■ 4.4　结构梁

结构梁是通过特定梁族类型属性定义的用于承重用途的结构框架图元。

4.4.1　创建与编辑结构梁

将梁族文件载入到项目后，在对结构梁的类型属性及实例属性进行相关的设置后可进行结构梁的创建。

1. 执行方式

1）功能区：单击"结构"选项卡→"结构"面板→"梁" 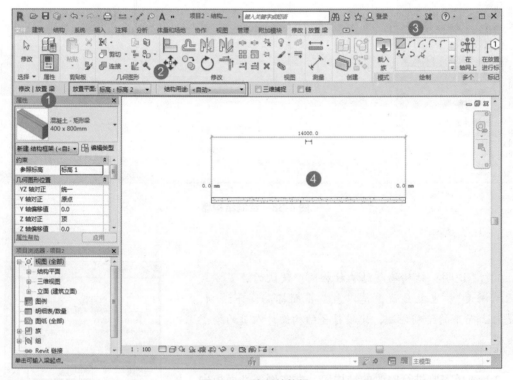工具。

2）快捷键：按〈BM〉键。

2. 操作步骤

1）按上述执行方式，首先选择需要布置的结构梁类型，然后在选项栏中设置放置平面标高。接着在"绘制"面板选择需要的绘制工具，最后在视图中单击拖动进行绘制，如图 4-40 所示。

图 4-40　绘制结构梁

2）如果没有需要的结构梁类型，可以打开"类型属性"对话框，复制新的类型并修改其参数，如图 4-41 所示。

3. 结构梁实例属性参数说明

1）YZ 轴对正："统一"或"独立"表示可为梁起点和终点设置相同的参数或不同的参数。

2）Y 轴对正：设置梁在 Y 轴定位线的位置，默认为原点，即梁的中心线。

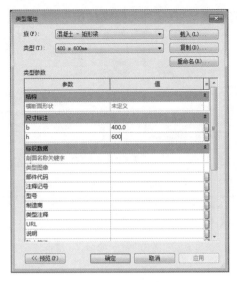

图 4-41　结构梁类型属性

3）Y 轴偏移值：设置梁距离 Y 轴定位线的距离。

4）Z 轴对正：设置梁在 Z 轴定位线的位置。

5）Z 轴偏移值：设置梁距离 Z 轴定位线的距离。多用于局部降板时，梁的高度设置。

4.4.2　实例——绘制结构梁

本实例主要使用"梁"工具，进行框架梁与连梁及屋面框架梁的绘制。绘制结构梁的操作步骤如下。

1）打开本书资源包中实例文件下第 4 章文件夹中的"4-2.rvt"文件，进入 F2 结构平面，切换至"插入"选项卡，单击"链接 CAD"工具。在弹出的"链接 CAD 格式"对话框中，打开本书资源包中实例文件下第 4 章文件夹，选择"3.550 层梁配筋图 .dwg"文件，勾选"仅当前视图"选项，单击"打开"按钮，如图 4-42 所示。

绘制结构梁

图 4-42　链接 CAD 图

2）使用"对齐"工具将链接 CAD 文件与轴线对齐并进行锁定，如图 4-43 所示。

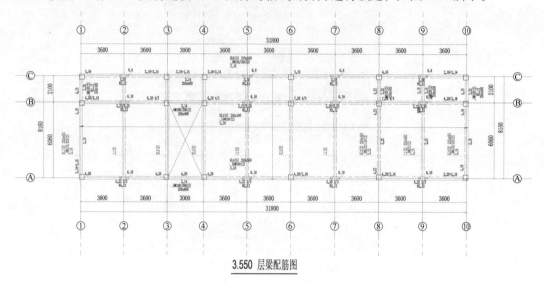

3.550 层梁配筋图

图 4-43　调整 CAD 图位置

3）切换至"结构"选项卡，单击"梁"工具。在"属性"对话框中选择"混凝土 - 矩形梁"，单击"编辑类型"按钮。在"类型属性"对话框中，复制新的梁类型为"250 x 500mm"，并修改对应的 b 和 h 数值，如图 4-44 所示。按照同样的方法继续复制新的梁类型为"250 x 450mm"，如图 4-45 所示。

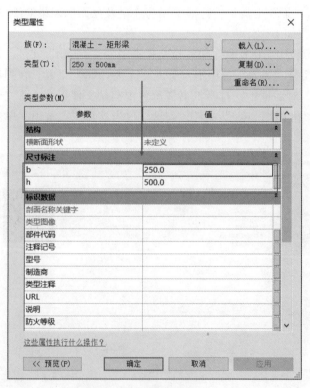

图 4-44　复制梁类型（1）

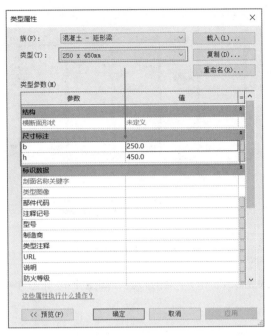

图 4-45 复制梁类型（2）

4）在"属性"对话框中选择"250 x 500mm"梁类型，然后按照图中给定的位置依次完成绘制，如图 4-46 所示。

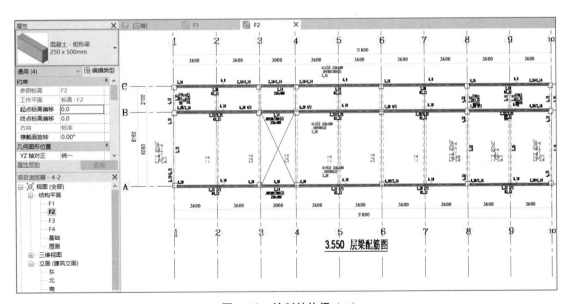

图 4-46 绘制结构梁（1）

5）在"属性"对话框中选择"250 x 450mm"梁类型，然后按照图中给定的位置依次完成绘制，如图 4-47 所示。

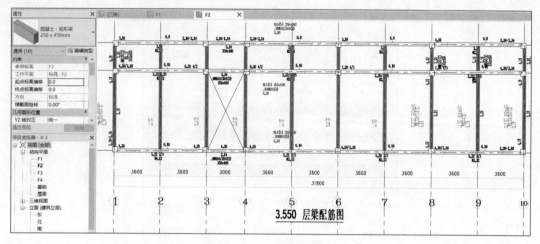

图 4-47　绘制结构梁（2）

6）按照相同方法依次完成 F3 和 F4 梁的布置，如图 4-48 和图 4-49 所示。

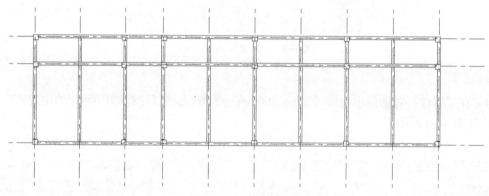

图 4-48　F3 梁布置

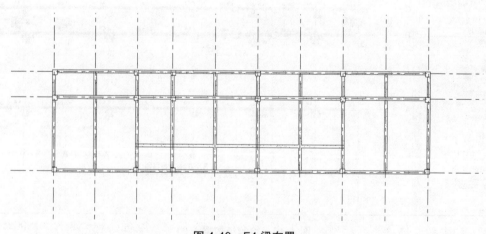

图 4-49　F4 梁布置

7）进入屋顶平面，在"属性"对话框中选择"250 x 500mm"梁类型，然后按照图中给定的位置依次完成绘制，如图 4-50 所示。

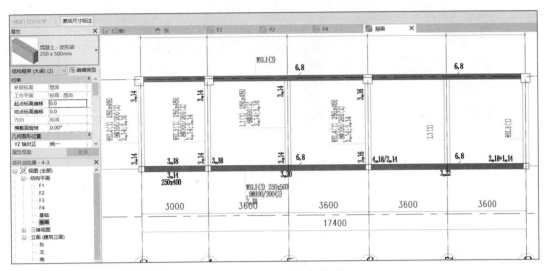

图 4-50　绘制屋面框架梁（1）

8）在"属性"对话框中选择"250 x 450mm"梁类型，找到Ⓑ轴与③轴交叉的位置，绘制长度为"1980.0"mm 的屋面框架梁，如图 4-51 所示。

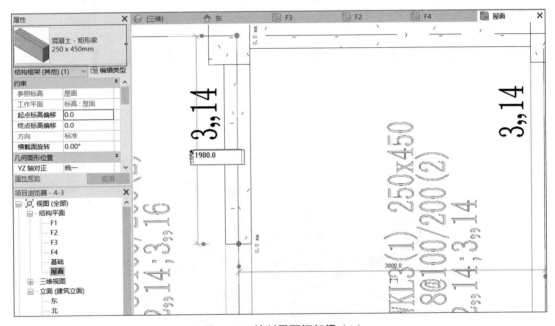

图 4-51　绘制屋面框架梁（2）

9）选中绘制好的梁，然后在"属性"对话框中设置"终点标高偏移"为"1800.0"，如图 4-52 所示。

10）将修改完成的梁镜像到另一侧，并依次复制到其他位置，如图 4-53 所示。

11）进入三维视图，查看最终完成的梁的效果，如图 4-54 所示。

BIM 技术应用基础

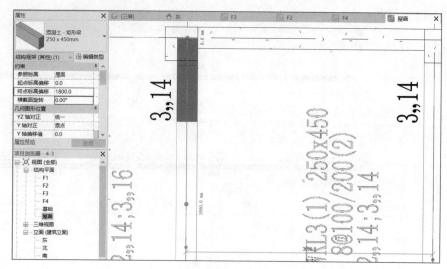

图 4-52　调整屋面框架梁端点偏移

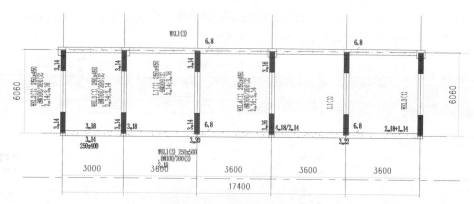

图 4-53　复制屋面框架梁

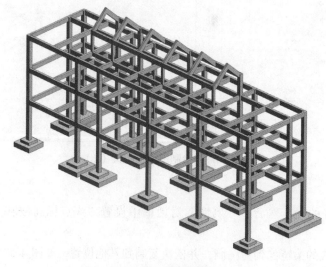

图 4-54　完成效果

■ 4.5　结构板

可以通过"楼板"工具绘制结构板和压型板，其绘制方法与建筑板完全一致。

4.5.1　创建与编辑结构板

结构板具有结构分析属性，可以参与结构计算，同时还可以对其进行配筋。

1. 执行方式

1）功能区：单击"结构"选项卡→"结构"面板→"楼板" 工具。

2）快捷键：按〈SB〉键。

2. 操作步骤

1）按上述执行方式，选择需要创建的楼板类型，使用绘制工具在绘图区域绘制结构板边界轮廓，如图 4-55 所示。

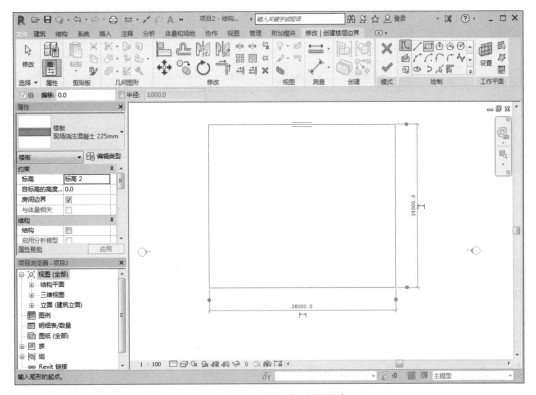

图 4-55　绘制结构板边界轮廓

2）绘制完成后单击"完成"按钮，并单击"编辑类型"按钮，弹出"类型属性"对话框。在其中单击"结构"参数后面的"编辑"按钮进行楼板构造编辑。将"结构"层修改为"压型板 [1]"，这时可以设置压型板轮廓及压型板用途，如图 4-56 所示。

3）单击"确定"按钮后，在立面或者剖面视图中将视图"详细程度"调整为"中等"或"精细"，便可以看到压型板样式，如图 4-57 所示。三维视图不会显示压型板样式，只会显示板厚。

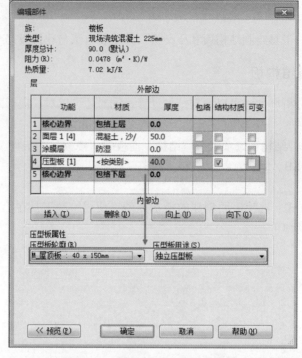

图 4-56　设置楼板构造为压型板

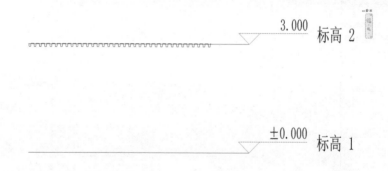

图 4-57　压型板立面效果

4.5.2　实例——绘制楼板与屋面板

本实例主要使用"楼板"工具，来进行普通楼板与屋面板的绘制。绘制楼板与屋面板的操作步骤如下。

1）打开本书资源包中实例文件下第 4 章文件夹中的"4-3.rvt"文件，进入 F2 结构平面，切换至"结构"选项卡，单击"楼板"工具，选择"常规 -300mm"楼板类型，单击"编辑类型"按钮。在弹出的"类型属性"对话框中复制新的楼板类型为"常规 -100mm"，然后单击"结构"参数后面的"编辑"按钮，如图 4-58 所示。

绘制楼板与
屋面板

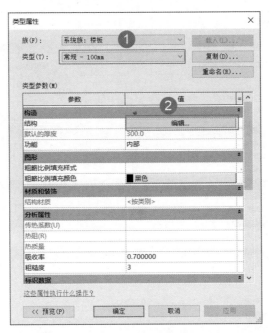

图 4-58　复制楼板类型

2）设置"结构 [1]"的"厚度"为"100"，然后单击"确定"按钮，如图 4-59 所示。

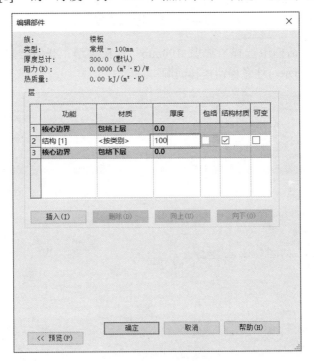

图 4-59　设置板厚

3）按照同样的操作，再次复制新的楼板类型为"常规 -120mm"，并修改"默认的厚度"为"120.0"，如图 4-60 所示。

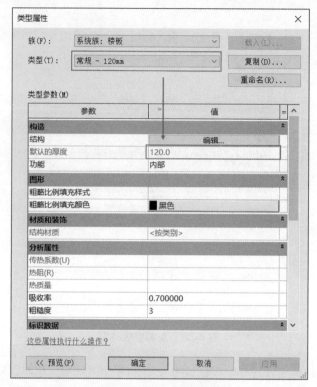

图 4-60　复制楼板类型

4）在"属性"对话框中选择"常规 -100mm"楼板类型，开始绘制楼板轮廓，单击"完成"按钮，如图 4-61 所示。注意保留楼梯间洞口。

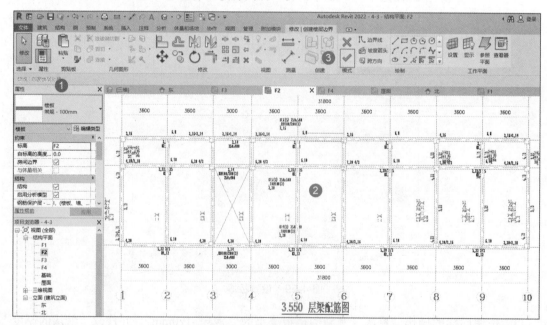

图 4-61　绘制楼板轮廓

5）将 F2 绘制好的楼板复制到 F3。进入 F4 结构平面，选择"常规 -120mm"楼板类型，开始绘制 F4 的楼板轮廓，单击"完成"按钮，如图 4-62 所示。

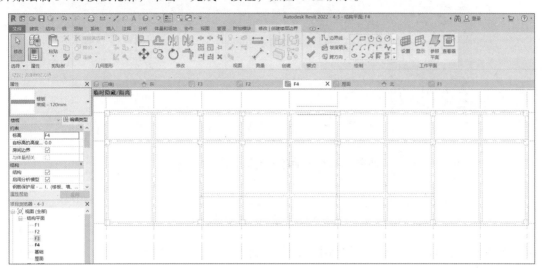

图 4-62　绘制 F4 的楼板轮廓

6）进入屋顶平面，选择"常规 -100mm"楼板类型，使用"矩形"工具绘制屋面板，以轴线向内间距为 1980mm，以屋面框架梁向外偏移 900mm，如图 4-63 所示。

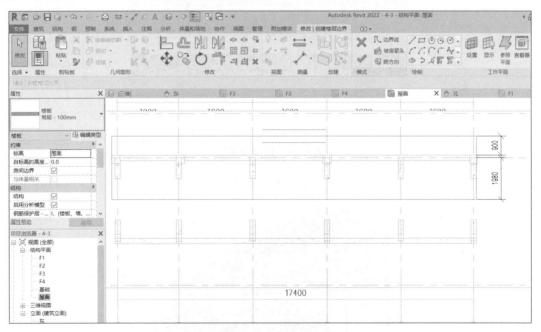

图 4-63　绘制屋面板轮廓

7）单击"坡度箭头"按钮，在屋面板轮廓左侧绘制坡度箭头。选中绘制好的坡度箭头，在"属性"对话框中设置"尾高度偏移"为"-800.0"，"头高度偏移"为"1800.0"，单击"完成"按钮，如图 4-64 所示。

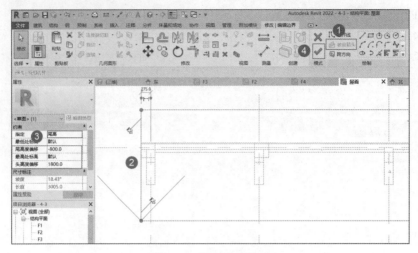

图 4-64　绘制坡度箭头

8）选中绘制好的屋面板，以屋面中心线镜像到另一侧，如图 4-65 所示。

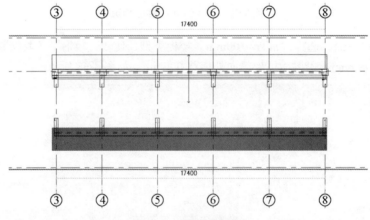

图 4-65　镜像屋面板

9）进入三维视图，查看最终完成效果，如图 4-66 所示。

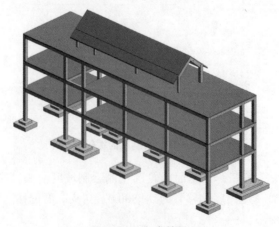

图 4-66　完成效果

■ 4.6　支撑

支撑是指在平面视图或框架立面视图中添加连接梁和柱的斜构件。

与梁相似，可通过利用指针捕捉到一个结构图元，单击起点，捕捉到另一个结构图元，并单击终点来创建支撑。创建支撑的操作步骤如下。

1. 执行方式

1）功能区：单击"结构"选项卡→"结构"面板→"支撑"⬚工具。

2）快捷键：按〈BR〉键。

2. 操作步骤

1）按上述执行方式，选择合适的支撑类型，并设置类型属性参数和实例属性参数，其方法和梁一致。将视图切换到结构楼层平面，在选项栏中，设置起点标高和偏移距离，以及终点标高和偏移距离。在视图中，单击支撑的起点和终点完成支撑的创建，如图 4-67 所示。

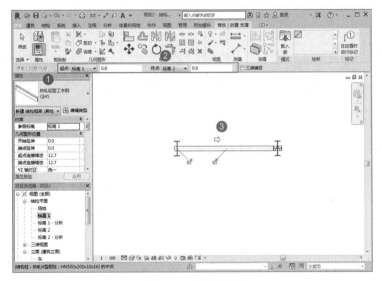

图 4-67　绘制支撑

2）完成后的三维效果，如图 4-68 所示。

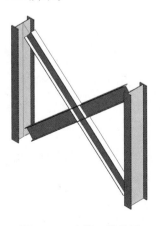

图 4-68　支撑三维效果

■ 4.7 桁架

使用"桁架"工具将项目所需要的桁架类型添加到结构模型中。

4.7.1 创建桁架

桁架可创建在两条梁之间，也可创建在屋顶之上，形式多种多样，以项目要求为准。项目样板中没有桁架形式，可以通过载入族的方式进行扩充。

1. 执行方式

功能区：单击"结构"选项卡→"结构"面板→"桁架"〰工具。

2. 操作步骤

切换至结构平面视图，单击"桁架"工具。选择桁架类型，然后在选项栏中设置桁架放置标高或参照平面，将指针移动到绘图区域，单击桁架的起点和终点完成桁架的创建，如图 4-69 所示。

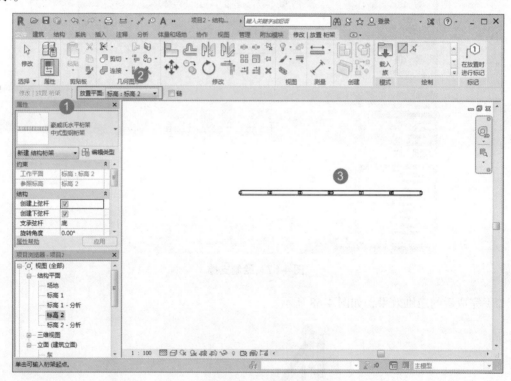

图 4-69 创建桁架

4.7.2 编辑桁架

在完成桁架的创建后，可对桁架进行相关的修改，桁架的修改主要包括实例属性参数修改、功能区面板工具修改和绘图区域修改。

1. 操作步骤

1）单击选择已创建的桁架，在实例属性面板中可以设置偏移值等选项，如图 4-70 所示。通过调整起点、终点标高偏移值，可将桁架调整到相对于工作平面的另一高度上，或调整数值形成倾斜的桁架样式。

2）单击"编辑类型"按钮，弹出"类型属性"对话框，在其中可以设置上弦杆、竖向腹杆等参数，如图 4-71 所示。

图 4-70　桁架实例属性

图 4-71　桁架类型属性

3）还可以通过修改工具对桁架进行修改。单击"编辑轮廓"工具，编辑桁架轮廓样式，如图 4-72 所示。

图 4-72　单击"编辑轮廓"工具

4）单击上弦杆，在视图中绘制上弦杆轮廓，如图 4-73 所示。编辑完成后三维效果，如图 4-74 所示。

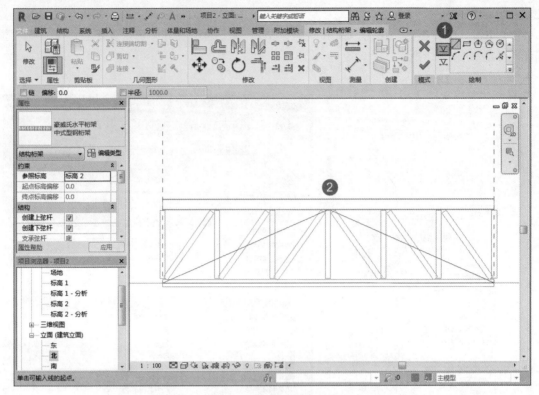

图 4-73　绘制上弦杆轮廓

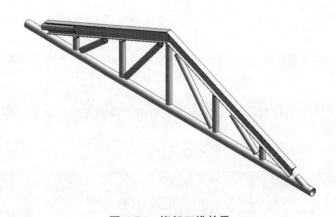

图 4-74　桁架三维效果

2. 桁架实例属性参数介绍

1）参照标高：开始测量"起点标高偏移"和"终点标高偏移"的标高。

2）起点标高偏移：指定距离定位线起点所在参照标高的垂直偏移。

3）终点标高偏移：指定距离定位线终点所在参照标高的垂直偏移。

4）创建上弦杆：创建上弦杆。

5）创建下弦杆：创建下弦杆。

6）支承弦杆：指定弦杆承重，确定桁架相对于定位线的位置。

7）旋转角度：设置桁架轴旋转。

8）旋转弦杆及桁架：旋转时将弦杆与桁架平面对齐。

9）支承弦杆竖向对正：设置支承弦杆构件的"垂直对正"参数。

10）单线示意符号位置：指定桁架的粗略视图平面表示的位置，包括上弦杆、下弦杆或支承弦杆。

11）桁架高度：在桁架布局族中指定顶部和底部参照平面之间的距离。

12）非支承弦杆偏移：指定非支承弦杆距离定位线之间的水平偏移。

13）跨度：指定桁架沿着定位线跨越的最远距离。

3. 桁架类型属性参数介绍

1）分析垂直投影：指定各分析线的位置。如果选择"自动检测"，则分析模型遵循与梁相同的规则。

2）结构框架类型：指定部件的结构框架类型。

3）起点约束释放：指定起点释放条件，包括"铰支""固定""弯矩"和"用户"。

4）终点约束释放：指定终点释放条件，包括"铰支""固定""弯矩"和"用户"。

5）角度：指定绕形状纵轴的旋转角度设置。

6）腹杆符号缩进：指定允许缩进腹杆的粗略表示。

7）腹杆方向：指定腹杆方向，"垂直"或"正交"。

4.8　操作与实践

本节通过一个操作练习使读者进一步掌握本章知识要点。

1. 目的要求

通过一个钢结构的案例，让读者对 Revit 结构建模工具流程有更深刻的理解与认识，如图 4-75 所示。

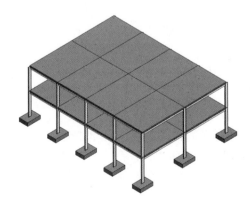

图 4-75　钢结构模型

2. 操作提示

1）新建项目，建立标高、轴网定位体系。

2）依次创建基础、结构柱、楼板。

3）调整各构件标高。

第 5 章

BIM 模型深化

本章主要介绍 Revit 软件在视图中的实际应用操作，包括视图创建、视图控制、注释内容添加、符号添加等。

- ☑ 视图创建
- ☑ 尺寸标注
- ☑ 详图
- ☑ 标记

- ☑ 视图控制
- ☑ 符号添加
- ☑ 文字

■ 5.1 视图创建

使用视图工具可为模型创建二维平面或三维视图。

5.1.1 创建平面图

用于创建二维平面视图，如结构平面、楼层平面、天花板投影平面、平面区域或面积平面。平面视图在创建新标高时可自动创建，也可在完成标高的创建后手动添加相关平面视图。

1. 执行方式

功能区：单击"视图"选项卡→"创建"面板→"平面视图"工具。

2. 操作步骤

1）按上述执行方式，在"平面视图"下拉菜单中选择要创建的视图类型。以创建楼层平面为例，在下拉菜单中选择"楼层平面"，弹出"新建楼层平面"对话框，如图 5-1 所示。

2）在对话框中的"标高"栏中选择标高，配合使用〈Ctrl〉和〈Shift〉键来进行选择。勾选"不复制现有视图"选项，如果未勾选，则会生成已有平面视图的副本。单击"确定"按钮，软件会自动生成所选标高对应的楼层平面，在项目浏览器楼层平面目录下就可找到新创建的楼层平面。

图 5-1　"新建楼层平面"对话框

5.1.2　创建立面图

立面图的创建功能用于创建面向模型几何图形的其他立面视图。默认情况下，项目文件中的 4 个指南针点提供外部立面视图。立面视图包括立面和框架立面两种类型，框架立面主要用于显示支撑等结构对象。

1. 执行方式

功能区：单击"视图"选项卡→"创建"面板→"立面"工具。

2. 操作步骤

切换到指定平面视图，单击"立面"工具，在"属性"对话框中选择立面类型，包括建筑立面或内部立面等立面类型。在绘制区域中单击放置立面符号，如图 5-2 所示。

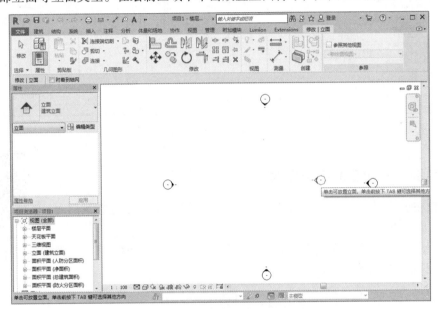

图 5-2　放置立面符号

5.1.3　创建剖面图

可通过"剖面"工具剖切模型，并生成相应的剖面视图，在平面、剖面、立面和详图视图中均可绘制剖面视图。

1. 执行方式

功能区：单击"视图"选项卡→"创建"面板→"剖面"工具。

2. 操作步骤

1）切换到指定平面视图，单击，"剖面"工具，选择剖面类型并设置相关参数。在绘制区域中单击确定剖面线起点，拖动指针再次单击确定终点，如图 5-3 所示。

2）选中剖面线，单击"拆分线段"工具，还可以将剖面线拆分成多个独立的线段，单独进行调整，如图 5-4 所示。

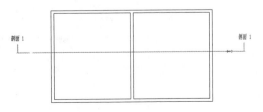

图 5-3　绘制剖面线

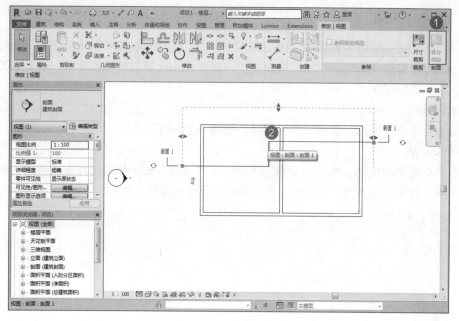

图 5-4 拆分剖面线

5.1.4 实例——创建建筑剖面图

本实例主要使用"剖面"工具，完成建筑剖面图的创建。创建建筑剖面图的操作步骤如下。

1）打开本书资源包中实例文件下第 5 章文件夹中的"5-1.rvt"文件，进入 F1 楼层平面，如图 5-5 所示。

创建建筑
剖面图

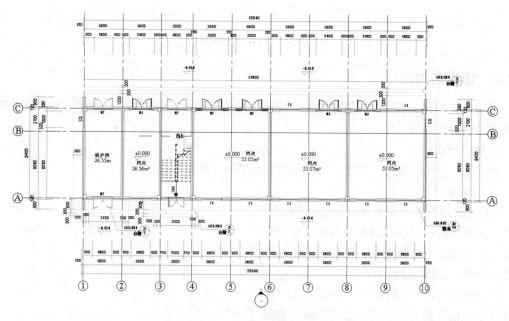

图 5-5 F1 楼层平面

2）切换至"视图"选项卡，单击"剖面"工具，然后在③—④轴之间由下至上绘制剖面线，如图 5-6 所示。

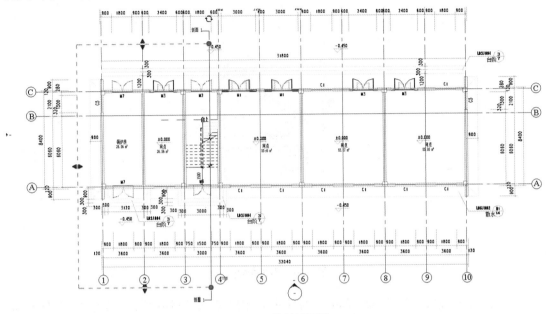

图 5-6　绘制剖面线

3）双击软件中当前视图下显示的剖面符号蓝色标头，进入剖面视图，调整剖面图裁剪框到合适的位置，如图 5-7 所示。

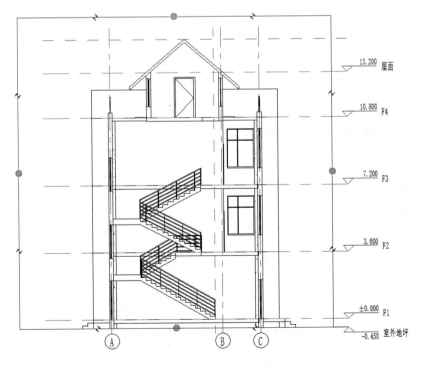

图 5-7　调整裁剪框

4）在视图控制栏中，单击"隐藏裁剪区域"工具，将裁剪框进行隐藏，如图 5-8 所示。

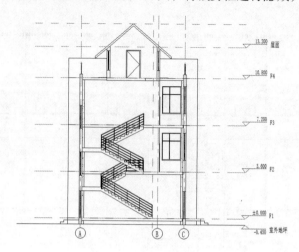

图 5-8　隐藏裁剪框

5）按〈VV〉键打开"剖面：剖面 1 的可见性 / 图形替换"对话框，取消勾选"参照平面"选项，单击"确定"按钮，如图 5-9 所示。

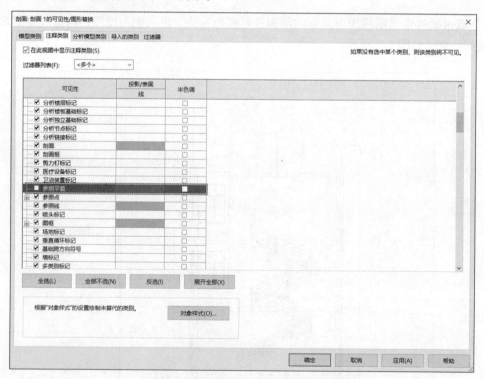

图 5-9　取消勾选"参照平面"选项

6）最终完成效果，如图 5-10 所示。

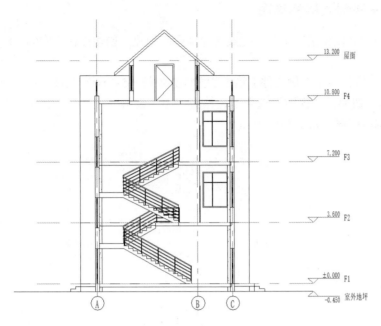

图 5-10　完成效果

5.1.5　创建详图索引

通过"详图索引"工具可在视图中创建矩形详图索引,即大样图。详图索引可隔离模型几何图形的特定部分,参照详图索引允许在项目中多次参照同一个视图。

1. 执行方式

功能区:单击"视图"选项卡→"创建"面板→"详图索引"工具。

2. 操作步骤

1)切换到指定平面视图,单击"详图索引"工具,并选择详图索引绘制方式。详图索引绘制方式包括"矩形"和"草图"两种,"矩形"方式只能用于绘制矩形详图索引,而"草图"方式可绘制较复杂形状的详图索引,根据实际情况选择相应的方式进行绘制。

2)选择"矩形"绘制方式,在视图中单击拖动指针绘制范围框,将生成详图范围框,如图 5-11 所示。此时,项目浏览器中也将自动生成对应的详图视图。

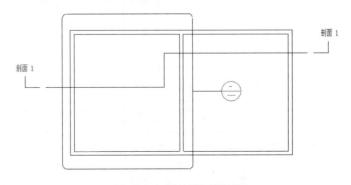

图 5-11　绘制详图范围框

5.1.6 实例——创建楼梯详图

本实例通过"详图索引"工具，完成楼梯详图的创建。创建楼梯详图的操作步骤如下。

创建楼梯
详图

1）打开本书资源包中实例文件下第 5 章文件夹中的"5-2.rvt"文件。进入 F1 楼层平面，切换至"视图"选项卡，单击"详图索引"工具，并在楼梯位置拖动绘制范围框，如图 5-12 所示。

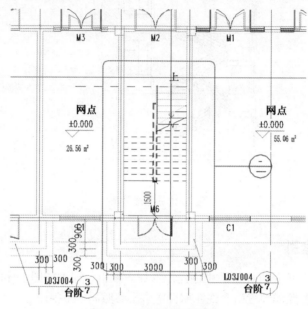

图 5-12　绘制详图范围框

2）双击软件中当前视图显示的索引框蓝色标头，可以跳转到对应索引详图，如图 5-13 所示。

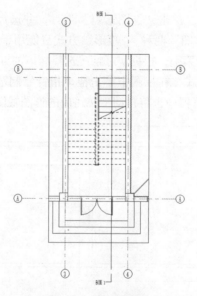

图 5-13　楼梯详图

3）按〈VV〉键，打开"楼层平面：F1- 详图索引 1 的可见性 / 图形替换"对话框，取消勾选"楼梯""栏杆扶手"中的 < 高于 > 部分的子选项，单击"确定"按钮，如图 5-14 和图 5-15所示。

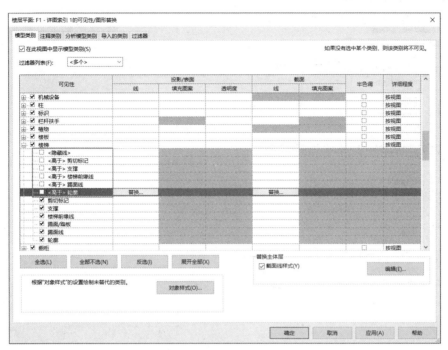

图 5-14　"楼梯"部分子选项

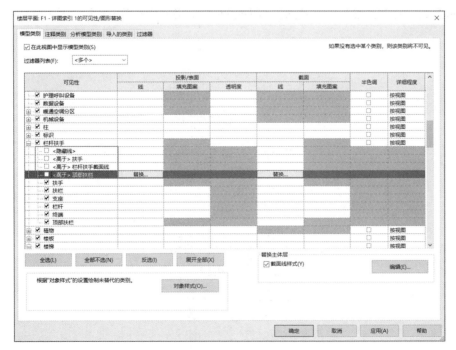

图 5-15　"栏杆扶手"部分子选项

4）切换至"注释类别"选项卡，取消勾选"剖面"选项，单击"确定"按钮，如图 5-16 所示。

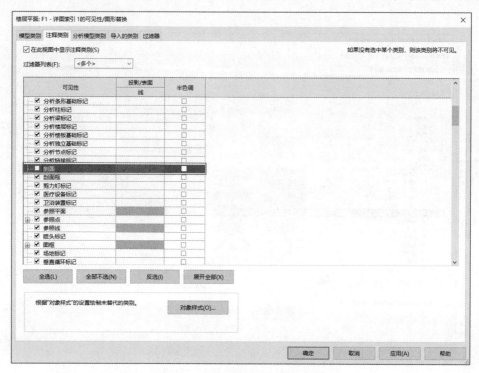

图 5-16　取消勾选"剖面"选项

5）最终完成效果，如图 5-17 所示。按照相同方法完成其他楼层楼梯详图的创建。

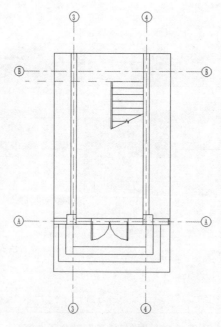

图 5-17　F1 楼梯详图

5.1.7　创建绘图视图

利用"绘图视图"工具可创建一个空白视图，在该视图中显示与建筑模型不直接关联的详图，使用二维详图工具按照不同的视图详细程度（粗略、中等或精细）创建未关联的视图专用详图。

1. 执行方式

功能区：单击"视图"选项卡→"创建"面板→"绘图视图"工具。

2. 操作步骤

1）按上述执行方式，弹出"新绘图视图"对话框。在对话框中设置新绘图视图的名称及比例，如图 5-18 所示。

2）完成后单击"确定"按钮，这时软件会切换到一个空白的视图界面。可以在该视图绘制二维图元，如节点大样、设计说明等。

图 5-18　"新绘图视图"对话框

5.1.8　复制视图

使用该工具可复制创建当前视图的副本，其中仅包含模型和视图专有图元，或视图的相关副本。新视图中将不会创建隐藏的视图专有图元。隐藏的模型图元和基准将被创建到新视图中并保持隐藏状态。复制视图包括复制视图、带细节复制、复制作为相关三种形式。

1）复制视图：表示用于创建一个视图，该视图中仅包含当前视图中的模型几何图形。将排除所有视图专有图元，如注释、尺寸标注和详图。

2）带细节复制：表示模型几何图形和详图几何图形都被复制到新视图中。详图几何图形包括详图构件、详图线、重复详图、详图组和填充区域。

3）复制作为相关：表示用于创建与原始视图相关的视图，即原始视图及其副本始终同步。在其中一个视图中所做的修改将自动出现在另一个视图中。

1. 执行方式

功能区：单击"视图"选项卡→"创建"面板→"复制视图"工具。

2. 操作步骤

1）切换到需要复制的视图，按上述执行方式，在弹出的下拉菜单中选择相应复制视图方式，如图 5-19 所示。

2）复制完成后，在项目浏览器中当前视图下方，生成同名的副本视图。也可以在项目浏览器中，找到需要复制的视图右击，在弹出的快捷菜单中选择"复制视图"选项，然后选择需要复制的方式。

图 5-19　"复制视图"工具的下拉菜单

5.1.9　创建图例

使用该工具可为材质、符号、线样式、工程阶段、项目阶段和注释记号创建图例，用于显示项目中使用的各种建筑构件和注释的列表。图例包括图例和注释记号图例两种类型。

1）图例：可用于建筑构件和注释的图例创建。

2）注释记号图例：可用于注释记号的图例创建。

1. 执行方式

功能区：单击"视图"选项卡→"创建"面板→"图例"工具。

2. 操作步骤

1）按上述执行方式，在弹出的下拉菜单中单击"图例"工具。弹出"新图例视图"对话框，设置视图名称、比例参数，如图 5-20 所示。

2）可以在项目浏览器中，将需要制作图例的构件族，直接拖曳到视图中。此时在图例视图中将显示当前族样式，可以在选栏中设置需要显示的视图，如图 5-21 所示。

图 5-20 "新图例视图"对话框

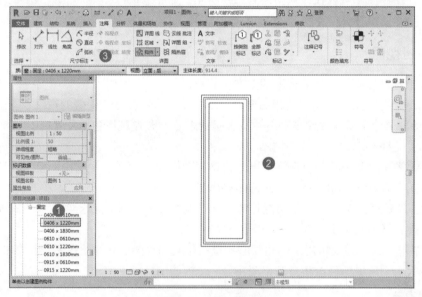

图 5-21 放置图例

创建门窗大样图

5.1.10 实例——创建门窗大样图

本实例通过"图例""图例构件"工具，完成门窗大样图的创建。创建门窗大样图的操作步骤如下。

1）打开本书资源包中实例文件下第 5 章文件夹中的"5-3.rvt"文件。切换至"视图"选项卡，单击"图例"工具，在弹出的下拉菜单中单击"图例"工具。在"新图例视图"对话框中，输入名称为"门窗大样"，单击"确定"按钮，如图 5-22 所示。

2）首先切换至"注释"选项卡，单击"构件"工具，在弹出的下拉菜单中单击"图例构件"工具。然后在选项栏中选择"族"为"普通窗 - 一横一纵：

图 5-22 创建图例视图

C1"，"视图"为"立面：前"。最后在视图中单击放置，如图 5-23 所示。

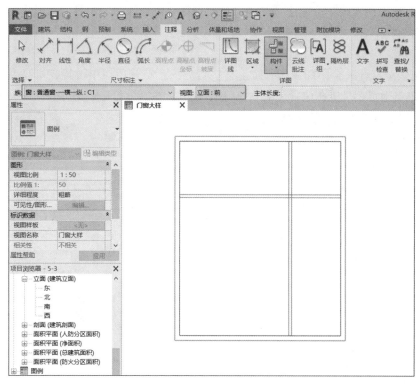

图 5-23　放置窗图例

3）使用尺寸标注工具，或者按〈DI〉键。对窗大样进行简单尺寸标注，如图 5-24 所示。

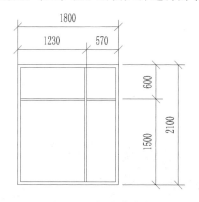

图 5-24　标注窗大样

> 📖 说明："尺寸标注"工具的具体使用方法，会在"5.3　尺寸标注"中进行详细介绍。

5.1.11　创建相机视图

透视图可在"三维"和"平行"之间切换，Revit 提供"移动""对齐""锁定""解锁"等编辑工具修改模型。

1. 执行方式

功能区：单击"视图"选项卡→"创建"面板→"三维视图"工具，在弹出的下拉菜单中单击"相机"工具。

2. 操作步骤

1）首先任意打开一个平面视图，按上述执行方式，在选项栏中设置相机高度等参数。然后在视图中单击确定相机所在位置。最后拖动指针确认视点终点位置，如图 5-25 所示。

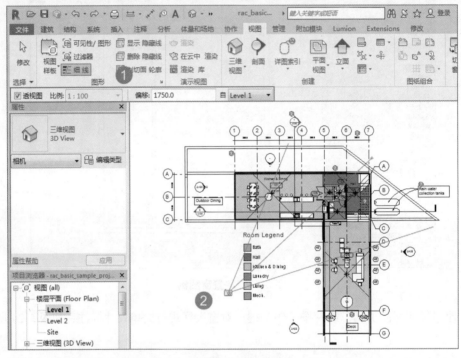

图 5-25　放置相机

2）系统会自动生成一个相机视图，并自动打开。可以拖动边框的 4 个端点，调整相机视图边界范围，如图 5-26 所示。

图 5-26　相机视图

■ 5.2　视图控制

使用视图控制工具，可修改模型几何图形的样式，包括可见性设置、粗细线的设置等。

5.2.1　设定视图可见性

该工具用于控制模型图元、注释、导入和链接的图元，以及工作集图元在视图中的可见性和图形显示。该工具可替换的显示内容包括截面线、投影线，以及模型类别的表面、注释、类别、导入的类别和过滤器。还可针对模型类别和过滤器应用半色调和透明度。

1. 执行方式

1）功能区：单击"视图"选项卡→"图形"面板→"可见性/图形"工具。

2）快捷键：按〈VG〉或〈VV〉键。

2. 操作步骤

1）将视图切换到需要调整可见性的视图，按上述执行方式。弹出"楼层平面：Level 1 的可见性/图形替换"对话框，如图 5-27 所示。

图 5-27　"楼层平面：Level 1 的可见性/图形替换"对话框

2）该对话框主要包括五个选项卡，分别为"模型类别""注释类别""分析模型类别""导入的类别"和"过滤器"。单击每一个选项卡，可对当前视图进行相关的设置。

3. 参数介绍

（1）"模型类别"选项卡设置

1）在"模型类别"选项卡下，常用的是设置模型中部分内容的可见性，在"过滤器列表"的下拉列表框中勾选要显示的专业模型构件，如图 5-28 所示。

2）在该下拉列表中可根据需要勾选相关专业，也可全部勾选以显示全部的模型构件。完成后，在"可见性"列表中找到需要隐藏或者显示的构件，确定是否勾选，勾选即为显示，不勾选即为隐藏。同时，还可调整每项后面的投影/表面或截面的线型、填充图案、透明度等。

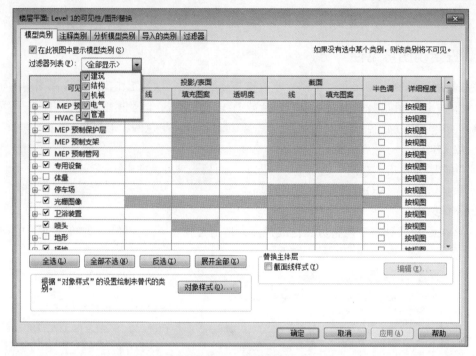

图 5-28 模型类别

3）在该选项卡下还有常用的设置为右下方的截面线样式设置，勾选"截面线样式"选项。这时"编辑"按钮由灰显状态变为可单击状态，单击"编辑"按钮进入"主体层线样式"对话框，如图 5-29 所示。

图 5-29 "主体层线样式"对话框

4）在创建详图索引或大样时，常常会设置墙截面、楼板截面等结构线宽，可将结构线宽调整为 3 或 4，将其他主体层线宽调整为 1，这样在大样图中，截面结构边线就会以粗线显示出来，完成后单击"确定"按钮。

（2）"注释类别"选项卡设置

1）单击"楼层平面：Level 1 的可见性/图形替换"对话框中的"注释类别"选项卡，如

图 5-30 所示。

图 5-30　"注释类别"选项卡

2）方法与模型类别可见性设置一样，勾选每项前面的复选按钮，完成对其的隐藏或者显示。在项目创建过程中，通常在此隐藏或显示剖面、剖面框、轴网、标高、参照平面等选项。

（3）"分析模型类别"选项卡设置　单击"楼层平面：Level 1 的可见性 / 图形替换"对话框中的"分析模型类别"选项卡，其操作方法与模型类别可见性设置方法均相同。

（4）"导入的类别"选项卡设置

1）单击"楼层平面：Level 1 的可见性 / 图形替换"对话框中的"导入的类别"选项卡，如图 5-31 所示。

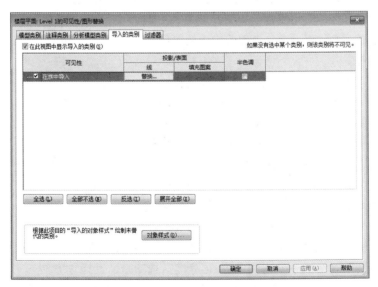

图 5-31　"导入的类别"选项卡

2）在该对话框中可对导入到当前项目中的 DWG 格式文件进行可见性设置，在 DWG 格式文件前面勾选复选按钮完成可见性设置，且该设置只对当前视图有效。当切换到其他视图时，如果需要隐藏或显示 DWG 格式文件，都可通过此方式进行设置。

（5）"过滤器"选项卡设置

1）单击"楼层平面:Level 1 的可见性/图形替换"对话框中的"过滤器"选项卡，如图 5-32 所示。

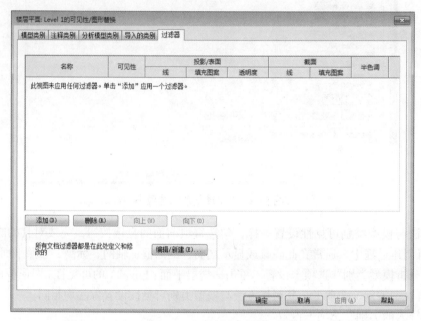

图 5-32 "过滤器"选项卡

2）对于在视图中共享公共属性的图元，过滤器提供了替换其图形显示和控制其可见性的方法。可将图元添加到过滤器列表，然后更改其投影/表面或截面的线型、填充图案、透明度等。

3）单击"添加"按钮，在弹出的"添加过滤器"对话框中选择一个或多个过滤器插入到对话框中，如图 5-33 所示。对话框中的图元都是根据当前视图提取出来的。

4）单击"确定"按钮，图元类别就会自动添加到过滤器下方，然后再对其进行线条或颜色的设定，如图 5-34 所示。通过此方法添加混凝土墙类别，勾选"可见性"选项，并逐一设置后面的线型及颜色。完成后单击"确定"

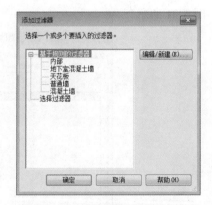

图 5-33 "添加过滤器"对话框

按钮，这时当前平面中的图元类别就会按照过滤器所设置的颜色、线条、透明度进行显示。

（6）"Revit 链接"选项卡设置　当项目中链接了 Revit 文件，在"楼层平面:Level 1 的可见性/图形替换"对话框中会出现"Revit 链接"选项卡，其操作方法与"导入的类别"选项卡一样，勾选复选按钮完成可见性设置。如果项目中没有链接 Revit 文件，则不会出现该选项卡。

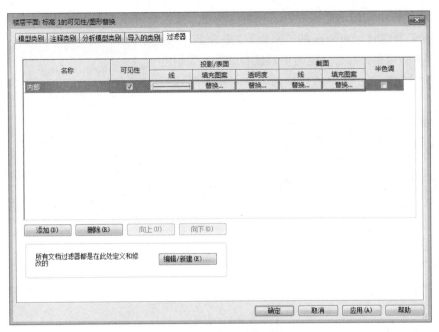

图 5-34 替换过滤器样式

5.2.2 设置过滤器

可见性 / 图形替换中，介绍了过滤器的图元类别添加和投影 / 表面、截面的线型、填充图案及透明度的修改。若在添加过滤器列表中没有需要的图元类别，而模型几何图形实际存在，可通过新建过滤器来进行图元类别的创建，然后再进行相关的过滤器设置。

1. 执行方式

功能区：单击"视图"选项卡→"图形"面板→"过滤器"工具。

2. 操作步骤

1）按上述执行方式，弹出"过滤器"对话框，如图 5-35 所示。

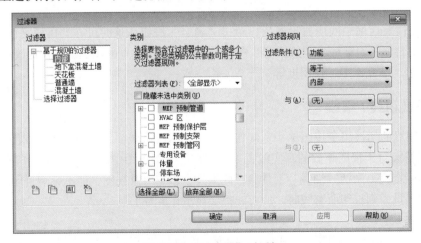

图 5-35 "过滤器"对话框

2）在对话框中左侧功能区一栏，只有"新建"按钮是可单击状态，当在左侧列表框中选择某一项图元类别时，功能区的"编辑""重命名""删除"三项都成为可单击状态，这时可对选择的图元类别进行过滤条件设置更改、重命名或从列表中删除此图元类别。

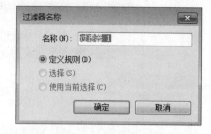

图 5-36 "过滤器名称"对话框

3）若要创建新的图元类别过滤器，单击功能区的"新建"按钮，弹出"过滤器名称"对话框，如图 5-36 所示。

4）在"名称"一栏修改过滤器的类别名称，下面有"定义规则""选择""使用当前选择"3 个选项，软件默认为"定义规则"。其中"定义规则"通过设置相关过滤条件来控制模型几何图形中的图元类别构件。

5）单击"确定"按钮，打开"过滤器"对话框，从左到右依次为"过滤器""类别"和"过滤器规则"栏，如图 5-37 所示。

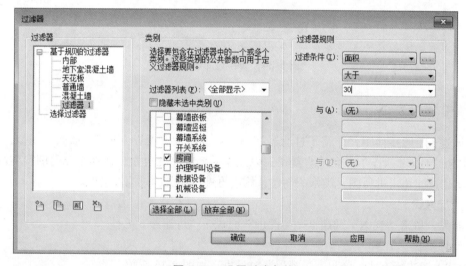

图 5-37 设置过滤条件

6）完成该对话框中的所有设置后，单击"确定"按钮，这时可在"楼层平面：Level 1 的可见性 / 图形替换"对话框中"过滤器"选项卡下进行各项类别的添加，以及更改其投影 / 表面或截面的线型、填充图案、透明度等。

5.2.3 切换粗线 / 细线

粗线 / 细线的切换用于按照单一宽度在屏幕上显示所有线，无论缩放级别如何，"细线"工具可用于保持相对于视图缩放的真实线宽。通常在小比例视图中放大模型时，图元线的显示宽度会大于实际宽度。激活"细线"工具后，此工具会影响所有视图，但不影响打印或打印预览。如果禁用该工具，则打印所有线时，所有线都会显示在屏幕上。

1. 执行方式

1）功能区：单击"视图"选项卡→"图形"面板→"细线"或"粗线"工具。

2）快捷键：按〈TL〉键。

2. 操作步骤

1）单击"视图"面板→"细线"工具，这时图形中的粗线都变为细线。同样的常规 -200mm 墙体，在楼层平面显示下的粗线状态和细线状态，如图 5-38 所示。

2）可通过单击"细线"工具，在细线和粗线之间来回切换。也可单击快速访问工具栏中的按钮，其效果一致。

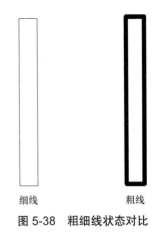

细线　　　　　粗线

图 5-38　粗细线状态对比

■ 5.3　尺寸标注

尺寸标注是项目中显示距离和尺寸的视图专有图元。

5.3.1　对齐尺寸标注

对齐用于在平行参照之间或多点之间放置尺寸标注。

1. 执行方式

1）功能区：单击"注释"选项卡→"尺寸标注"面板→"对齐"工具。

2）快捷键：按〈DI〉键。

2. 操作步骤

1）切换到指定平面视图，按上述执行方式。选择尺寸标注类型设置标注样式，单击"编辑类型"按钮，进入尺寸标注的"类型属性"对话框，如图 5-39 所示。

图 5-39　尺寸标注类型属性

2）将指针移动到绘图区域，放置在某个图元的参照点上，则参照点会高亮显示。通过按〈Tab〉键可在不同的参照点之间循环切换。依次单击指定参数，按〈Esc〉键退出放置状态，完成对齐尺寸标注。拖动文字下方的移动控制柄可将标注文字移动到其他位置上，如图 5-40 所示。

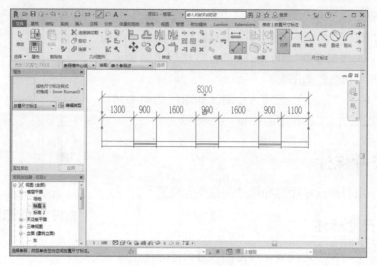

图 5-40　对齐尺寸标注

5.3.2　线性尺寸标注

线性尺寸标注放置于选定的点之间。尺寸标注与视图的水平轴或垂直轴对齐。选定点是图元的端点或参数的交点。只有在项目环境中才可用线性尺寸标注。线性尺寸标注无法在族编辑器中创建。

1. 执行方式

功能区：单击"注释"选项卡→"尺寸标注"面板→"线性"工具。

2. 操作步骤

切换到指定视图，按上述执行方式。选择线性尺寸标注类型并设置标注样式，依次单击图元的参照点或参照的交点，按空格键可使尺寸标注在垂直轴或水平轴标注间切换。当选择完参照点后，按两次〈Esc〉键退出放置状态，完成线性尺寸标注的绘制，如图 5-41 所示。

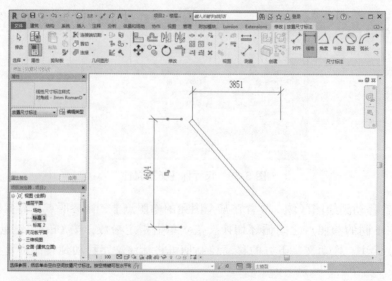

图 5-41　线性尺寸标注

5.3.3　角度尺寸标注

通过放置角度尺寸标注，以便测量共享公共交点的参数点之间的角度。可为尺寸标注选择多个参照点，每个图元都必须穿越一个公共交点。

1. 执行方式

功能区：单击"注释"选项卡→"尺寸标注"面板→"角度"工具。

2. 操作步骤

切换到指定视图，按上述执行方式。选择角度尺寸标注类型并设置标注样式，依次单击构成角度的两条边，拖曳指针以调整角度尺寸标注的大小。当尺寸标注大小合适时，单击放置标注。完成后按〈Esc〉键退出放置状态，如图 5-42 所示。

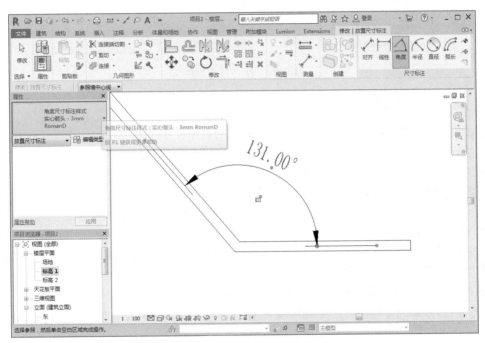

图 5-42　角度尺寸标注

5.3.4　半径尺寸标注

通过放置一个半径尺寸标注，以便测量内部曲线或圆角的半径。

1. 执行方式

功能区：单击"注释"选项卡→"尺寸标注"面板→"半径"工具。

2. 操作步骤

切换到指定视图，按上述执行方式。选择半径尺寸标注类型并设置标注样式，将指针移动到要放置标注的弧上，通过按〈Tab〉键在墙面和墙中心线之间切换尺寸标注的参照点，确定后单击，尺寸标注将显示出来。拖动指针，选择合适位置，再次单击以放置永久性尺寸标注。按〈Esc〉键退出放置状态，如图 5-43 所示。

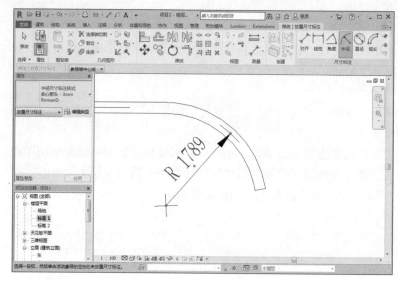

图 5-43　半径尺寸标注

5.3.5　直径尺寸标注

通过放置一个直径尺寸标注，来标注圆弧或圆的直径尺寸标注。

1. 执行方式

功能区：单击"注释"选项卡→"尺寸标注"面板→"直径"工具。

2. 操作步骤

1）切换到指定平面，按上述执行方式。选择直径尺寸标注类型并设置标注样式。

2）将指针放置在圆或圆弧的曲线上，通过按〈Tab〉键，可在墙面和墙中心线之间切换尺寸标注的参照点。然后单击尺寸标注将显示出来。将指针沿尺寸线移动，并单击以放置永久性尺寸标注。默认情况下，直径前缀符号显示在尺寸标注值中。按〈Esc〉键退出放置状态，如图 5-44 所示。

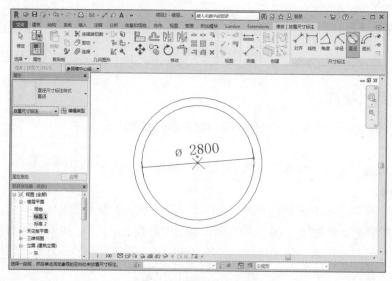

图 5-44　直径尺寸标注

5.3.6　弧长尺寸标注

通过放置一个弧长尺寸标注，以便测量弯曲墙或其他图元的长度。

1. 执行方式

功能区：单击"注释"选项卡→"尺寸标注"面板→"弧长"工具。

2. 操作步骤

1）切换到指定视图，按上述执行方式，选择弧长尺寸标注类型并设置相关属性参数。

2）将指针放置在弯曲墙或其他图元上，软件中的参照线变成蓝色，并提示"选择与该弧相交的参照，然后单击空白区域完成操作"。

3）若与弧相交的是墙体，这时需要在相交的两端墙面（墙面或墙中心线）上各单击一次。若与弧未有相交图元，这时需要分别单击弧的起点和终点。完成后会出现临时尺寸，移动指针至弧的外部或内部，单击以放置永久性尺寸标注。按〈Esc〉键退出放置状态，如图 5-45 所示。

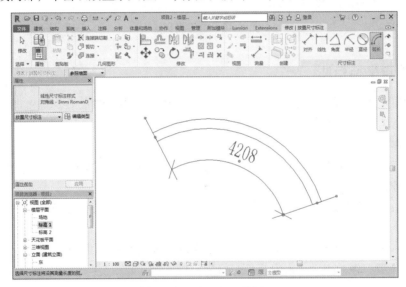

图 5-45　弧长尺寸标注

5.3.7　高程点标注

通过使用"高程点"标注工具，可在平面视图、立面视图和三维视图中，获取坡道、公路、地形表面及楼梯平台的高程点，并显示其高程点。

1. 执行方式

1）功能区：单击"注释"选项卡→"尺寸标注"面板→"高程点"工具。

2）快捷键：按〈EL〉键。

2. 操作步骤

1）将视图切换至楼层相关视图，平面视图、立面视图、剖面视图和锁定三维视图均可。选择高程点标注类型并设置高程点标注类型相关属性参数。

2）在选项栏中，对标注样式进行进一步的参数设置，然后将指针放置于需要标记的图上，单击确定标注位置，再次单击确定水平段开始位置，最后单击确定高程点放置方向，如图 5-46 所示。

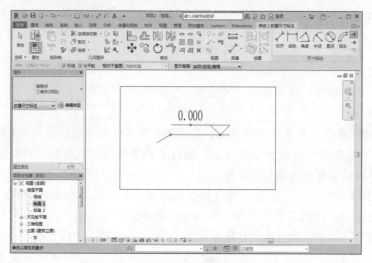

图 5-46　放置高程点

5.3.8　高程点坐标标注

通过使用此工具，可在楼板、墙、地形表面和边界上，或在非水平表面和非平面边缘上放置标注，以显示项目中选定点的"北/南"和"东/西"坐标。

1. 执行方式

功能区：单击"注释"选项卡→"尺寸标注"面板→"高程点 坐标"⊕工具。

2. 操作步骤

1）将视图切换至楼层相关视图，按上述执行方式。选择高程点坐标标注类型并设置相关属性参数。

2）将指针移动到绘图区域，选择图元的边缘或选择地形表面上的某个点。然后移动指针单击确定引线位置，最后再次单击确定坐标标注放置方向，如图 5-47 所示。

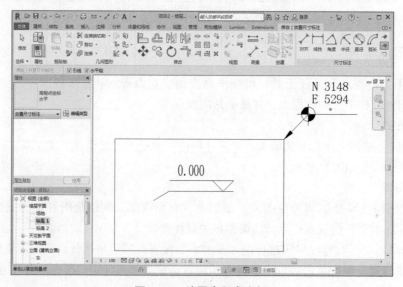

图 5-47　放置高程点坐标

5.3.9　高程点坡度标注

通过使用此工具在模型图元的面或边上的特定点处显示坡度值。使用高程点坡度的对象通常包括屋顶、梁和管道。可在平面视图、立面视图和剖面视图中放置高程点坡度。

1. 执行方式

功能区：单击"注释"选项卡→"尺寸标注"面板→"高程点坡度" 工具。

2. 操作步骤

1）将视图切换至相关视图，按上述执行方式。选择高程点坡度标注类型并设置高程点坡度标注类型相关属性参数。

2）将指针移动到绘图区域，指针移动到可放置高程点坡度的图元上时，绘图区域中会显示高程点坡度的值，单击以放置高程点坡度，如图 5-48 所示。

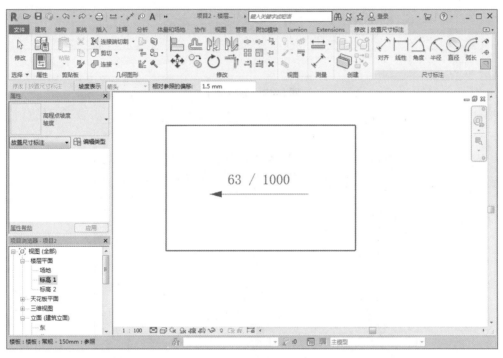

图 5-48　放置高程点坡度

5.3.10　实例——标注平面图

标注平面图

本实例通过"对齐"尺寸标注工具，完成楼层平面的尺寸标注。标注平面图的操作步骤如下。

1）打开本书资源包中实例文件下第 5 章文件夹中的"5-4.rvt"文件。复制 F1 楼层平面并命名为"一层平面图"，然后调整裁剪框到合适的位置，如图 5-49 所示。

2）切换至"注释"选项卡，单击"对齐"尺寸标注工具。在"属性"对话框中单击"编辑类型"按钮，弹出"类型属性"对话框。复制新线性尺寸标注类型为"宋体 -3.5mm"，并修改对应"文字大小"为"3.5000mm"，如图 5-50 所示。

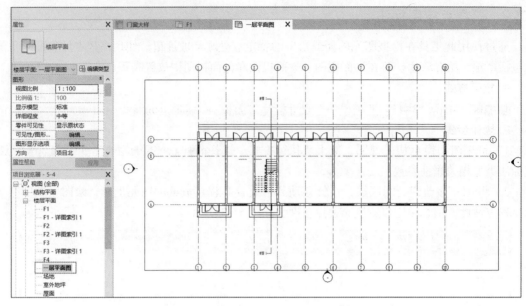

图 5-49　完成效果

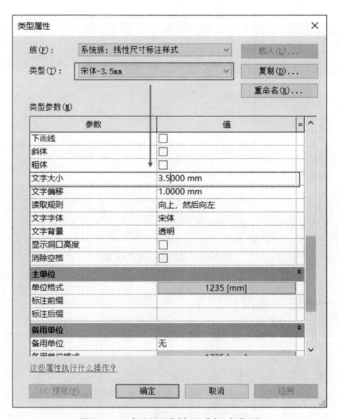

图 5-50　复制新线性尺寸标注类型

3）在选项栏中修改捕捉条件为"参照墙面"，"拾取"修改为"整个墙"，然后单击"选项"按钮，如图 5-51 所示。

图 5-51　设置选项栏参数

4）在弹出的"自动尺寸标注选项"对话框中，勾选三个选择参照选项，并设置"洞口"选项为"宽度"，如图 5-52 所示。

5）拾取视图上方第一面墙，将指针向上移动单击放置第一层标注，如图 5-53 所示。

6）首先再次单击"对齐"尺寸标注工具，然后在选项栏中选择拾取方式为"单个参照点"接着逐个捕捉外墙面、轴线完成第二层标注，最后拾取起始轴线与末端轴线完成第三层标注，如图 5-54 所示。

图 5-52　选择"宽度"

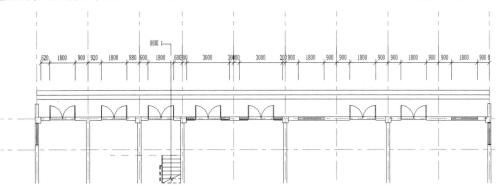

图 5-53　放置第一层标注

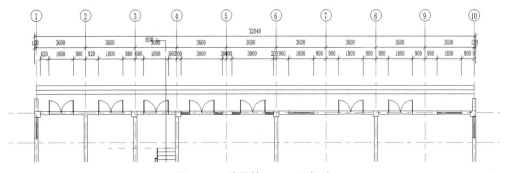

图 5-54　放置第二、三层标注

7）如果需要修改捕捉点，可以拖动尺寸界线上方的端点重新捕捉。对于标注尺寸发生重叠，可以拖动数值下方的端面向两边移动，如图 5-55 所示。

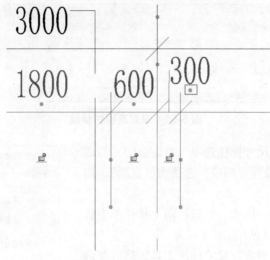

图 5-55 调整尺寸标注

8）按照相同的方法，完成其他方向的尺寸标注，并调整轴线位置，如图 5-56 所示。

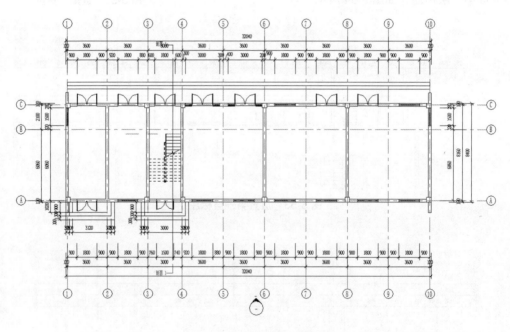

图 5-56 全部标注完成

■ 5.4 符号添加

使用此工具可将二维的注释图形符号放置在项目视图中，且放置的符号只在其所在的视图中显示。

通过使用"符号"工具可在视图中放置二维注释符号。下面以放置二维注释符号指北针为例介绍符号添加的步骤。

1. 执行方式

功能区：单击"注释"选项卡→"符号"面板→"符号" 工具。

2. 操作步骤

将视图切换到楼层平面视图中，按上述执行方式，选择需要放置符号类型，然后在视图中单击放置，如图 5-57 所示。

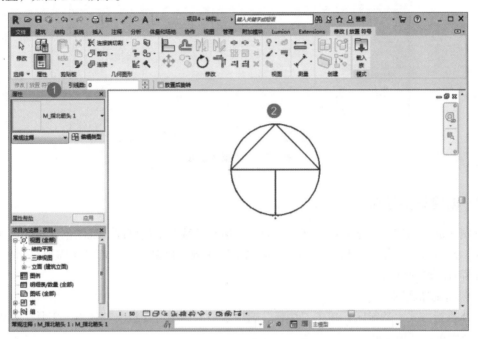

图 5-57　放置符号

5.5　详图

此工具可创建详图视图和绘图视图。添加详细信息、隔热层、填充区域和遮罩区域等。

5.5.1　详图线

"详图线"工具可用于创建详图的详图线。详图线只在绘制它们的详图中可见。若要绘制存在于三维空间中并显示在所有视图中的线，可使用"模型线"工具。

1. 执行方式

1）功能区：单击"注释"选项卡→"详图"面板→"详图线" 工具。

2）快捷键：按〈DL〉键。

2. 操作步骤

将视图切换至相关详图视图，按上述执行方式，在实例属性面板设置线样式，然后在视图中绘制详图线，如图 5-58 所示。

3. 选项栏说明

1）链：勾选该选项后可使用指针进行连续绘制，相关详图线会形成线链。

2）偏移量：实际绘制的详图线与指针位置之间的偏移量。

3）半径：勾选该选项后可通过输入数字确定圆弧半径。

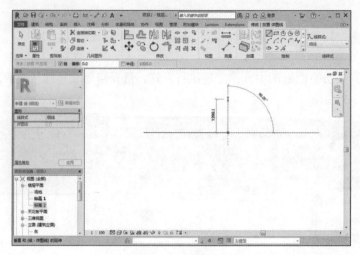

图 5-58　绘制详图线

5.5.2　创建详图区域

详图区域包括填充区域和遮罩区域。通过"填充区域"工具可以在视图创建封闭区域的图案填充。遮罩区域与填充区域功能相反，通过遮罩区域可以遮盖某个部分不需要显示的图元，以达到暂时隐藏的目的。

1. 创建填充区域

（1）执行方式　功能区：单击"注释"选项卡→"详图"面板→"区域"工具，在弹出的下拉菜单中单击"填充区域"工具。

（2）操作步骤

1）切换到需要创建填充区域的视图，按上述执行方式。选择填充区域类型，然后在视图中绘制填充区域边界，如图 5-59 所示。

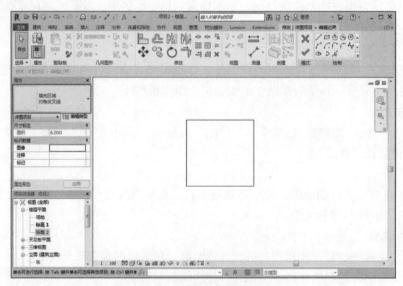

图 5-59　绘制填充区域边界

2）绘制完成后，单击"完成"按钮，查看最终完成效果，如图 5-60 所示。

2. 创建遮罩区域

（1）执行方式　功能区：单击"注释"选项卡→"详图"面板→"区域"工具，在弹出的下拉菜单中单击"遮罩区域" 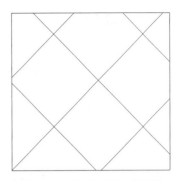 工具。

（2）操作步骤

1）切换到需要创建遮罩区域的视图，按上述执行方式，在视图中绘制需要遮罩区域的边界，如图 5-61 所示。

图 5-60　填充区域完成效果

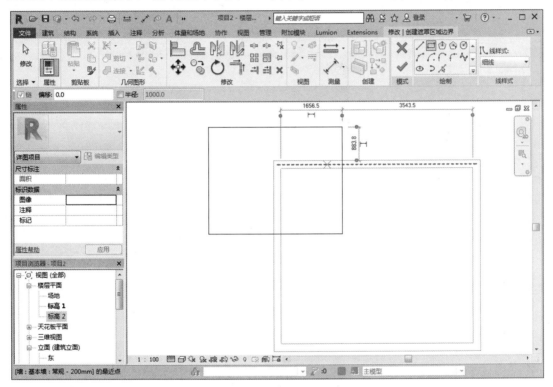

图 5-61　绘制遮罩区域边界

2）绘制完成后，单击"完成"按钮，查看最终完成效果，如图 5-62 所示。

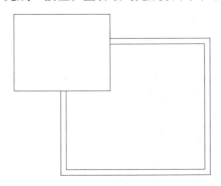

图 5-62　遮罩区域完成效果

5.5.3 详图构件

通过"详图构件"工具可在详图视图或绘图视图中放置详图构件。详图构件仅在该视图中可见。可对详图构件添加注释记号。

1. 执行方式

功能区：单击"注释"选项卡→"详图"面板→"构件"工具，在弹出的下拉菜单中单击"详图构件" 工具。

2. 操作步骤

切换到需要放置详图构件的视图，按上述执行方式，选择详图构件类型，在视图中单击放置详图构件，如图 5-63 所示。

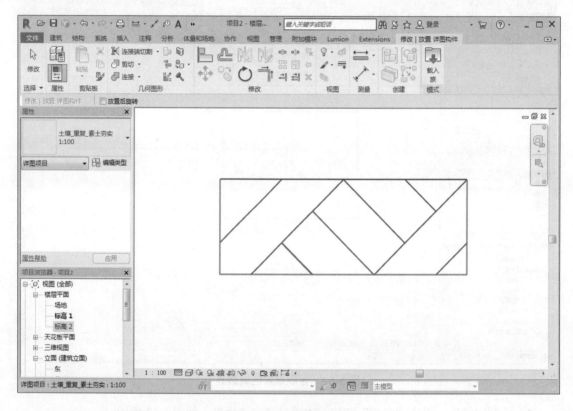

图 5-63　放置详图构件

5.5.4 创建和放置详图组

详图组的创建和放置用于创建详图组，或在视图中放置详图组，详图组包含视图专有图元，如文字和填充区域，但不包括模型图元。

1. 创建详图组

创建详图组和创建模型组有相同之处，均可通过两种方式进行创建，所包含的图元性质不同。

（1）执行方式　功能区：单击"注释"选项卡→"详图"面板→"详图组"工具，在弹出的下拉菜单中单击"创建组" 工具。

（2）操作步骤　在视图中先选定相关图元，然后按上述执行方式。弹出"创建详图组"对话框，输入详图组名称并单击"确定"按钮，完成详图组的创建，如图 5-64 所示。

2. 放置详图组

在完成详图组的创建后，可在视图中放置详图组的实例。如果项目文件中不包含任何详图组，可通过创建组工具或作为组载入工具将一个详图组载入到项目中。

（1）执行方式　功能区：单击"注释"选项卡→"详图"面板→"详图组"工具，在弹出的下拉菜单中单击"放置详图组" 工具。

图 5-64　创建详图组

（2）操作步骤　按上述执行方式，选择详图组类型，将指针移动到绘图区域中的合适位置上，单击完成详图组的放置，如图 5-65 所示。

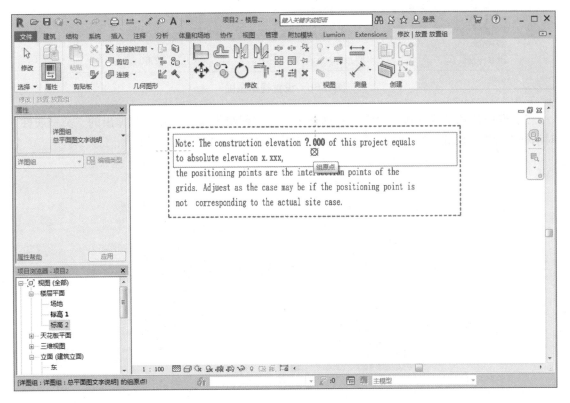

图 5-65　放置详图组

5.5.5　实例——深化屋顶平面图

本实例通过"对齐"尺寸标注工具，完成屋顶平面图的尺寸标注。深化屋顶平面图的操作步骤如下。

1）打开本书资源包中实例文件下第 5 章文件夹中的"5-5.rvt"文件。进

深化屋顶平面图

入屋顶平面，然后在"属性"对话框中单击"视图范围"参数后面的"编辑"按钮，在弹出的"视图范围"对话框中，设置"剖切面"的偏移数值为"2300.0"，"主要范围"栏中的"底部"和"视图深度"栏中的"标高"均为"标高之下（F4）"，最后单击"确定"按钮，如图5-66所示。

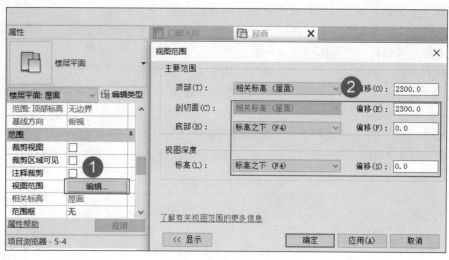

图 5-66　设置视图范围

2）选中任意轴线，在"属性"对话框中单击"编辑类型"按钮，在弹出的"类型属性"对话框中设置"轴线中段"为"无"，单击"确定"按钮，如图5-67所示。

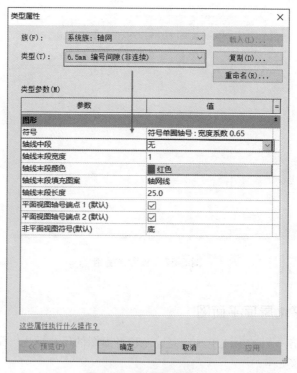

图 5-67　设置轴线样式

3）选中除"③、⑧、⑪、Ⓑ"的其余轴线，在"属性"对话框中将其类型替换为"6.5mm 编号间隙（非连续）"，如图 5-68 所示。

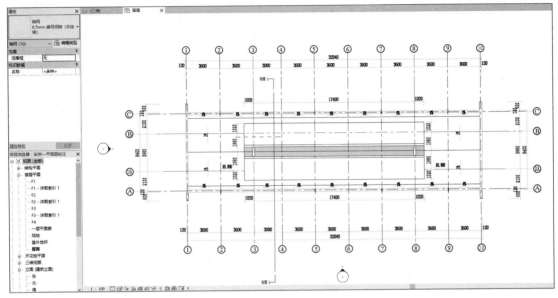

图 5-68　替换轴线类型

4）切换至"注释"选项卡，单击"详图线"工具，然后按照屋顶平面的起坡点分别绘制线段，如图 5-69 所示。

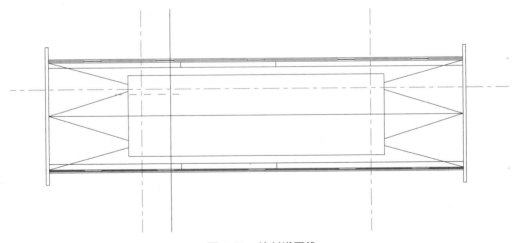

图 5-69　绘制详图线

5）切换至"修改"选项卡，单击"线处理"工具，设置线样式为"<不可见线>"，然后依次拾取屋面多余的线段，将其取消显示，如图 5-70 所示。

6）切换至"注释"选项卡，单击"符号"工具，在"属性"对话框中选择排水箭头类型，依次在屋面及檐沟的位置进行放置，如图 5-71 所示。

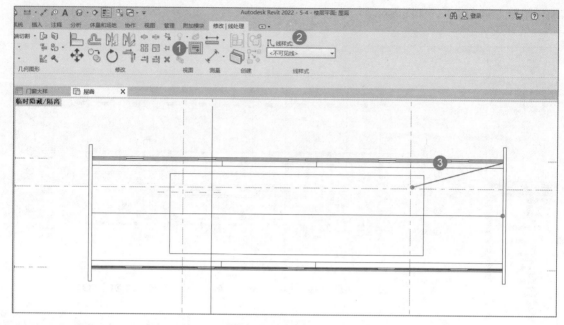

图 5-70　替换线样式

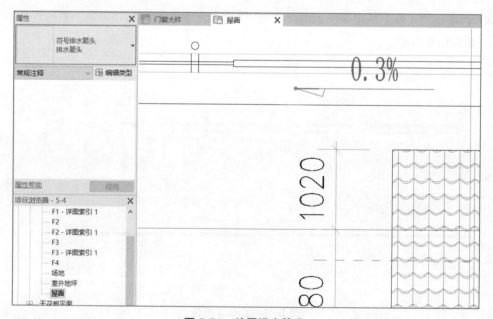

图 5-71　放置排水箭头

📖 **说明：** 对于不同方向的排水箭头可以使用"镜像"工具，来完成方向的转换。

7）选中檐沟部分的排水箭头，在"属性"对话框中将坡度值设置为"1%"；平屋面部分的排水箭头坡度值设置为"2%"，如图 5-72 所示。

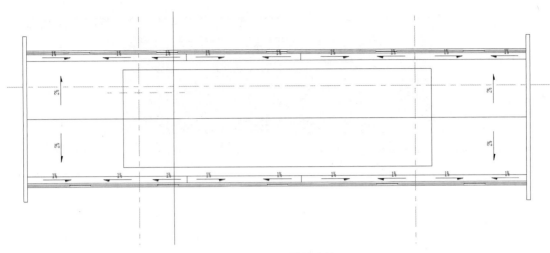

图 5-72　设置坡度值

8）首先选中最高处的屋面，在"属性"对话框中单击"编辑类型"按钮。在弹出的"类型属性"对话框中单击"结构"参数后面的"编辑"按钮。然后在弹出的"编辑部件"对话框中设置"结构 [1]"的材质为"瓦片 - 筒瓦"。最后单击"确定"按钮，如图 5-73 所示。

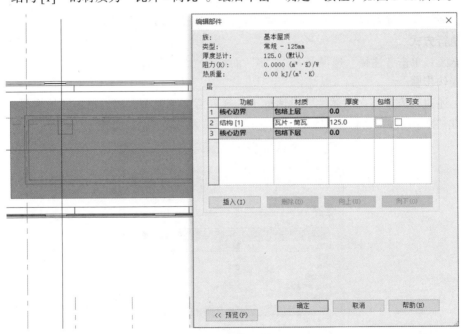

图 5-73　设置屋面材质

9）首先选中剖面符号，按〈EH〉键将其隐藏，查看最终完成的最高处的屋面。然后单击"属性"对话框中的"编辑类型"按钮。在弹出的"类型属性"对话框中单击"结构"参数后面的"编辑"按钮。最后设置"结构"的材质为"瓦片 - 筒瓦"，单击"确定"按钮，如图 5-74所示。

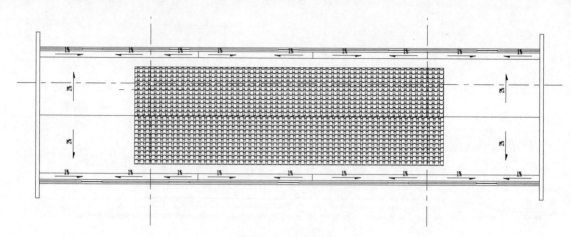

图 5-74　完成效果

■ 5.6　文字

使用"文字"工具将文字注释（注释）添加到视图中。

5.6.1　设置文字

将文字注释放置到视图中前，需要对文字进行相关的参数项设置。

1. 执行方式

功能区：单击"注释"选项卡→"文字"面板→"文字"**A** 工具。

2. 操作步骤

按上述执行方式，在"属性"对话框中选择任意文字类型，然后单击"编辑类型"按钮。在弹出的"类型属性"对话框中，设置文字的字体、大小等参数，如图 5-75 所示。

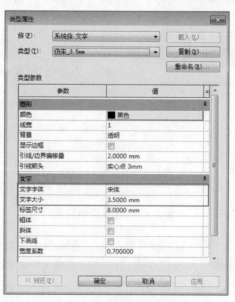

图 5-75　修改文字参数

5.6.2　添加文字

将已完成设置的文字注释放置到项目视图中。

1. 执行方式

1）功能区：单击"注释"选项卡→"文字"面板→"文字" **A** 工具。

2）快捷键：按〈TX〉键。

2. 操作步骤

按上述执行方式，在"属性"对话框中选择需要创建的文字类型，然后在视图中单击开始输入文字，如图 5-76 所示。

图 5-76　创建文字

■ 5.7　标记

使用"标记"工具在图中识别图元的注释，并将标记附着到选定的图元上。

5.7.1　按类别标记

按类别标记用于根据图元类别将标记附着到图元中。

1. 执行方式

1）功能区：单击"注释"选项卡→"标记"面板→"按类别标记"工具。

2）快捷键：按〈TG〉键。

2. 操作步骤

打开要进行标记的视图，按上述执行方式，选择需要标记的
对象，系统会自动识别并创建标记，如图 5-77 所示。

5.7.2　全部标记

如果视图中的一些图元或全部图元都没有标记，则通过一次
操作即可将标记应用到所有未标记的图元。该功能非常实用。

1. 执行方式

功能区：单击"注释"选项卡→"标记"面板→"全部标
记" 工具。

2. 操作步骤

1）打开要进行标记的视图，按上述执行方式，软件弹出"标记所有未标记的对象"对话
框，勾选需要进行标记的对象，如图 5-78 所示。

2）单击"确定"按钮，系统会根据设置自动标记未标记的对象，如图 5-79 所示。

图 5-78　选择标记类别

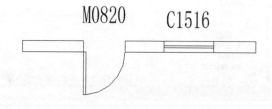

图 5-77　创建门标记

图 5-79　自动标记结果

5.7.3　实例——创建门窗标记

本实例通过"全部标记"工具，完成门窗的类型标记。创建门窗标记的
操作步骤如下。

1）打开本书资源包中实例文件下第 5 章文件夹中的"5-6.rvt"文件。进
入 F1 楼层平面，切换至"注释"选项卡，单击"全部标记"工具。在弹出
的"标记所有未标记的对象"对话框中，勾选"窗标记"与"门标记"类别
选项，单击"确定"按钮，如图 5-80 所示。

2）此时出现的门窗标记与实际完全不符，如图 5-81 所示。

创建门窗
标记

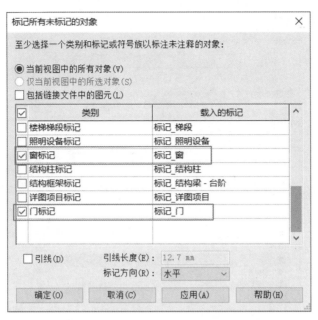

图 5-80　勾选"窗标记"与"门标记"类别选项

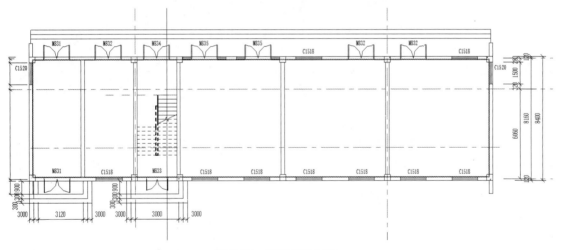

图 5-81　门窗自动标记

　　📖 **说明**：出现这种情况的原因在于，标记族所引用的参数是"类型标记"参数而非"类型"参数。

　　3）选中任意门窗，单击"编辑类型"按钮。在弹出的"类型属性"对话框中，设置"类型标记"参数与"类型"参数的内容一致，单击"确定"按钮，如图5-82所示。其他门窗按照同样方法进行设置。

　　4）选中部分方向有问题的门窗标记，然后在选项栏中设置方向为"垂直"，如图5-83所示。

　　5）将门窗标记调整到视图合适位置，查看最终完成效果，如图5-84所示。

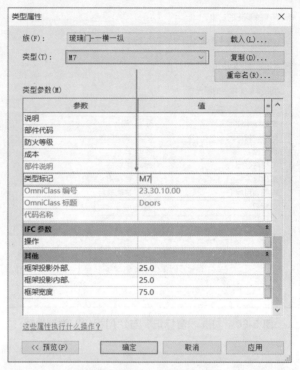

图 5-82　设置门窗的类型属性

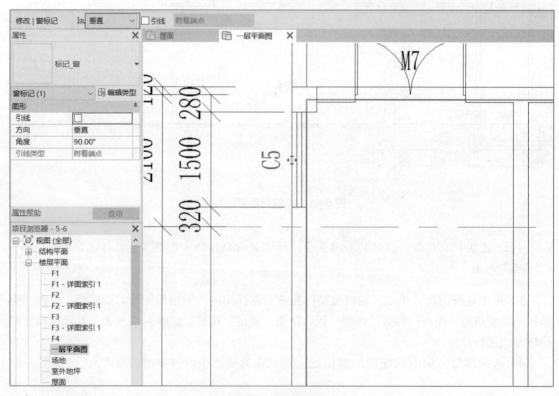

图 5-83　设置标记方向

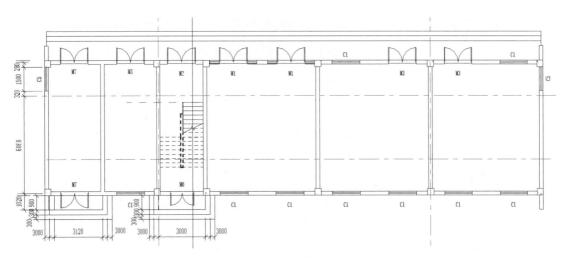

图 5-84　完成效果

5.7.4　梁注释

利用此工具，可将多个梁标记、注释和高程点放置在当前视图和链接模型中的选定梁或所有梁上。

1. 执行方式

功能区：单击"注释"选项卡→"标记"面板→"梁注释" 🖳 工具。

2. 操作步骤

1）按上述执行方式，软件弹出"梁注释"对话框，设置相关参数，如图 5-85 所示。

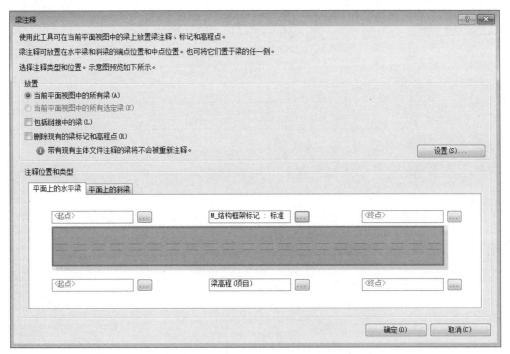

图 5-85　设置"梁注释"参数

2）单击"确定"按钮，系统将自动标记当前视图的所有梁，如图 5-86 所示。

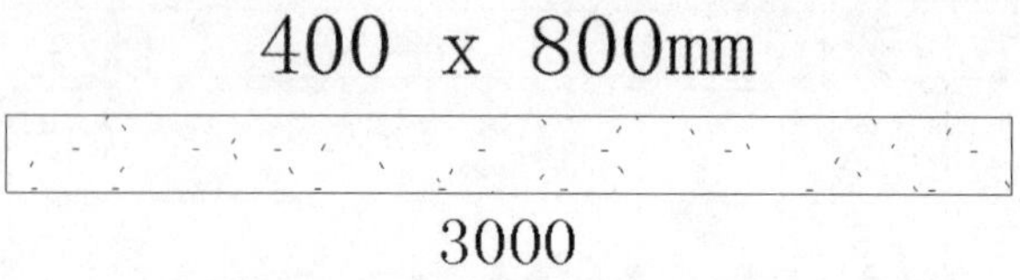

$$400 \quad x \quad 800mm$$

3000

图 5-86 "梁注释"效果

5.7.5 材质标记

使用此工具，可根据选定图元的材质说明对选定图元的材质进行标记。

1. 执行方式

功能区：单击"注释"选项卡→"标记"面板→"材质标记" 工具。

2. 操作步骤

按上述执行方式，选择某种材质标记样式，将指针放置于需要标记材质的对象上单击，然后移动至合适的位置，再次单击确定材质标记放置的位置，如图 5-87 所示。

图 5-87　材质标记效果

第 6 章

BIM 模型标准化管理

本章主要介绍 Revit 软件在建筑表现中的实际应用操作，包括材质与建筑表现、透视图的创建、动画漫游的创建及渲染图的创建。

- ☑ 材质
- ☑ 渲染
- ☑ 创建图纸
- ☑ 动画漫游
- ☑ 明细表统计
- ☑ 编辑图纸

■ 6.1　材质

Revit 提供了非常丰富的材质库，在此基础上也可以自行新建材质。将这些材质赋予到不同的模型上，以供后期渲染使用，可以产生不错的表现效果。

6.1.1　新建材质

如果材质库中没有需要的材质，可以自行新建材质，也可以对现有材质进行编辑。

1. 执行方式

功能区：单击"管理"选项卡→"设置"面板→"材质" ◍ 工具。

2. 操作步骤

1）按上述执行方式，弹出"材质浏览器 - 默认屋顶"对话框。在对话框左下角位置，单击"创建材质"按钮，在弹出的下拉菜单中选择"新建材质"选项，如图 6-1 所示。

2）在该对话框的左侧可单击选择项目中包含的材质，右侧就会显示材质的各类属性，可通过单击右侧上方的选项卡，完成对该材质标识、图形、外观、物理和热度属性的编辑，如图 6-2 所示。

3）在已有材质上右击，可对材质进行编辑、复制、重命名、删除和添加到收藏夹操作，如图 6-3 所示。

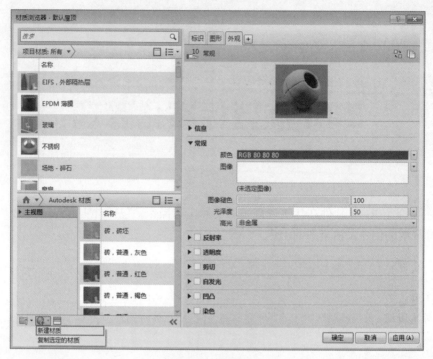

图 6-1　新建材质

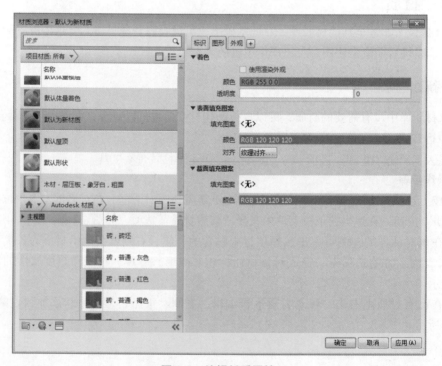

图 6-2　编辑材质属性

图 6-3　右击材质

6.1.2　实例——创建外墙涂料材质

创建外墙
涂料材质

本实例通过"材质"工具，创建棕色外墙涂料材质。创建外墙涂料材质的操作步骤如下。

1）打开本书资源包中实例文件下第 6 章文件夹中的"6-1.rvt"文件。切换到三维视图，如图 6-4 所示。

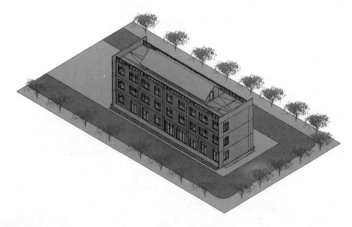

图 6-4　三维视图

2）切换至"管理"选项卡，单击"材质"工具。然后在对话框中输入"涂料"进行搜索，在搜索结果中选择"涂料 - 黄色"，并右击，在弹出的快捷菜单中选择"复制"选项，如图 6-5 所示。

3）将材质重命名为"外墙涂料 - 白色"，然后将右侧"图形"选项卡中的"颜色"改为棕色，如图 6-6 所示。

4）切换到"外观"选项卡，单击"复制"按钮。对新材质外观更改信息名称、墙漆颜色等参数，单击"确定"按钮，如图 6-7 所示，关闭对话框。

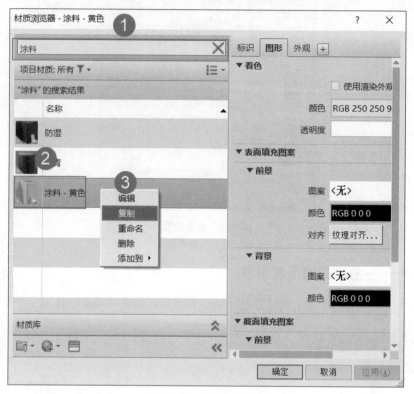

图 6-5　复制新材质

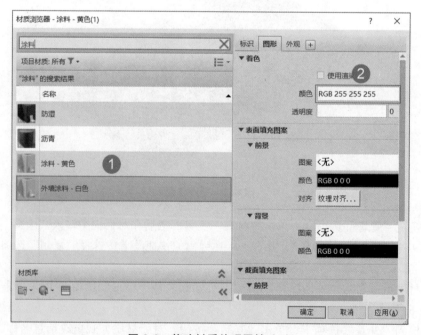

图 6-6　修改材质外观属性（1）

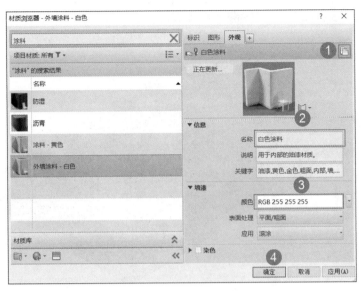

图 6-7　修改材质外观属性（2）

5）在视图中选中任意一面外墙，打开"编辑部件"对话框，修改"结构 [1]"的材质为"外墙涂料 - 白色"，单击"确定"按钮，如图 6-8 所示。其他类型外墙也按此方法修改材质。

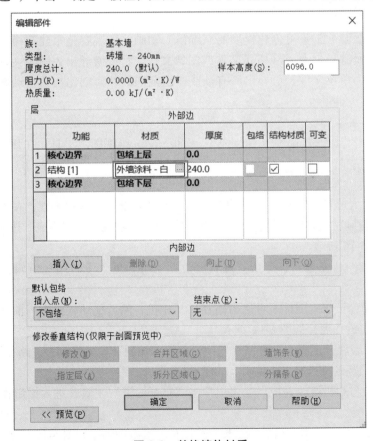

图 6-8　替换墙体材质

6）材质替换完成后最终效果，如图 6-9 所示。

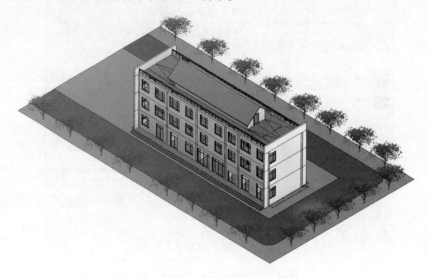

图 6-9　最终效果

6.2　动画漫游

通过使用"漫游"工具可创建模型的三维漫游动画，以观察整个建筑模型的效果。动画漫游可将创建的漫游导出为 AVI 格式文件或图像文件。将漫游导出为图像文件时，漫游的每一个帧都会保存为单个文件。可导出所有帧或一定范围的帧。创建与调整动画漫游的操作步骤如下。

1. 执行方式

功能区：单击"视图"选项卡→"创建"面板→"三维视图"工具，在弹出的下拉菜单中单击"漫游" 🚶 工具。

2. 操作步骤

1）打开要放置漫游路径的视图，按上述执行方式。设置选项栏参数，在视图中依次单击确定漫游路径关键帧位置。路径创建完成后，可按〈Esc〉键或单击"完成"按钮，完成漫游路径的创建，如图 6-10 所示。

2）漫游路径创建完成后，单击"编辑漫游"工具，进入漫游路径编辑界面，如图 6-11 所示。

3）将指针放置于相机图标上可以沿路径移动相机，然后拖动软件中当前视图下粉红色小圆点可以控制相机的角度，如图 6-12 所示。

4）如果对漫游路径不满意，可以在选项栏中将"控制"参数修改为"路径"，然后在视图中可以拖动漫游路径的关键帧进行编辑，如图 6-13 所示。

5）漫游路径与相机修改完成后，可以单击"打开漫游"工具，进入漫游视图，如图 6-14 所示。

6）在漫游视图中，单击"播放"工具，可以预览漫游动画，如图 6-15 所示。

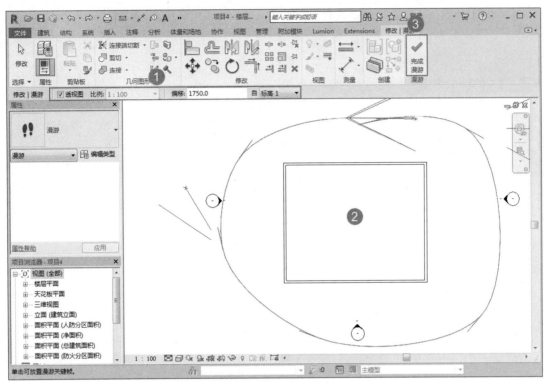

图 6-10　创建漫游路径

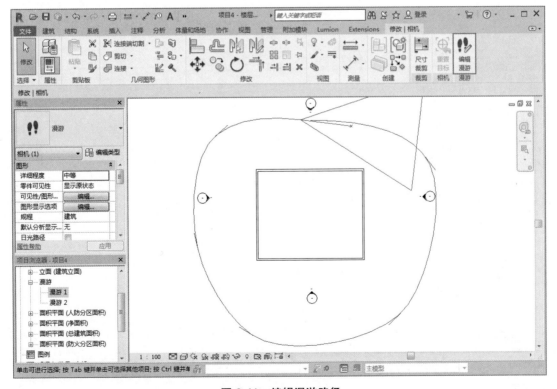

图 6-11　编辑漫游路径

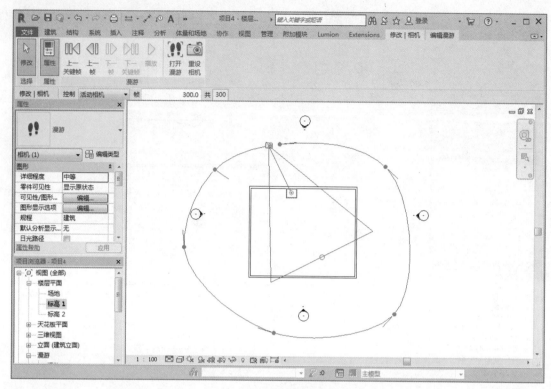

图 6-12　调整相机视角

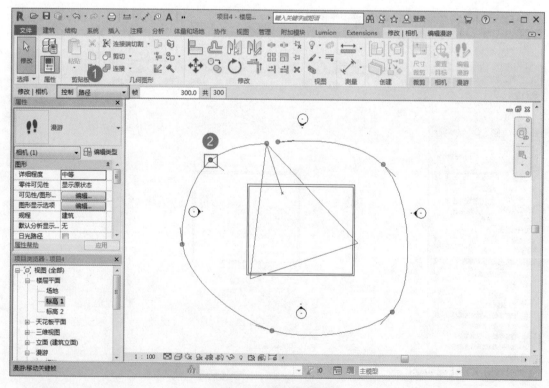

图 6-13　修改漫游路径

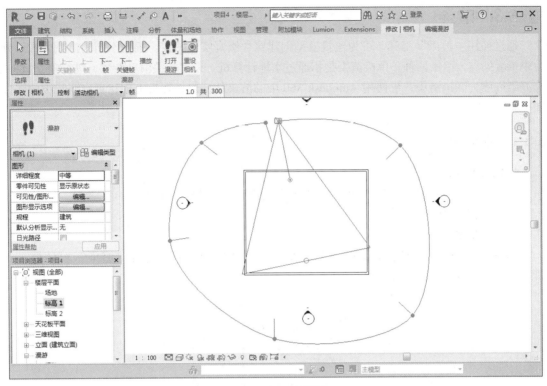

图 6-14　打开漫游视图

图 6-15　播放漫游动画

■ 6.3 渲染

通过使用"渲染"工具，可为建筑模型创建照片级真实感图像。根据不同的渲染方式可分为单机渲染与云渲染两种。单机渲染是指通过本地计算机，设置相关渲染参数，进行独立渲染。云渲染也称为联机渲染，可使用 Autodesk 360 中的渲染从任何计算机上创建真实照片级的图像和全景。

6.3.1 本地渲染

1. 执行方式

1）功能区：单击"视图"选项卡→"图形"面板→"渲染" 🫖 工具。

2）快捷键：按〈RR〉键。

2. 操作步骤

1）双击打开需要创建渲染图像的视图，按上述执行方式，打开"渲染"对话框，如图 6-16 所示，设置相关渲染参数。

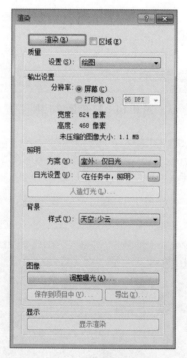

图 6-16 设置渲染参数

2）在完成相关参数的设置后，就可单击"渲染"按钮开始渲染，视图渲染完成后生成对应的图像。还可单击"调整曝光"按钮，对已经完成渲染的图像进行进一步的调整，如图 6-17 所示。

3）在"曝光控制"对话框中，调整各项参数。调整完成后可以先单击"应用"按钮，查看完成效果，如图 6-18 所示。如果达到预期效果，可以单击"确定"按钮，返回渲染结果。

4）在"渲染"对话框中，单击"保存到项目中"或"导出"按钮，可以实现将渲染后的图像保存到项目中或导出到外部，如图 6-19 所示。

图 6-17　调整曝光

图 6-18　调整曝光参数

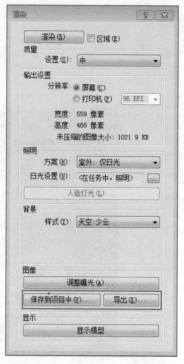

图 6-19　保存或导出渲染图像

6.3.2　实例——渲染室外效果图

渲染室外
效果图

本实例通过"相机"及"渲染"工具，完成室外效果图渲染。渲染室外效果图的操作步骤如下。

1）打开本书资源包中实例文件下第 6 章文件夹中的"6-2.rvt"文件，进入场地平面视图，如图 6-20 所示。

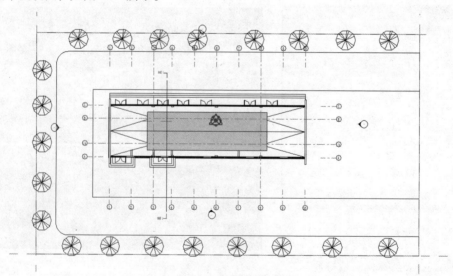

图 6-20　链接场地文件

2）切换至"视图"选项卡，单击"三维视图"工具，在弹出的下拉菜单中单击"相机"工具，在视图右上角位置单击确定相机，沿视图左下方单击确定视点结束位置，如图 6-21 所示。

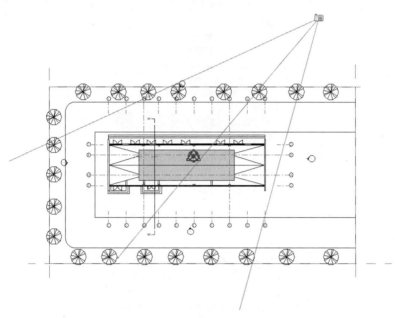

图 6-21　放置相机

3）相机放置完成后会自动跳转到相机视图，拖动视图控制框 4 个端点，将整体建筑模型显示出来，并隐藏遮挡建筑物的树木，如图 6-22 所示。

图 6-22　相机视图

4）切换至"视图"选项卡，单击"渲染"工具，或者按〈RR〉键，弹出"渲染"对话框。设置渲染质量为"高"，然后单击"日光设置"后面的"选择太阳位置"按钮，如图 6-23 所示。

5）在"日光设置"对话框中，在"预设"栏的列表框中选择"来自右上角的日光"选项，设置"地平面的标高"为"室外地坪"，单击"确定"按钮，如图 6-24 所示。

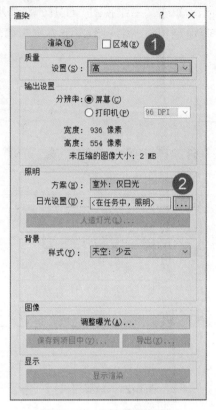

图 6-23　设置渲染参数

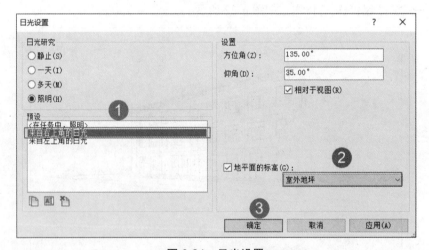

图 6-24　日光设置

6）返回"渲染"对话框，单击"渲染"按钮，等待渲染完成。渲染完成后发现画面偏暗，单击"调整曝光"按钮调整曝光参数，如图 6-25 所示。

7）在"曝光控制"对话框中，向右拖动"曝光值"的滑块，或直接输入数值调亮场景。其他参数可以根据需要自行调整，如图 6-26 所示。调整完成后，可以先单击"应用"按钮观察效果，不满意还可以进一步调整。

图 6-25　调整曝光

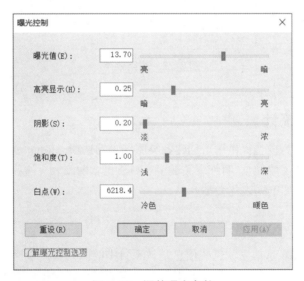

图 6-26　调整曝光参数

8）在"渲染"对话框中单击"保存到项目中"按钮，在弹出的对话框中输入名称为"室外人视"单击"确定"按钮，如图 6-27 所示。

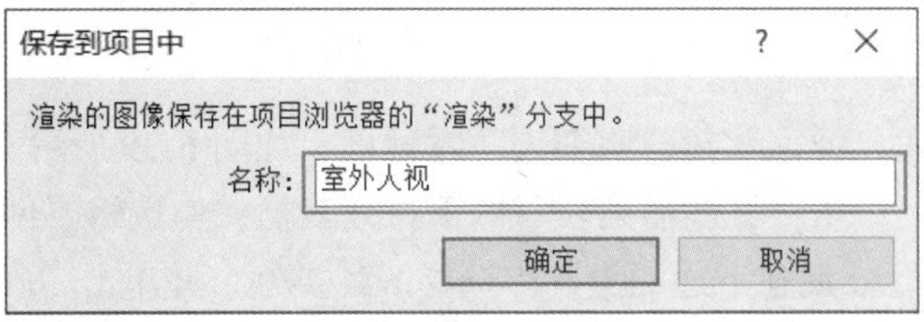

图 6-27　保存渲染图像

9）关闭"渲染"对话框，在项目浏览器中的"渲染"节点中双击"室外人视"视图，可以打开渲染后的图像，如图 6-28 所示。

图 6-28　渲染效果

6.4　明细表统计

使用明细表工具可为模型提供用于创建各类明细表的选项。Revit 软件根据创建明细表类型的不同，可分为明细表（数量）、明细表关键字、材质提取明细表、注释（注释块）明细表、修改明细表、视图列表和图纸列表几大类。

6.4.1　创建明细表

明细表以表格形式显示信息，这些信息是从项目中的图元属性中提取的。明细表可以列出要编制明细表的图元类型的每个实例，或根据明细表的成组标准将多个实例压缩到一行中。修改项目时，所有明细表都会自动更新。

1. 执行方式

功能区：单击"视图"选项卡→"创建"面板→"明细表"工具，在弹出的下拉菜单中单击"明细表 / 数量"▦ 工具。

2. 操作步骤

1）按上述执行方式，弹出"新建明细表"对话框，如图 6-29 所示。

2）在该对话框中，单击"过滤器列表"的下拉列表框，勾选将要创建的明细表类别所属专业名称前面的复选按钮，然后在下边的类别中选择统计类别，并单击"确定"按钮。此时会弹出"明细表属性"对话框，在左侧列表依次双击要统计的字段，添加在右侧列表中，如图 6-30 所示。

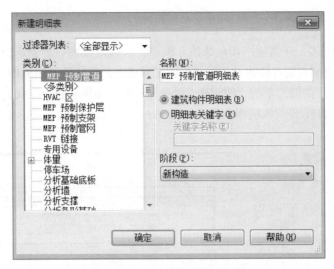

图 6-29 "新建明细表"对话框

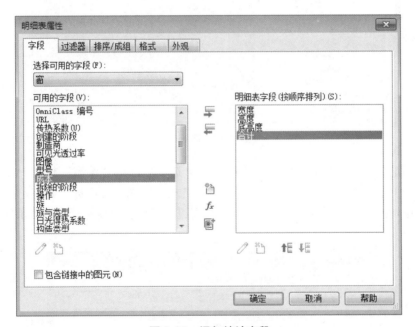

图 6-30 添加统计字段

3）单击"确定"按钮，将显示对应明细表视图，如图 6-31 所示。

\<窗明细表\>			
A	B	C	D
宽度	高度	底高度	合计
406	1830	305	1
610	1830	305	1
610	1830	305	1

图 6-31 窗明细表

6.4.2　编辑明细表

创建完成的明细表，还需进一步地修改和调整，将其调整到一个美观、合适的效果。明细表的修改主要包括明细表属性修改及明细表修改工具修改。编辑明细表的操作步骤如下。

1）单击展开项目浏览器下的"明细表 / 数量"一栏，在树状目录下找到已创建的"窗明细表"，双击名称，软件跳转到该明细表界面，如图 6-32 所示。当前选项卡中会显示出各种修改工具按钮。

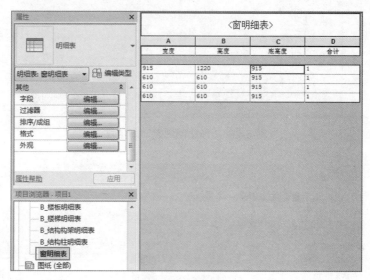

图 6-32　明细表

2）在"属性"对话框中，可单击明细表每个选项后面的"编辑"按钮，回到"明细表属性"对话框。在该对话框中，继续对明细表的格式、外观等再次进行调整。在"明细表属性"对话框中切换到"过滤器"选项卡，可以设置过滤条件，只显示符合过滤条件的结果，如图 6-33 所示。

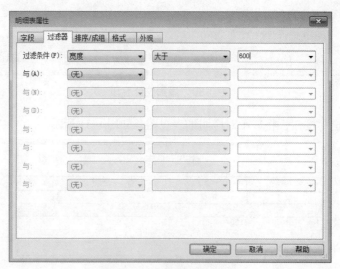

图 6-33　"过滤器"选项卡

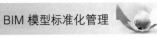

3）切换到"外观"选项卡，可以对明细表外观样式进行设置，如图 6-34 所示。

图 6-34　"外观"选项卡

4）修改调整后的明细表可添加到图纸视图中，也可通过导出的方式，生成 TXT 格式文件存于计算机中。

6.4.3　实例——创建门窗明细表

创建门窗
明细表

本实例通过"明细表 / 数量"工具，完成门窗明细表的创建。创建门窗明细表的操作步骤如下。

1）打开本书资源包中实例文件下第 6 章文件夹中的"6-3.rvt"文件。切换至"视图"选项卡，单击"明细表"工具，在弹出的下拉菜单中单击"明细表 / 数量"工具。然后在弹出的"新建明细表"对话框中选择"窗"类别，并单击"确定"按钮，如图 6-35 所示。

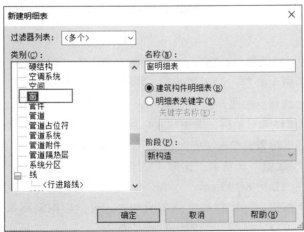

图 6-35　选择"窗"类别

2）在"明细表属性"对话框中，依次添加不同的统计字段到右侧列表中。然后单击"合并参数"按钮，如图 6-36 所示。

图 6-36　添加明细表字段

3）在"合并参数"对话框中，输入"合并参数名称"为"洞口尺寸（mm）"。然后依次添加"宽度"和"高度"两个参数，并在"宽度"参数后面输入后缀"×"，删除分隔符列中的内容。最后单击"确定"按钮，如图 6-37 所示。

4）返回"明细表属性"对话框，选中"洞口尺寸（mm）"明细表字段，单击"上移参数"按钮，将其移动到合适的位置，单击"确定"按钮，如图 6-38 所示。

5）切换到"排序/成组"选项卡，选择"排序方式"为"类型标记"，然后取消勾选"逐项列举每个实例"选项，如图 6-39 所示。

6）单击"确定"按钮后，将自动生成窗明细表。可以根据需要修改各列表头名称，如图 6-40 所示。按照同样的方法，完成门明细表的创建。

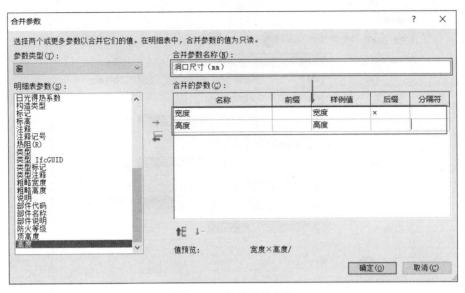

图 6-37　修改合并参数

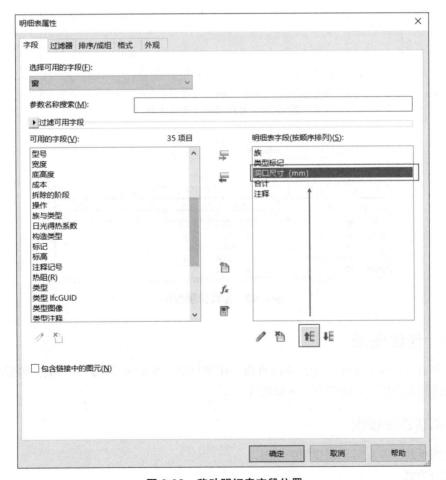

图 6-38　移动明细表字段位置

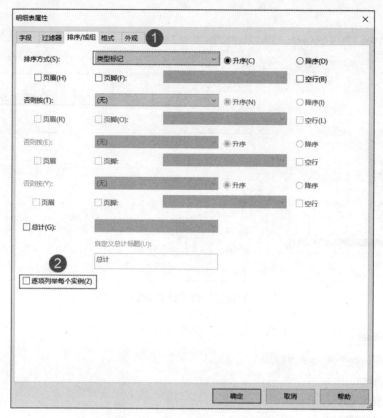

图 6-39　修改排序 / 成组条件

	A	B	C	D	E
	类型	设计编号	洞口尺寸（mm）	数量	图集名称
	普通窗－－横一纵	C1	1800×2100	39	
	普通窗－－横一纵	C5	1500×2100	6	
	普通窗－－横一纵	C1519	1500×1800	2	
	普通窗－－横两纵	C1521	2400×2100	6	
	普通窗－－横两纵	C1522	2400×1500	6	

室外人视　　　窗明细表　　×

〈窗明细表〉

图 6-40　生成窗明细表

■ 6.5　创建图纸

图纸是施工图文档集中一个独立的页面。在项目中，可创建各样式的图纸，包括平面施工图纸、剖面施工图纸及大样节点详图图纸等。

6.5.1　新建图纸视图

新建图纸前，首先需要创建图纸视图。

1. 执行方式

功能区：单击"视图"选项卡→"图纸组合"面板→"图纸"工具。

2. 操作步骤

1）按上述执行方式，弹出"新建图纸"对话框，如图 6-41 所示。选择图纸标题栏，并单击"确定"按钮。

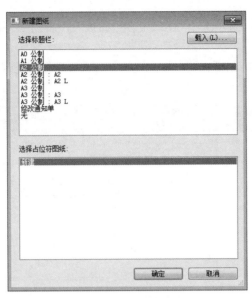

图 6-41　"新建图纸"对话框

2）此时软件将创建图纸视图，并自动生成图框。在实例属性面板中，还可以设置图纸相关参数，如图 6-42 所示。

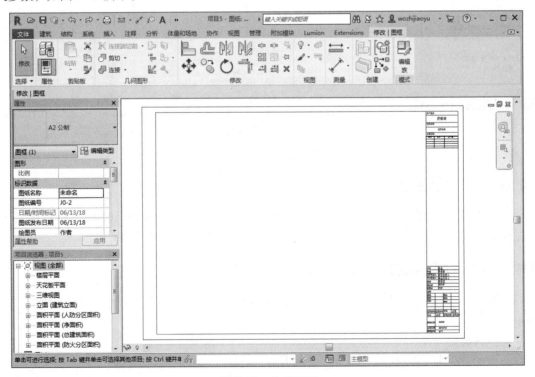

图 6-42　生成图纸

6.5.2　创建标题栏

使用"标题栏"工具可在新建的图纸中创建标题栏图元。

1. 执行方式

功能区：单击"视图"选项卡→"图纸组合"面板→"标题栏" 工具。

2. 操作步骤

将操作视图切换至相应图纸视图，按上述执行方式。选择图框尺寸类型，然后在视图中单击放置，如图 6-43 所示。

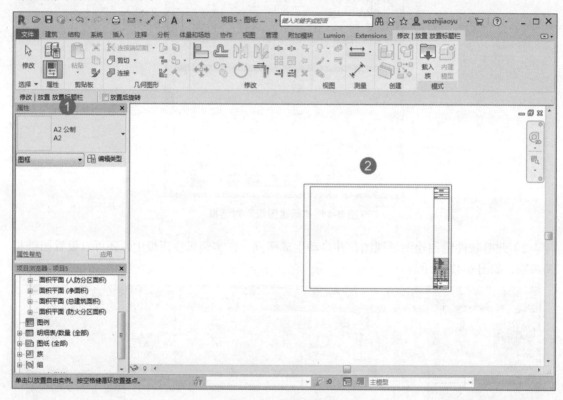

图 6-43　放置标题栏

■ 6.6　编辑图纸

当图纸视图与图框都创建完成后，下一步工作便是向图框内添加不同的视图等内容。在这个过程中还需要对视图进行一定的编辑，才能满足日常不同情况下的出图需要。

6.6.1　添加视图到图纸

使用"视图"工具将项目浏览器中的视图添加到图纸中。可将楼层平面、立面等视图放置到图纸中。

1. 执行方式

功能区：单击"视图"选项卡→"图纸组合"面板→"视图" 工具。

2. 操作步骤

1）打开将要放置视图的图纸，按上述执行方式，打开"视图"对话框，在"视图"对话框中选择一个视图，然后单击"在图纸中添加视图"按钮，如图 6-44 所示。

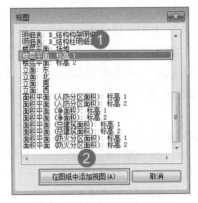

图 6-44　添加视图到图纸

2）将指针放置在图框任意位置上单击放置视图，如图 6-45 所示。

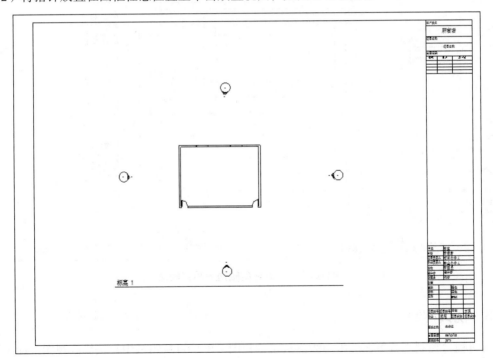

图 6-45　放置视图

6.6.2　导向轴网

使用"导向轴网"工具可在图纸中添加导向轴网来对齐放置的视图，以便这些视图在不同的图纸中能够出现在相同位置。还可将同一个导向轴网显示在不同的图纸视图中，也可在不同的图纸之间共享已创建的导向轴网。

1. 执行方式

功能区：单击"视图"选项卡→"图纸组合"面板→"导向轴网"工具。

2. 操作步骤

1）打开相关图纸，按上述执行方式，软件弹出"指定导向轴网"对话框，输入名称，单击"确定"按钮，如图 6-46 所示。

2）导向轴网添加成功后，可以拖动 4 个方向的控制柄，调节导向轴网的尺寸。同时可以在实例属性面板中修改导向轴网的网格间距，如图 6-47 所示。

图 6-46　创建导向轴网

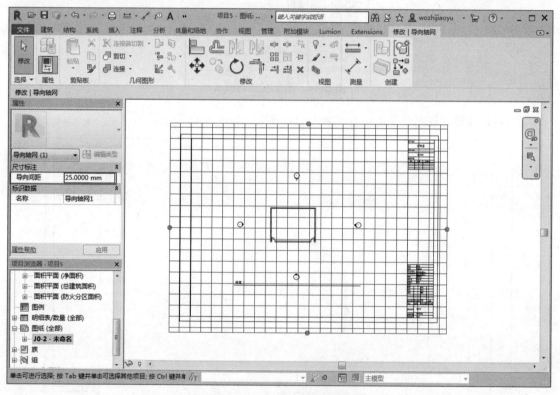

图 6-47　修改导向轴网的网格间距

6.6.3　视口控制

通过视口控制工具可在图纸中激活选定的视图，然后可从图纸中直接修改视图，而无须单独打开视图，完成后可取消激活，视图又返回到之前的状态。

1. 执行方式

功能区：单击"视图"选项卡→"图纸组合"面板→"视口"工具，在弹出的下拉菜单中单击"激活视口"⊡工具。

2. 操作步骤

1）双击图纸名称进入图纸视图，选择图纸中的一个视图，按上述执行方式，此时图纸中视口将被激活，如图 6-48 所示。可以对视口中的内容，进行编辑与修改。

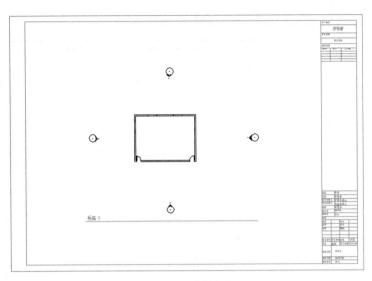

图 6-48　放置视图

2）完成图纸中视图的修改后，在视口外空白处双击，或单击"视口"工具，在弹出的下拉菜单中单击"取消激活视口"工具。

6.6.4　实例——创建图纸并添加视图

本实例通过"图纸""导向轴网"等一系列工具，完成图纸的创建。创建图纸并添加视图的操作步骤。

1）打开本书资源包中实例文件下第 6 章文件夹中的"6-4.rvt"文件。切换至"视图"选项卡，单击"图纸"工具，在"新建图纸"对话框中选择"A2 公制"标题栏，单击"确定"按钮，如图 6-49 所示。

创建图纸并
添加视图

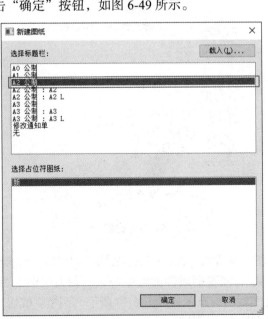

图 6-49　选择"A2 公制"标题栏

2）此时跳转到图纸视图并创建图框，如图 6-50 所示。

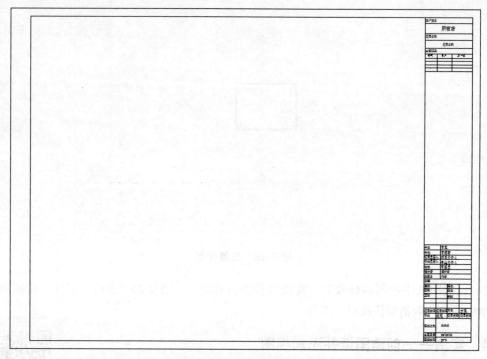

图 6-50　生成图纸（1）

3）单击"视图"工具，在弹出的对话框中选择"楼层平面：一层平面图"，然后单击"在图纸中添加视图"按钮，如图 6-51 所示。

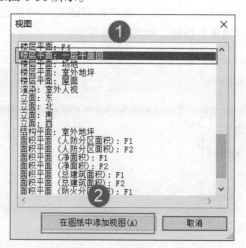

图 6-51　生成图纸（2）

4）将指针放置于视图中合适的位置，单击放置图纸，如图 6-52 所示。

5）双击激活视图，然后在实例属性面板中勾选"裁剪视图""裁剪区域可见""注释裁剪"3 个选项，并调整视图裁剪框范围，如图 6-53 所示。调整完成后，取消勾选"裁剪区域可见"选项，并双击空白区域取消激活视图。

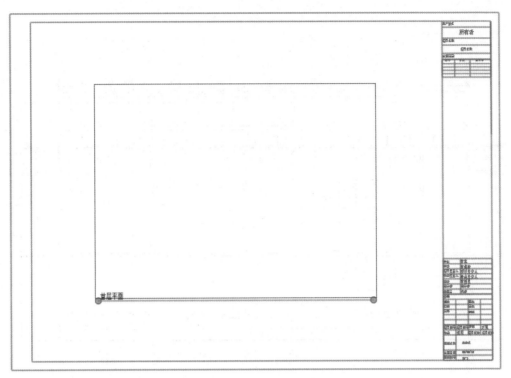

图 6-52　生成图纸（3）

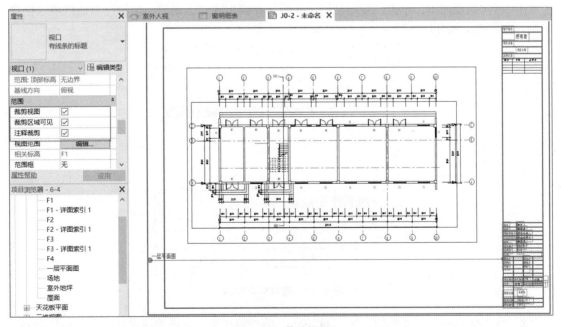

图 6-53　裁剪视图

6）单击"导向轴网"工具，在弹出的对话框中直接单击"确定"按钮。然后拖动控制柄，使导向轴网边缘与轴线对齐，如图 6-54 所示。

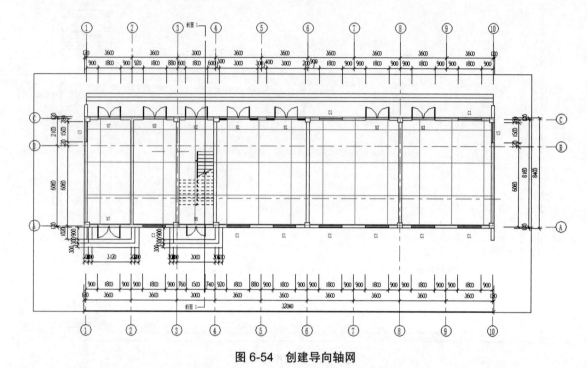

图 6-54　创建导向轴网

7）再次新建图纸，单击"导向轴网"工具，在弹出的"指定导向轴网"对话框中选择现有的导向轴网，如图 6-55 所示。

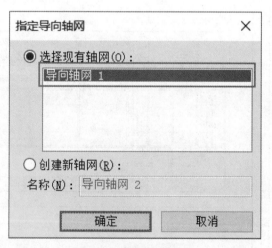

图 6-55　选择导向轴网

8）将二层平面图拖动到视图中，将Ⓒ轴与①轴交点位置与导向轴网对齐，如图 6-56 所示。

9）切换到首层平面图，然后在实例属性面板中，将"导向轴网"修改为"<无>"。依次修改其他参数，修改完成后图框内的内容也会同步修改，如图 6-57 所示。

10）按照相同方法完成其他图纸的修改，最终完成效果，如图 6-58 所示。

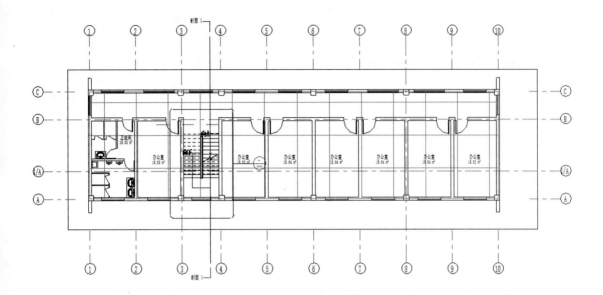

图 6-56　放置二层平面图

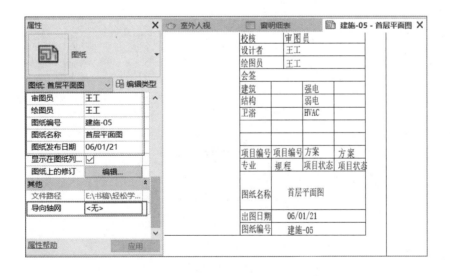

图 6-57　修改图纸信息

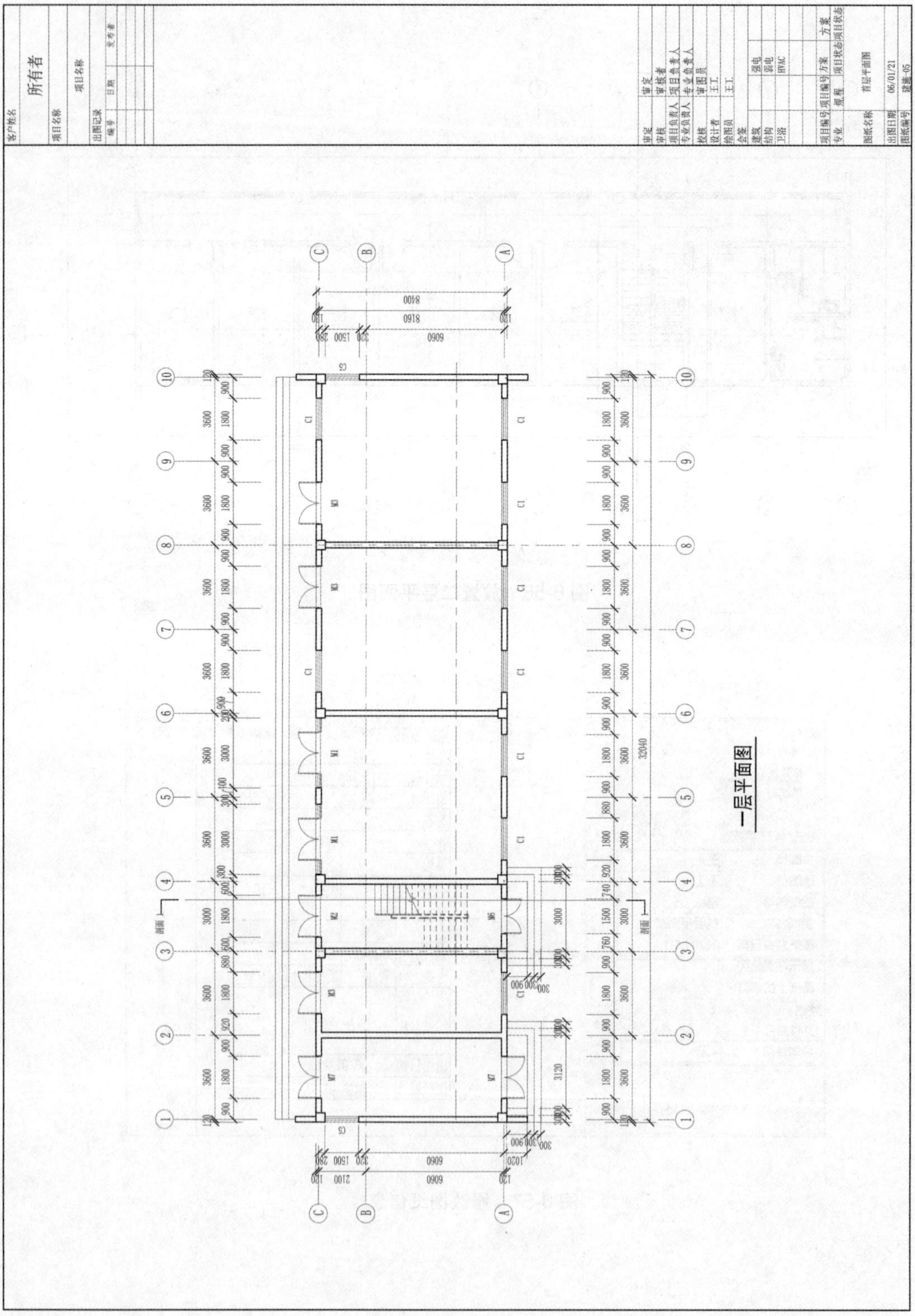

一层平面图

图 6-58 完成效果

第 7 章

Revit 族与体量

本章主要介绍 Revit 软件在创建自定义族的实际应用操作，包括注释类族、基于对象族、基于线的族、轮廓族等主要类型。

- ☑ 族概述
- ☑ 体量基本操作
- ☑ 编辑体量
- ☑ 创建族
- ☑ 创建体量形状
- ☑ 操作与实践

■ 7.1　族概述

族是 Revit 中一个非常重要的概念，通过参数化族的创建，可像 AutoCAD 中的块一样，在工程设计中大量反复使用，以提高三维设计效率。

族是一个包含通用参数和相关图形表示的图元组。属于一个族的不同图元的部分或全部参数可能有不同的值，但是参数的集合是相同的。族中的这些个体称作"族类型"。

■ 7.2　创建族

本节主要介绍族创建过程中的一系列内容，包括族创建的操作界面、族三维模型的创建、族参数的添加、族二维表达的处理等相关内容。

7.2.1　操作界面

族创建的操作界面与项目创建的操作界面相似，如图 7-1 所示。本小节主要介绍族创建的操作界面与项目操作界面的不同之处。

（1）"创建"选项卡　提供创建族所用到的各式工具。

1）"属性"面板：提供"族类别和族参数"和"族类型"两个工具。

① 族类别和族参数：用于执行当前正在创建的族的族类别和相关族参数，如图 7-2 所示。

② 族类型：通过此工具可为族文件添加多种族类型，并可在不同类型下添加相关参数，以通过参数控制此类型的形状、材质等特性，如图 7-3 所示。

2）"形状"面板：用于创建族的三维模型，包括实心和空心两种形式，创建方法包括拉伸、融合、旋转、放样、放样融合。

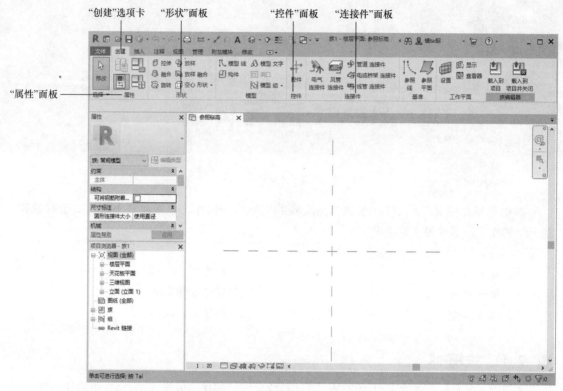

图 7-1 族创建的操作界面

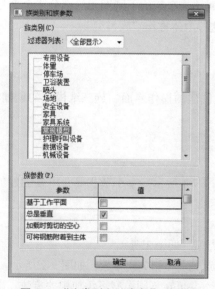

图 7-2 "族类别和族参数"对话框

图 7-3 "族类型"对话框

3）"控件"面板：只提供一个工具"控件"。

控件：用于添加翻转箭头，以便在项目中灵活控制构件的方向，如图 7-4 所示。

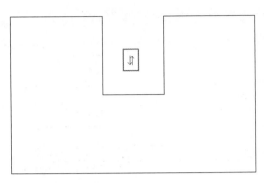

图 7-4　翻转箭头

4）"连接件"面板：提供 MEP 不同专业设备连接件工具。

① 电气连接件：用于在构件中添加电气连接件。

② 风管连接件：用于在构件中添加风管连接件。

③ 管道连接件：用于在构件中添加管道连接件。

④ 线管连接件：用于在构件中添加线管连接件。

（2）"注释"选项卡　提供"尺寸标注""详图构件"等工具，如图 7-5 所示。

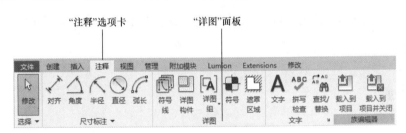

图 7-5　"注释"选项卡

"详图"面板：提供"符号线""详图构件"等工具。

① 符号线：用于创建族在项目中的二维表示符号，符号线不可用于创建实例几何图形。

② 详图构件：是基于线的二维图元，可将其添加到详图视图或绘图视图中。它们仅在这些视图中才可见，会随模型而不是随图纸调整其比例。

7.2.2　新建族

新建族与新建项目的操作过程相似，都需要选择合适的样板，才能继续后面的操作。不同的族样板提供了不同的预设条件，所以在制作族之前选定正确的样板非常重要。

1. 执行方式

功能区：单击"文件"选项卡→"新建"按钮→"族"按钮。

2. 操作步骤

1）按上述执行方式，打开"新族 - 选择样板文件"对话框，进入系统自带族库，选择合适的样板文件。例如，制作窗族就选择"公制窗"族样板文件。如果不确定新建族的类别，或没有对应的族样板文件时，可以选择"公制常规模型 .rft"族样板文件，如图 7-6 所示。

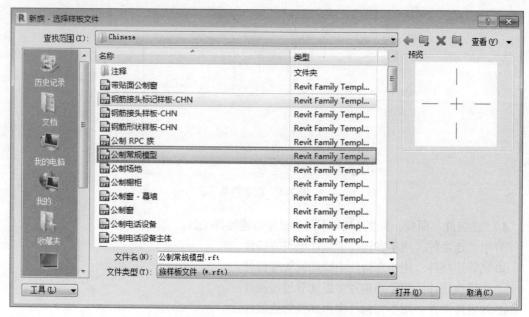

图 7-6　选择"公制常规模型 .rft"族样板文件

2）选定合适的样板，单击"打开"按钮，进入族制作环境，如图 7-7 所示。

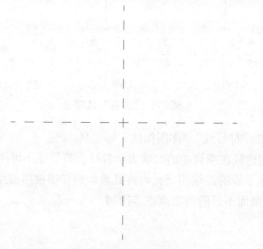

图 7-7　族制作环境

7.2.3　创建族三维模型

族三维模型的创建思路与体量三维模型的创建思路相同，但创建方法不同，本小节主要介绍拉伸、融合、放样等形式的创建方法。

1. 创建拉伸形式

通过此功能可创建拉伸形式族三维模型，包括实心形状和空心形状。实心形状和空心形状创建方法一致。

（1）执行方式　功能区：单击"创建"选项卡→"形状"面板→"拉伸"工具。

（2）操作步骤

1）将视图切换至相关平面，按上述执行方式。首先在"绘制"面板选择合适的绘制工具，然后在视图绘制拉伸轮廓。接着在"属性"对话框中设置拉伸参数。最后单击"完成"按钮，完成拉伸体创建，如图 7-8 所示。

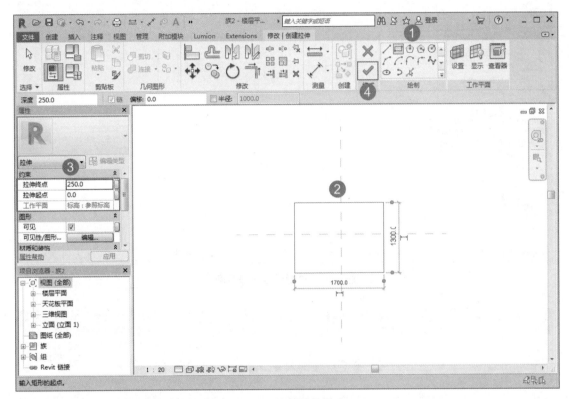

图 7-8　绘制拉伸轮廓

2）切换到三维视图查看最终完成效果，如图 7-9 所示。

2. 创建融合形式

通过此功能可创建融合形式族三维模型，包括实心形状和空心形状。实心形状和空心形状创建方法一致。

（1）执行方式　功能区：单击"创建"选项卡→"形状"面板→"融合"工具。

（2）操作步骤

1）将视图切换至相关平面，按上述执行方式。绘制融合底部轮廓，接着单击"编辑顶部"工具，如图 7-10 所示。

2）切换至顶部轮廓，绘制融合顶部轮廓，如图 7-11 所示。单击"完成"按钮，完成融合体创建。

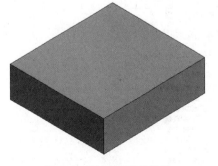

图 7-9　拉伸体完成效果

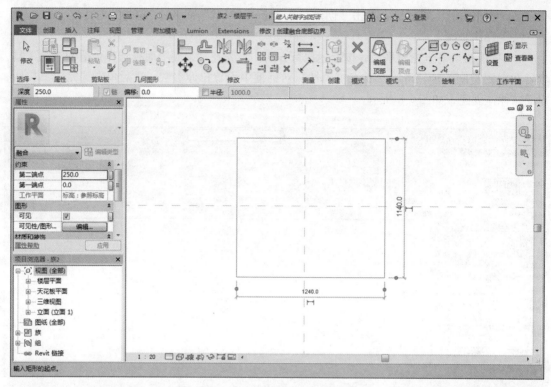

图 7-10　绘制融合底部轮廓

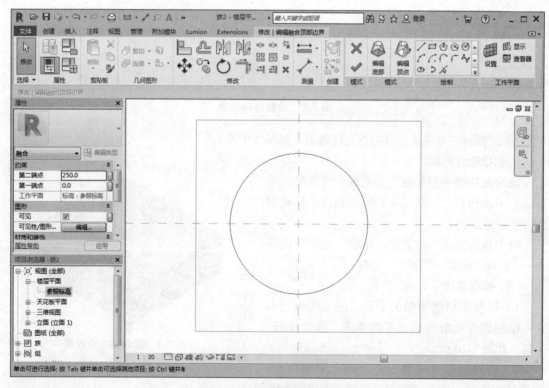

图 7-11　绘制融合顶部轮廓

3）切换到三维视图查看完成效果，如图 7-12 所示。

图 7-12　融合体完成效果

3. 创建旋转形式

通过此功能可创建旋转形式族三维模型，包括实心形状和空心形状。实心形状和空心形状创建方法一致。

（1）执行方式　功能区：单击"创建"选项卡→"形状"面板→"旋转"工具。

（2）操作步骤

1）将视图切换至相关平面，按上述执行方式。首先使用"边界线"工具绘制旋转体轮廓，然后在"绘制"面板单击"轴线"工具，绘制旋转轴线。接着在"属性"对话框中设置旋转"起始角度"和"结束角度"，如图 7-13 所示。最后单击"完成"按钮，完成旋转体的创建。

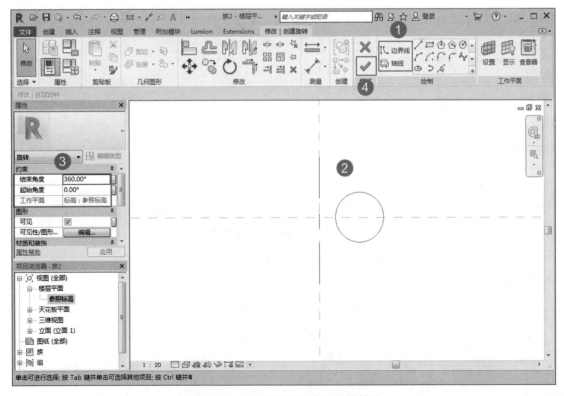

图 7-13　绘制旋转体轮廓与旋转轴线

2）切换到三维视图查看完成效果，如图 7-14 所示。

4. 创建放样形式

通过此功能可创建放样形式族三维模型，包括实心形状和空心形状。实心形状和空心形状创建方法一致。

（1）执行方式　功能区：单击"创建"选项卡→"形状"面板→"放样"工具。

（2）操作步骤

图 7-14　旋转体完成效果

1）将视图切换至相关平面，按上述执行方式。单击"绘制路径"或"拾取路径"工具，进入路径创建工作界面。在"绘制"面板选择合适绘制工具，在视图中绘制放样路径草图，如图 7-15 所示。单击"完成"按钮，完成放样路径的创建。

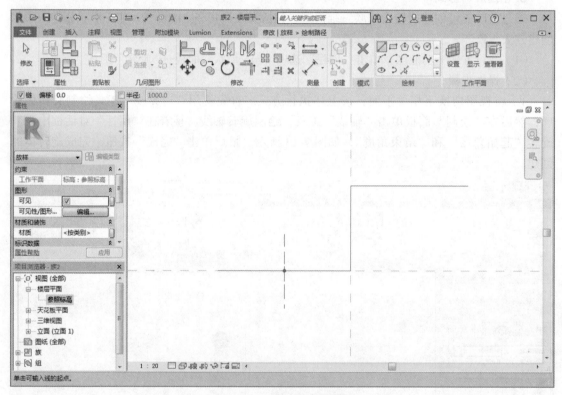

图 7-15　绘制放样路径草图

2）在轮廓选择器中选择轮廓族文件，如果族文件中没有轮廓族，可载入轮廓族或单击"编辑轮廓"工具，如图 7-16 所示。

图 7-16　单击"编辑轮廓"工具

3）进入轮廓编辑界面，绘制轮廓草图，如图 7-17 所示。两次单击"完成"按钮，完成放样体的创建。

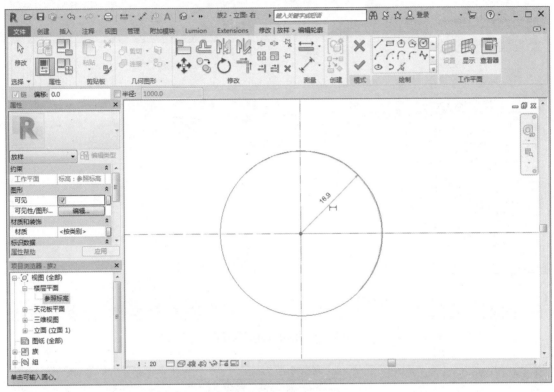

图 7-17　绘制轮廓草图

4）切换到三维视图查看完成效果，如图 7-18 所示。

5. 创建放样融合形式

通过此功能可创建放样融合形式族三维模型，包括实心形状和空心形状。实心形状和空心形状创建方法一致。

图 7-18　放样体完成效果

（1）执行方式　功能区：单击"创建"选项卡→"形状"面板→"放样融合"工具。

（2）操作步骤

1）将视图切换至相关平面，按上述执行方式。单击"绘制路径"或"拾取路径"工具，进入路径创建工作界面。

2）在"绘制"面板选择合适的绘制工具，绘制放样路径草图，单击"完成"按钮，完成放样路径的创建，如图 7-19 所示。

3）分别选择或创建轮廓一和轮廓二形状，创建方法与放样相同，如图 7-20 所示。单击"完成"按钮，完成放样融合体的创建。

4）切换到三维视图查看完成效果，如图 7-21 所示。

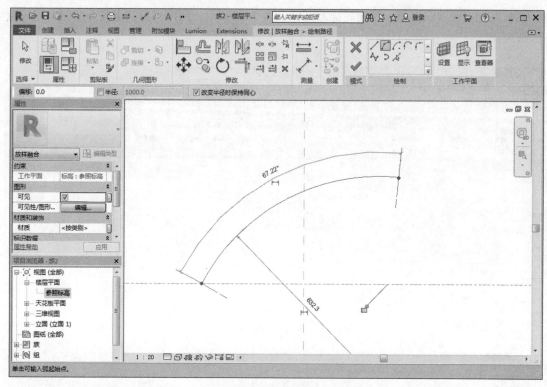

图 7-19　绘制放样路径草图

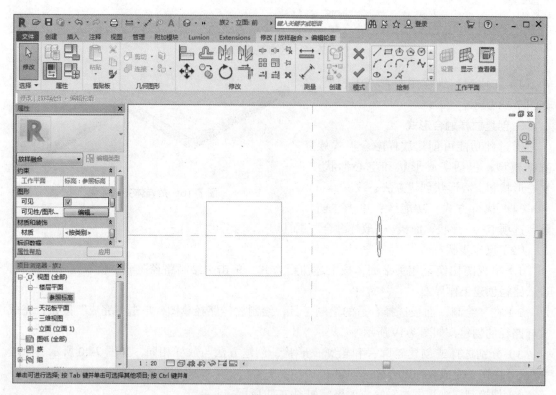

图 7-20　绘制轮廓一与轮廓二

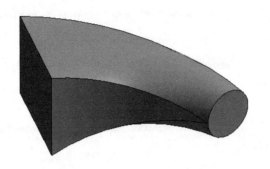

图 7-21　放样融合体完成效果

7.2.4　添加及应用族类型和族参数

族类型和族参数的添加是族创建过程中非常重要的步骤，由于族参数种类较多，本小节主要介绍族类型和族参数的添加及应用。

1. 添加族类型

（1）执行方式　功能区：单击"修改"选项卡→"属性"面板→"族类型"工具。

（2）操作步骤　按上述执行方式，弹出"族类型"对话框。单击族类型栏中的"新建"按钮，弹出"名称"对话框。在"名称"对话框中输入族类型名称，单击"确定"按钮，完成族类型的创建，如图 7-22 所示。

图 7-22　新建族类型

2. 添加族参数

（1）执行方式　功能区：单击"修改"选项卡→"属性"面板→"族类型"工具。

（2）操作步骤

1）按上述执行方式，弹出"族类型"对话框。单击族参数栏中的"新建"按钮，弹出"参数属性"对话框，如图 7-23 所示。

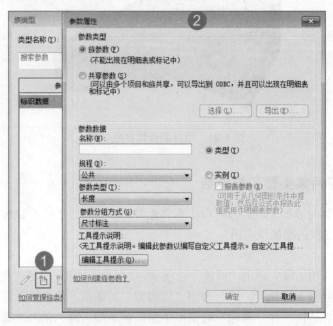

图 7-23 "参数属性"对话框

2）首先在"参数属性"对话框的"参数类型"复选框中选择"族参数"，然后设置参数数据为"类型"或"实例"，最后设置参数数据名称及规程等内容，如图 7-24 所示。

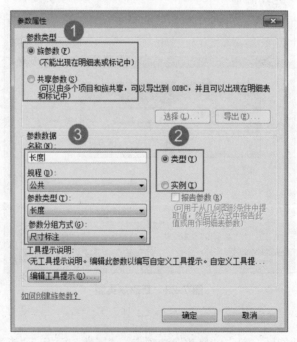

图 7-24 添加并设置参数

3）如需使用共享参数，在"参数类型"复选框中选择"共享参数"，并单击"选择"按钮，在对话框中选择相关共享参数。

3. 应用族参数

族参数的应用操作步骤如下。

1）使用"尺寸标注"工具的需要驱动的对象进行标注，如图 7-25 所示。

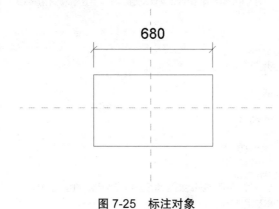

图 7-25 标注对象

2）选择标注的尺寸，在"标签尺寸标注"面板中"标签"下拉列表框中，选择已设置的尺寸标注参数。如未设置尺寸标注参数，可单击后面的"创建参数"按钮，进行族参数设置，如图 7-26 所示。

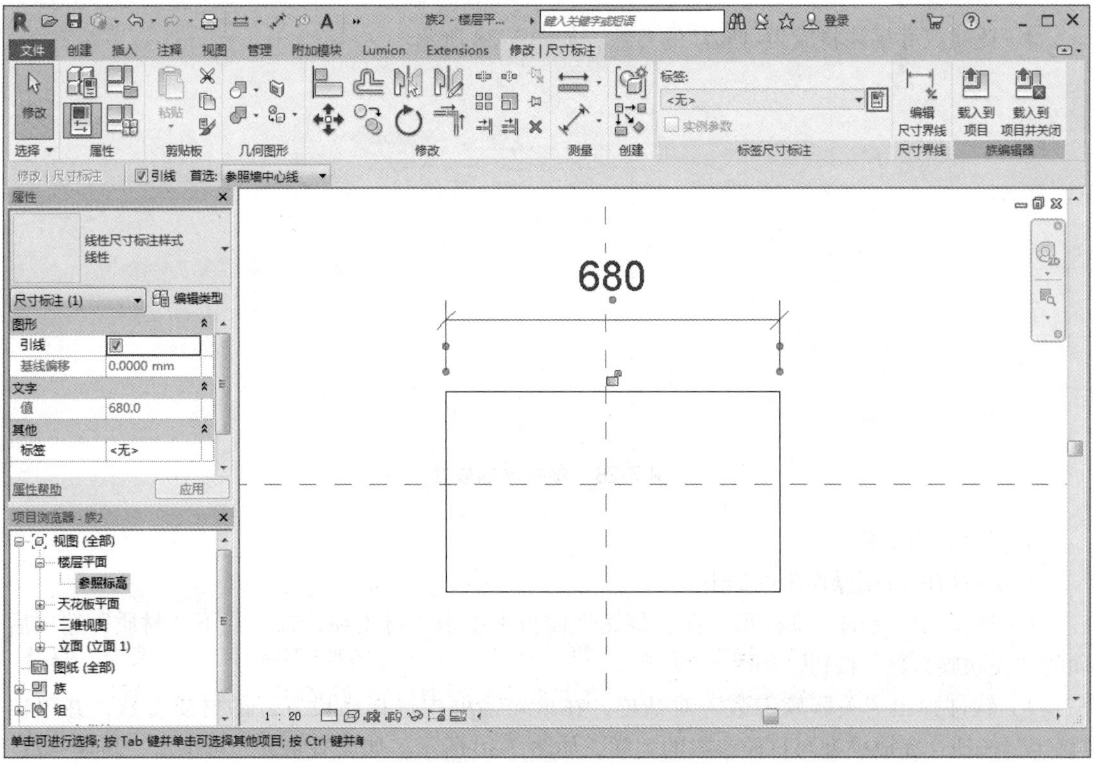

图 7-26 设置尺寸标注参数

3）在弹出的"参数属性"对话框中，设置各项参数，单击"确定"按钮，如图 7-27 所示。

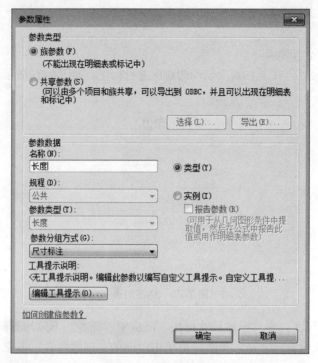

图 7-27　添加族参数

4）此时尺寸标注将成为可驱动的参数，如图 7-28 所示。

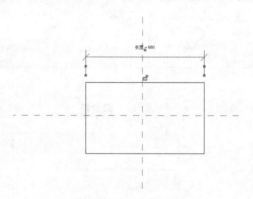

图 7-28　参数添加成功

4. 应用材质参数

材质参数的应用操作步骤如下。

1）选择已创建的三维模型，在实例属性面板中单击"材质和装饰"栏下"材质"选项后面的"关联族参数"按钮，如图 7-29 所示。

2）软件弹出"关联族参数"对话框，在该对话框中选择已设置好的材质参数，并单击"确定"按钮，完成模型与材质参数的关联，如图 7-30 所示。如没有参数，可单击"新建参数"按钮创建参数。

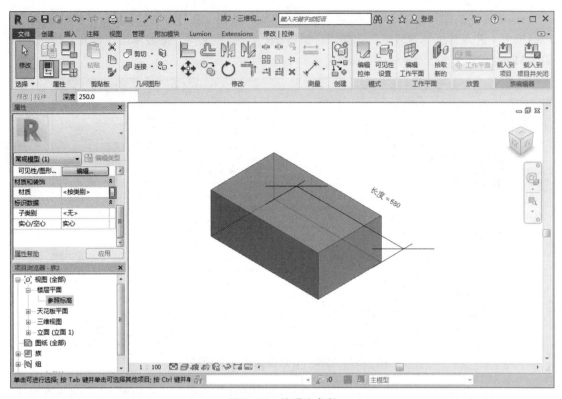

图 7-29 关联族参数

图 7-30 选择关联族参数

7.2.5 实例——创建平开窗族

本实例通过"拉伸""符号线"等工具，完成平开窗族的创建。创建平开窗族的操作步骤如下。

创建平开窗族

1）单击"文件"选项卡→"新建"按钮→"族"按钮，在打开的"新建 - 选择样板文件"对话框中，进入系统自带族库，选择"公制窗 .rft"族样板文件，接着单击"打开"按钮，如图 7-31 所示。

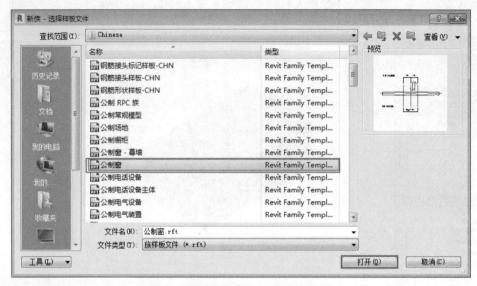

图 7-31　选择"公制窗 .rft"族样板文件

2）选择立面视图"内部"视图，然后切换到"创建"选项卡，接着在"工作平面"面板中单击"设置"工具，如图 7-32 所示。

图 7-32　单击"设置"工具

3）在打开的"工作平面"对话框中，"指定新的工作平面"栏中设置"名称"为"参照平面：中心（前 / 后）"，如图 7-33 所示。

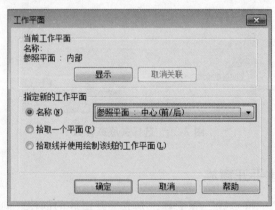

图 7-33　设置工作平面的名称

4）首先使用"拉伸"工具，然后选择"矩形"绘制工具，沿着立面视图洞口边界绘制轮廓，如图 7-34 所示。接着单击"偏移"工具，在选项栏中设置"偏移"为"40.0"，并勾选"复制"选项。最后按〈Tab〉键在视图中选择全部边界轮廓线向内进行偏移复制，如图 7-35 所示。

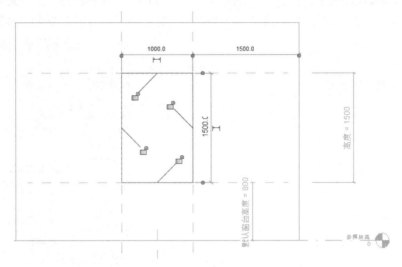

图 7-34　绘制外轮廓

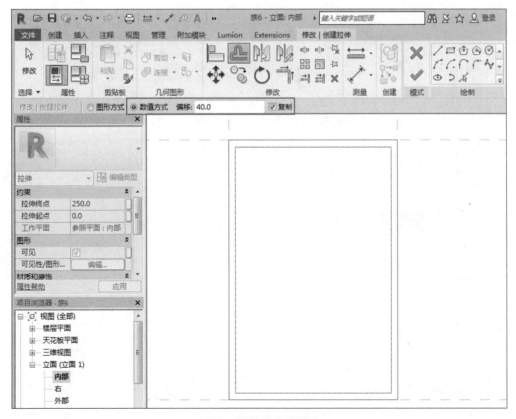

图 7-35　偏移复制轮廓

5）基于偏移完成后的外轮廓，使用"直线"工具绘制两条平行线，然后使用"拆分图元"工具将内侧轮廓线进行拆分，并使用"修剪"工具将其与其他线段连接起来，使平行线间距为 40.0mm，距上一条线段间距为 300.0mm，如图 7-36 所示。

6）在实例属性面板中，设置"拉伸终点"为"−30.0"，"拉伸起点"为"30.0"，如图 7-37 所示。向下拖曳滑块，设置"子类别"为"框架 / 竖梃"，单击"完成"按钮，如图 7-38 所示。

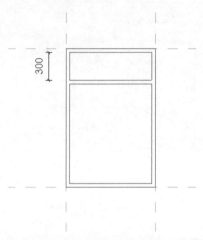

图 7-36　绘制直线并修剪

图 7-37　设置拉伸范围

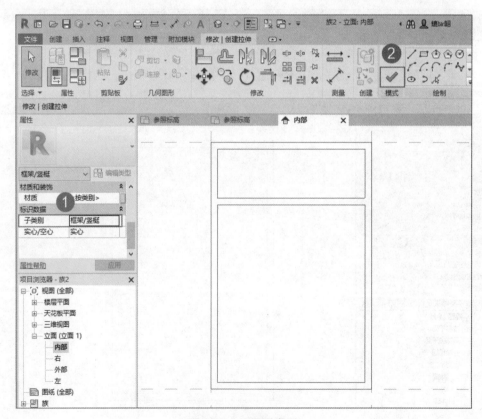

图 7-38　设置子类别

7）使用"拉伸"工具绘制窗扇，轮廓宽度为 30.0mm，如图 7-39 所示。然后在实例属性面板中，设置"拉伸终点"为"−30.0"，"拉伸起点"为"30.0"，"子类别"为"框架 / 竖梃"，接着单击"完成"按钮。

8）窗扇绘制完成后，使用"镜像"工具沿中心线复制到另一侧，如图 7-40 所示。

9）首先使用"拉伸"工具，沿着窗框内侧绘制窗玻璃轮廓，如图 7-41 所示。然后在"属性"对话框中设置"拉伸终点"为"−5.0"，"拉伸起点"为"5.0"，"子类别"为"玻璃"，最后单击"确定"按钮。

10）切换到"注释"选项卡，单击"详图"面板→"符号线"工具，如图 7-42 所示。

11）选择"直线"绘制工具，并设置"子类别"为"立面打开方向 [投影]"。在视图中，分别为两个窗扇绘制开启方向线，如图 7-43 所示。

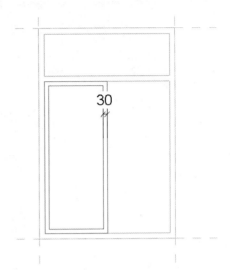

图 7-39　绘制窗扇轮廓

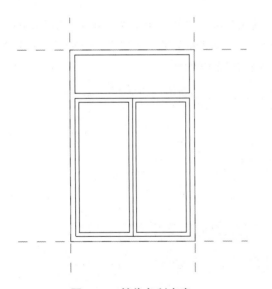

图 7-40　镜像复制窗扇

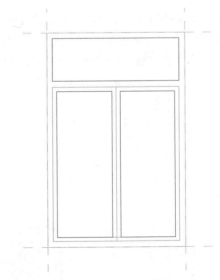

图 7-41　绘制窗玻璃轮廓

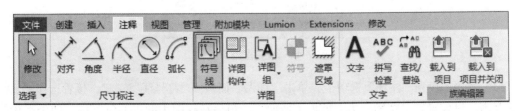

图 7-42　单击"符号线"工具

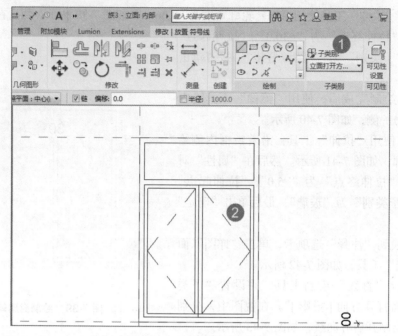

图 7-43　绘制窗开启方向线

12）切换到平面视图中，选择绘制的所有图元，单击"可见性设置"工具。在弹出的"族图元可见性设置"对话框中的"视图专用显示"栏下取消勾选第 1 个与第 4 个选项，如图 7-44 所示。然后单击"确定"按钮，并将所绘制图元在视图中暂时隐藏。

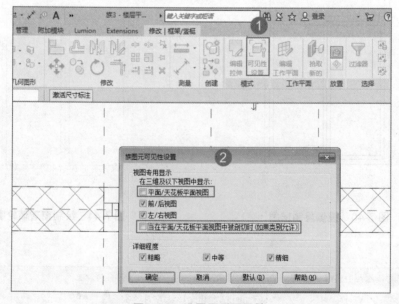

图 7-44　设置图形可见性

13）首先切换到"注释"选项卡，单击"详图"面板→"符号线"工具，接着选择"直线"绘制方式，再设置"子类别"为"玻璃（截面）"，最后在视图中洞口的位置添加两条平行线，如图 7-45 所示。

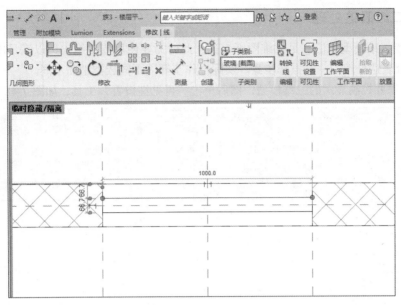

图 7-45　绘制玻璃截面线

14）使用尺寸标注工具，对添加的符号线进行标注，然后选择尺寸标注单击"EQ"按钮进行等分，如图 7-46 所示。

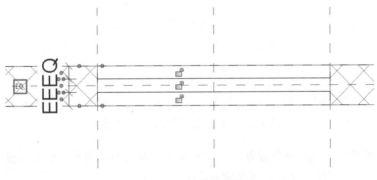

图 7-46　等分符号线

15）修改窗的高度及宽度参数进行测试，然后切换到三维视图，依次修改玻璃与窗框的材质，并查看最终效果，如图 7-47 所示。

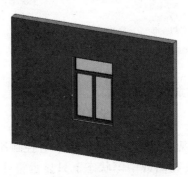

图 7-47　平开窗族最终效果

7.2.6 族二维表达处理

仅创建族三维模型无法满足二维图纸表达，此时需要使用族二维表达以满足图纸要求。下面介绍族二维表达处理的一般操作步骤。实际操作步骤因不同族类别而不同。

1）选中需要控制显示的三维模型，然后单击"可见性设置"工具，如图 7-48 所示。

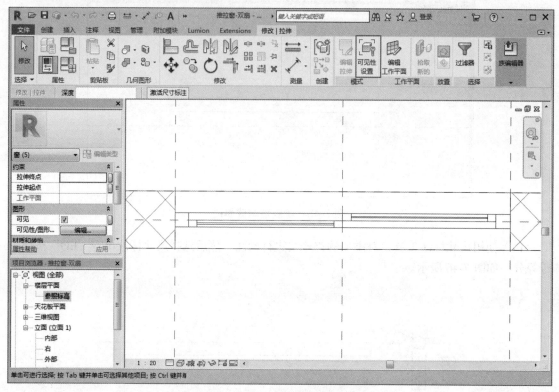

图 7-48 单击"可见性设置"工具

2）在弹出的"族图元可见性设置"对话框中的"视图专用显示"栏下勾选不同显示选项，如图 7-49 所示，以控制模型在各视图中的表达。

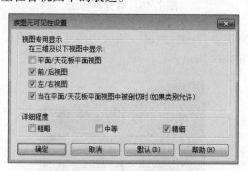

图 7-49 设置可见性选项

3）单击"确定"按钮，在视图中绘制相应符号线，并控制各符号线的显示，如图 7-50 所示。

4）将族载入到项目中，在粗略或中等状态下只显示符号线，满足族二维出图表达，如图 7-51 所示。

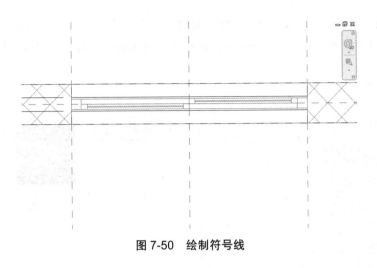

图 7-50　绘制符号线

图 7-51　实际效果

7.2.7　实例——创建图框族

创建图框族

本实例通过"导入 CAD""文字"等工具，完成图框族的创建。创建图框族的操作步骤如下。

1）单击"文件"选项卡→"新建"按钮→"族"按钮，然后在弹出的"新建 - 选择样板文件"对话框中，进入系统自带族库，打开"标题栏"文件夹，选择"A3 公制 .rft"族样板文件，接着单击"打开"按钮，如图 7-52 所示。

图 7-52　选择"A3 公制 .rft"族样板文件

2）切换至"插入"选项卡,单击"导入 CAD"工具,在"导入 CAD 格式"对话框中,打开本书资源包中实例文件下第 7 章文件夹,选择"图框 .dwg"文件,并单击"打开"按钮,如图 7-53 所示。

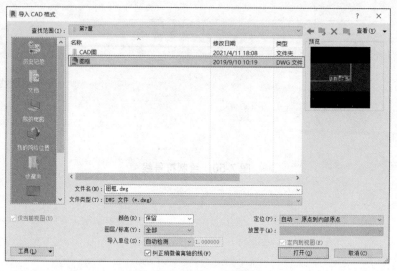

图 7-53　导入 CAD 图框

3）CAD 文件导入后,先进行解锁。然后单击"缩放"工具,在选项栏中选择"数值方式",设置"比例"为"0.01",然后拾取 CAD 图框左下角作为缩放点,如图 7-54 所示。

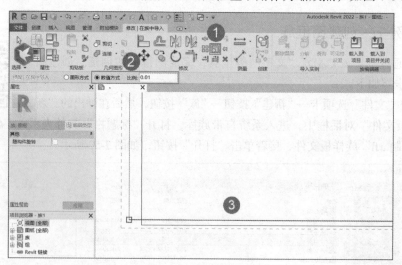

图 7-54　缩放 CAD 图框

4）将 CAD 图框与现有边线对齐,然后选中 CAD 图框,单击"分解"工具,在弹出的下拉菜单中单击"完全分解"工具,如图 7-55 所示。

5）首先切换至"创建"选项卡,单击"文字"工具。然后在"属性"对话框中单击"编辑类型"按钮,在弹出的"类型属性"对话框中复制新的文字类型为"宋体 -1.5mm",设置"背景"为"透明","文字字体"为"宋体","文字大小"为"1.5000mm"。最后单击"确定"按钮,如图 7-56 所示。

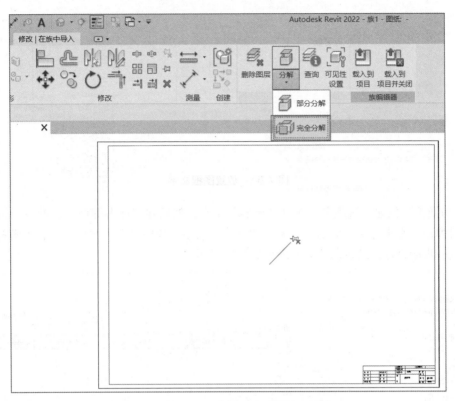

图 7-55　分解 CAD 图框

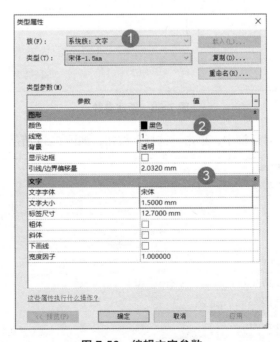

图 7-56　编辑文字参数

6）在合适的单元格内输入文字，如图 7-57 所示。

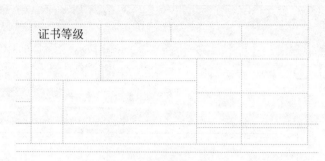

图 7-57 放置图框文字

7）切换至"创建"选项卡，单击"标签"工具，然后在"证书等级"后的单元格位置单击。此时弹出"编辑标签"对话框，单击"新建"按钮，如果对文字颜色等内容不满意，还可以进行进一步的设置，最终完成效果，如图 7-58 所示。

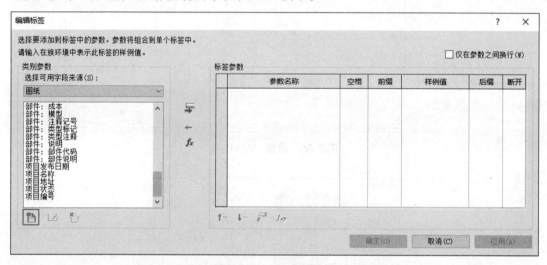

图 7-58 新建参数

8）在"参数属性"对话框中，单击"选择"按钮，如图 7-59 所示。

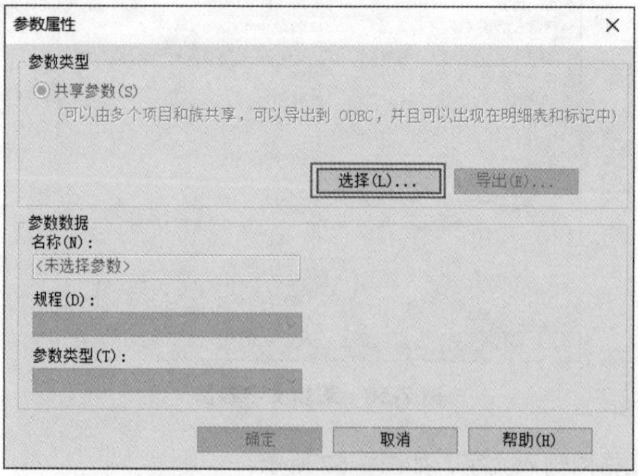

图 7-59 单击"选择"按钮

9）然后在"编辑共享参数"对话框中，单击"浏览"按钮，如图 7-60 所示。

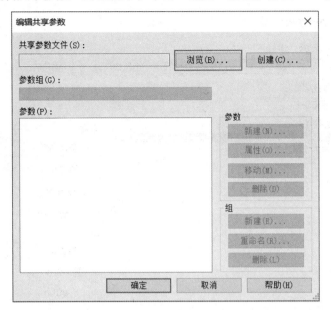

图 7-60 单击"浏览"按钮

10）在弹出的"浏览共享参数文件"对话框中，打开本书资源包中实例文件下第 7 章文件夹，选择"图纸信息 .txt"文件，单击"打开"按钮，如图 7-61 所示。

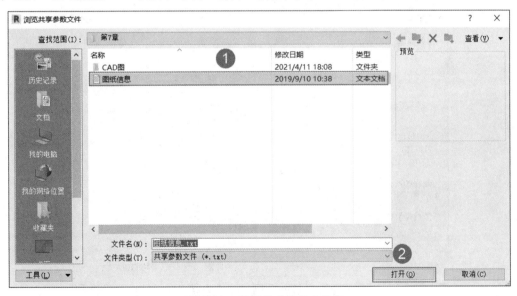

图 7-61 选择共享参数文件

11）在"编辑共享参数"对话框中，单击"确定"按钮，如图 7-62 所示。然后再次单击"确定"按钮，如图 7-63 所示。

12）在"编辑标签"对话框中的"类别参数"列表框中选择"证书编号"双击，添加到右侧的"标签参数"栏中，单击"确定"按钮，如图 7-64 所示。

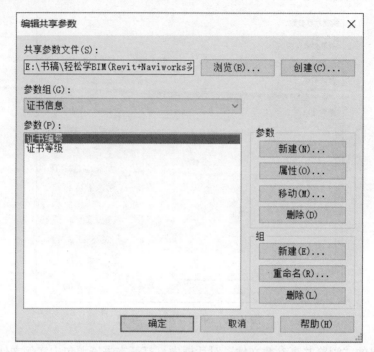

图 7-62　单击"确定"按钮（1）

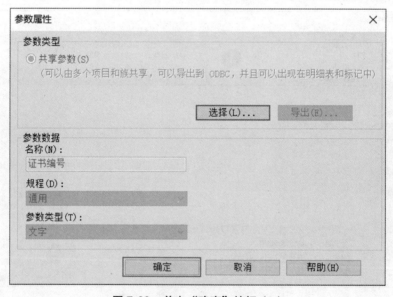

图 7-63　单击"确定"按钮（2）

13）选中添加的标签，在"属性"对话框中单击"编辑类型"按钮。在弹出的"类型属性"对话框中复制新标签类型为"1.5mm"，设置"背景"为"透明"，"文字字体"为"宋体"，"文字大小"为"1.5000mm"。单击"确定"按钮，如图 7-65 所示。

14）将标签移动至合适的位置，如图 7-66 所示。

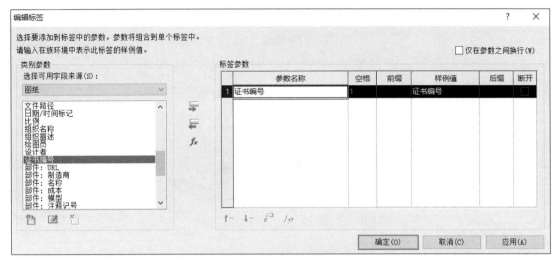

图 7-64　添加证书编号标签

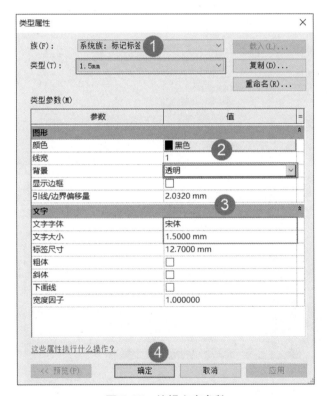

图 7-65　编辑文字参数

15）新建项目文件，将图框族载入到项目中。新建图纸，选择刚载入的图框族。切换至"管理"选项卡，单击"项目参数"工具。弹出"参数属性"对话框，在"参数类型"复选框中选择"共享参数"，在"类别"列表框中勾选"图纸"选项，然后单击"选择"按钮，如图 7-67 所示。

16）弹出"共享参数"对话框，在"参数"列表框中选择"证书等级"，然后依次单击"确定"按钮关闭所有对话框，如图 7-68 所示。

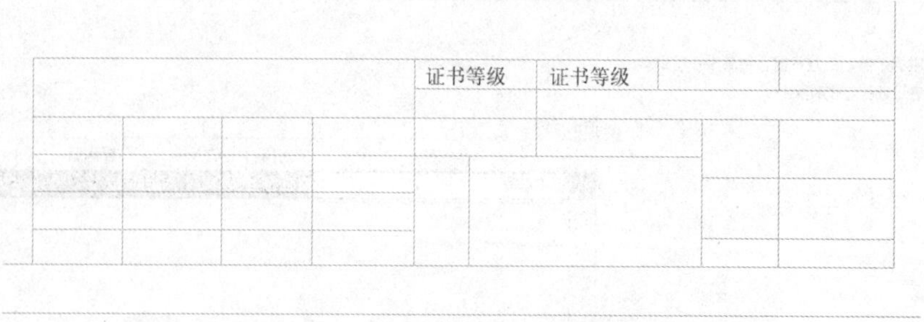

		证书等级	证书等级		

图 7-66　移动标签位置

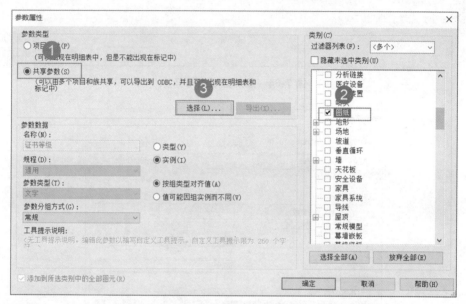

图 7-67　添加项目参数

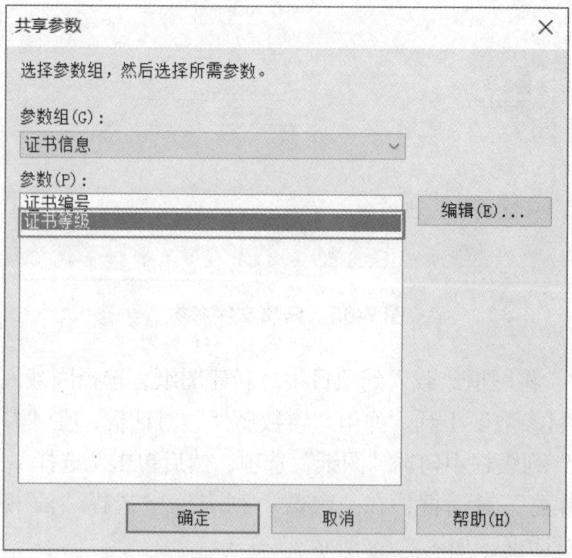

图 7-68　"共享参数"对话框

17）在"属性"对话框中输入"证书等级"参数为"甲级"，此参数会自动显示在图框的相应位置，如图 7-69 所示。

图 7-69　参数自动同步

18）最终完成效果，如图 7-70 所示。

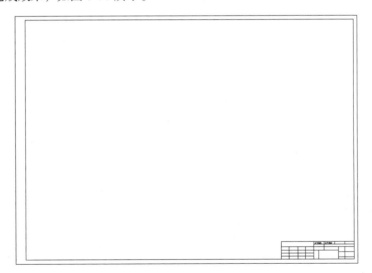

图 7-70　完成效果

7.2.8　实例——创建散水轮廓族

本实例通过"线"工具，完成轮廓族的创建。创建散水轮廓族的操作步骤如下。

1）单击"文件"选项卡→"新建"按钮→"族"按钮，在打开的"新建 - 选择样板文件"对话框中，进入系统自带族库，选择"公制轮廓 .rft"族样板文件，接着单击"打开"按钮，如图 7-71 所示。

创建散水
轮廓族

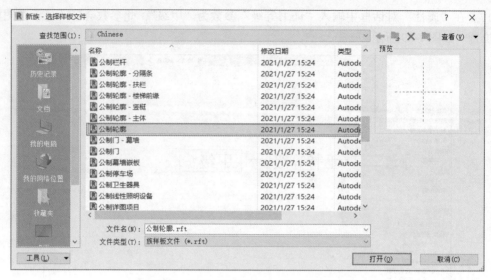

图 7-71　选择"公制轮廓 .rft"族样板文件

2）切换至"创建"选项卡，单击"线"工具，以中心参照线为基准，绘制散水轮廓，如图 7-72 所示。

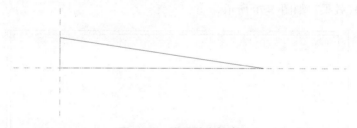

图 7-72　绘制散水轮廓

3）单击"对齐"尺寸标注工具，分别标注散水轮廓的高度和长度，如图 7-73 所示。

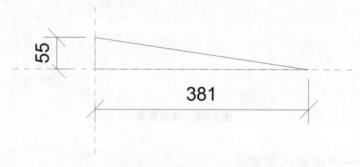

图 7-73　标注散水轮廓尺寸

4）选中高度方向的尺寸标注，然后单击"创建参数"按钮，如图 7-74 所示。

5）在弹出的"参数属性"对话框中，输入参数"名称"为"高度"，单击"确定"按钮，如图 7-75 所示。

6）完成后按照相同方法完成宽度方向的尺寸标注并添加参数，最终完成效果如图 7-76 所示。

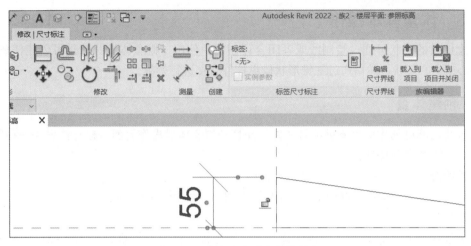

图 7-74　单击"创建参数"按钮

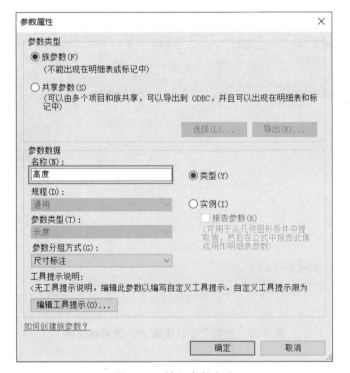

图 7-75　输入参数名称

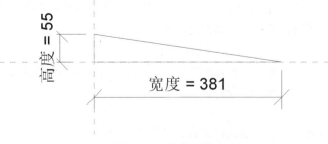

图 7-76　完成效果

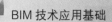

■ 7.3 体量基本操作

概念体量的形状可通过绘制线或者闭合环创建，使用"概念体量"工具可创建任意曲线、三维实心或空心形状，然后通过三维形状操纵控件直接进行操纵。

7.3.1 创建体量

通过此功能可创建概念体量项目文件，并打开概念体量操作界面。概念体量为一种特殊的族文件，文件格式为 RFT。

1. 执行方式

功能区：单击"文件"选项卡→"新建"按钮→"概念体量"按钮。

2. 操作步骤

按上述执行方式，打开"新概念体量 - 选择样板文件"对话框，进入系统自带族库，在"概念体量"文件夹中选择"公制体量 .rft"族样板文件，然后单击"打开"按钮，如图 7-77 所示。

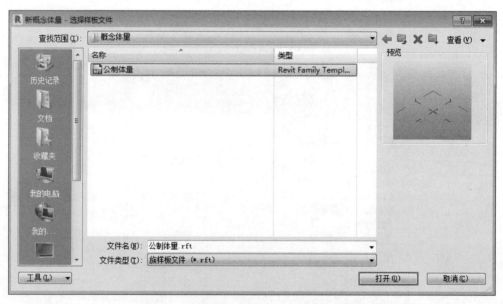

图 7-77 选择"公制体量 .rft"族样板文件

7.3.2 体量的形式

概念体量包括实心和空心两种形式，空心形状几何图形的作用为剪切实心形状几何图形。空心形状和实心形状可通过形式实例属性进行转换。

1. 执行方式

功能区：单击"修改 | 线"上下文选项卡→"形状"面板→"创建形状"工具，在弹出的下拉菜单中单击"实心形状"或"空心形状"工具。

2. 操作步骤

选择绘制好的草图线，按上述执行方式，如图 7-78 所示。

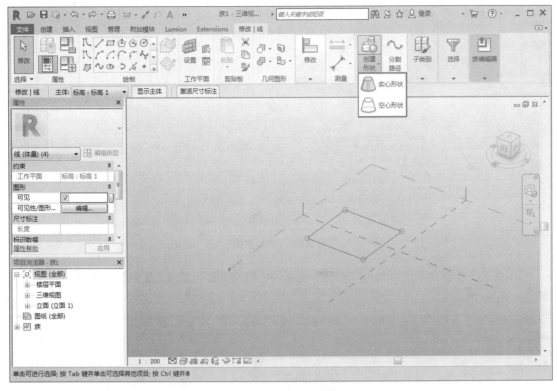

图 7-78　创建形状

7.3.3　体量草图创建工具

概念体量草图创建包括模型线和参照线两种形式。两种草图工具创建图形样式及修改行为均不相同。

基于模型线的图形显示为实线，可直接编辑边、表面和顶点，并且无须依赖另一个形状或参照类型创建。基于参照线的图形显示为虚线参照平面，只能通过编辑参照图元来进行，并且依赖于其参照，当其依赖的参照发生变化时，基于参照的形状也随之变化。图 7-79 所示为概念体量草图绘制工具面板。

图 7-79　草图创建工具

■ 7.4　创建体量形状

本节主要介绍概念体量形式的创建方法，包括拉伸、旋转、融合、放样等。

7.4.1　创建拉伸形状

创建拉伸形状的操作步骤如下。

1）设置工作平面，绘制草图，草图必须为线或者闭合环，如图 7-80 所示。当勾选"根据闭合的环生成表面"选项时，绘制的草图会自动形成面。

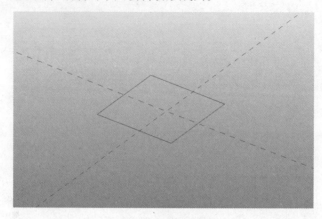

图 7-80　绘制草图

2）框选所绘制的草图，单击"形状"面板→"创建形状"工具，完成拉伸形状的创建，如图 7-81 所示。

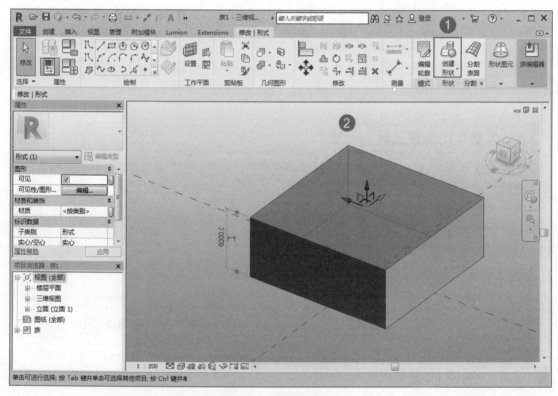

图 7-81　创建拉伸形状

7.4.2　创建旋转形状

创建旋转形状的操作步骤如下。

1）设置工作平面，绘制旋转截面，然后绘制旋转轴，如图 7-82 所示。

2）框选旋转截面和旋转轴，单击"形状"面板→"创建形状"工具，系统将创建 360° 的旋转形状，如图 7-83 所示。

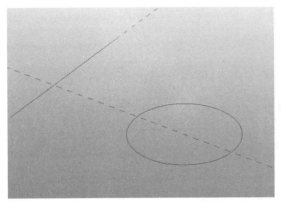

图 7-82　绘制旋转截面与旋转轴

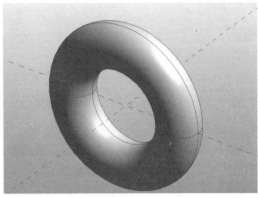

图 7-83　创建旋转形状

3）框选旋转形状，在"属性"对话框中调整旋转角度，将"结束角度"调整为"180.00°"，如图 7-84 所示。

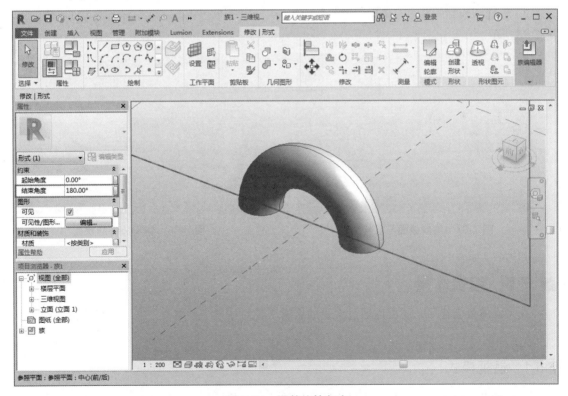

图 7-84　调整旋转角度

7.4.3　创建融合形状

融合形状的操作步骤如下。

1) 分别设置截面 1 和截面 2 的工作平面，并绘制相应截面，如图 7-85 所示。

2) 框选所绘制的草图，单击"形状"面板→"创建形状"工具，完成融合形状的创建，如图 7-86 所示。

图 7-85　创建截面轮廓

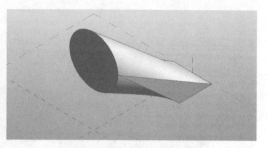

图 7-86　创建融合形状

7.4.4　创建放样形状

创建放样形状的操作步骤如下。

1) 绘制放样路径，绘制截面，如图 7-87 所示。

2) 框选所绘制的草图，单击"形状"面板→"创建形状"工具，完成放样形状的创建，如图 7-88 所示。

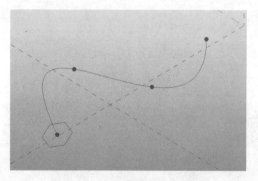

图 7-87　绘制截面与放样路径

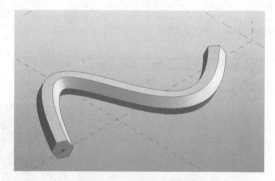

图 7-88　创建放样形状

■ 7.5　编辑体量

在完成体量创建后，还可以通过大量的编辑工具对体量进行编辑，以达到最终需要的体量形状。

7.5.1　透视模式

在概念设计环境中，透视模式显示所选形状的基本几何骨架，包括显示其路径、轮廓和系统生成的引导。通过透视模式可选择形状图元的某个特定部分进行操纵，从而调整现有体量形式。透视模式显示的可编辑图元包括轮廓、路径、轴线、各控制节点。

1. 执行方式

功能区：单击"修改 | 形式"上下文选项卡→"形状图元"面板→"透视"工具。

2. 操作步骤

选择已经创建的形状，按上述执行方式，显示透视模式效果，如图 7-89 所示。再次单击"透视"工具，可退出透视模式。

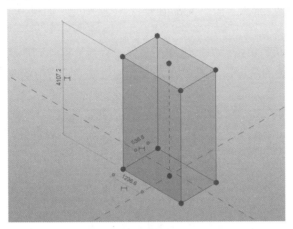

图 7-89　透视模式效果

7.5.2　为体量形状添加边

边是概念体量图形的基本组成形状，在概念设计环境中，可通过为体量形状添加边，形成控制形状的关键节点，以改变形状的几何图形。

1. 执行方式

功能区：单击"修改 | 形式"上下文选项卡→"形状图元"面板→"添加边"工具。

2. 操作步骤

选择已经创建的形状，单击"添加边"工具，将指针移动到形状相关面上，会显示边的预览图像，单击完成边的添加，如图 7-90 所示。选择添加的边或相关节点，通过拖曳方式可改变当前形状。

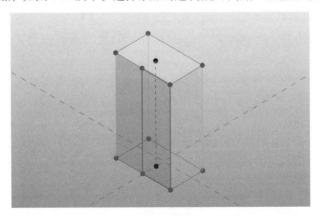

图 7-90　添加边

7.5.3　为体量形状添加轮廓

轮廓是概念体量图形的基本组成形状，在概念设计环境中，可通过为体量形状添加轮廓，形成控制形状的关键节点，以改变形状的几何图形。生成的轮廓平行于最初创建形状的几何图元，垂直于拉伸的轨迹中心线。

1. 执行方式

功能区：单击"修改|形式"上下文选项卡→"形状图元"面板→"添加轮廓"工具。

2. 操作步骤

选择已经创建的形状，单击"添加轮廓"工具，将指针移动到形状相关表面上，可预览轮廓的位置，单击完成轮廓的添加，如图 7-91 所示。通过修改轮廓形状改变三维体量形状。

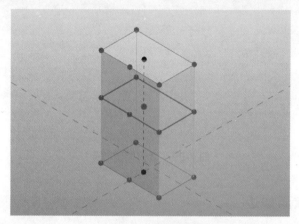

图 7-91　添加轮廓

7.5.4　融合形状

在概念设计环境中，通过融合形状可删除当前体量形状，只保留相关曲线，以便通过修改后的曲线重建体量形状。

1. 执行方式

功能区：单击"修改|形式"上下文选项卡→"形状图元"面板→"融合"工具。

2. 操作步骤

选择已经创建的形状，单击"融合"工具，已创建的形状被删除，只保留轮廓线，如图 7-92 所示。

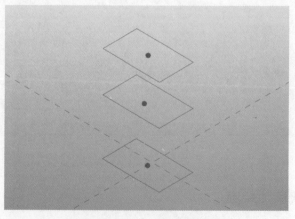

图 7-92　融合效果

7.5.5　使用实心形状剪切几何图形

在使用实心形状剪切几何图形时，将删除重叠区域，邻接的实心形状保持不变。

1. 执行方式

功能区：单击"修改"选项卡→"几何图形"面板→"剪切"工具。

2. 操作步骤

按上述执行方式，选择要被剪切的实心形状，选择用来进行剪切的实心形状，完成体量形状的剪切，如图 7-93 所示。

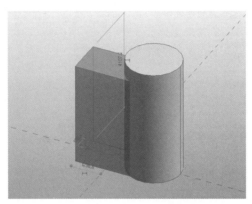

图 7-93　图形剪切效果

7.5.6　实例——创建梦露大厦体量

本实例通过"添加轮廓""缩放"及"旋转"工具，完成体量形状的创建。创建梦露大厦体量的操作步骤如下。

创建梦露
大厦体量

1）单击"文件"选项卡→"新建"按钮→"族"按钮，打开"新建 - 选择样板文件"对话框中，进入系统自带族库，选择"自适应公制常规模型 .rft"族样板文件，如图 7-94 所示。

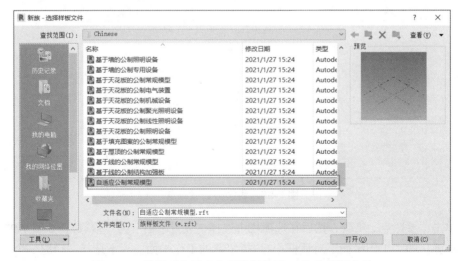

图 7-94　选择"自适应公制常规模型 .rft"族样板文件

2）进入参照标高平面，然后单击"参照点"工具，分别在参照平面交点与右侧单击放置参照点，如图 7-95 所示。

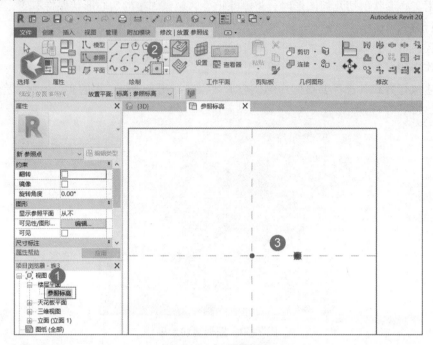

图 7-95　创建参照点

3）选中参照点，单击"使自适应"工具，将其转换为自适应点，如图 7-96 所示。

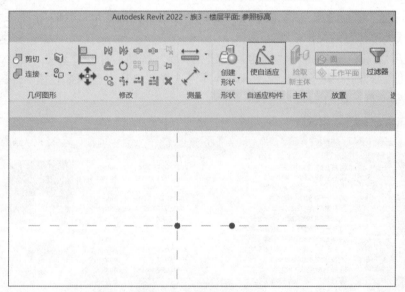

图 7-96　转换为自适应点

4）单击"参照点"工具，然后在选项栏中选择"放置平面"为"拾取"，如图 7-97 所示。

5）在弹出的"工作平面"对话框中，"指定新的工作平面"栏下选择"拾取一个平面"选项，单击"确定"按钮，如图 7-98 所示。

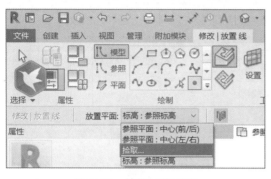

图 7-97　拾取工作平面

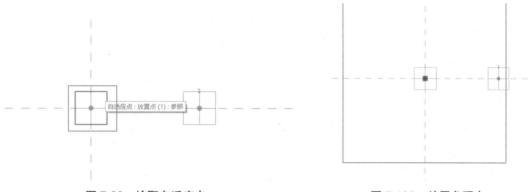

图 7-98　选择"拾取一个平面"

6）在视图中拾取交点位置处的自适应点水平面作为参照平面，如图 7-99 所示。

7）在交点位置再次单击放置参照点，如图 7-100 所示。

图 7-99　拾取自适应点

图 7-100　放置参照点

8）框选已经创建好的参照点与自适应点，单击"过滤器"工具，如图 7-101 所示。

9）在弹出的"过滤器"对话框中勾选"参照点"选项，然后单击"确定"按钮，如图 7-102 所示。

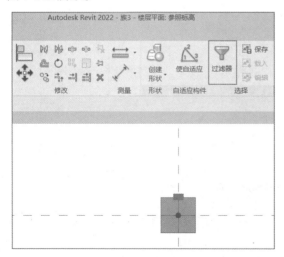

图 7-101　单击"过滤器"工具

图 7-102　勾选"参照点"选项

10）在"属性"对话框中设置"偏移"参数为"300.0"，"显示参照平面"参数为"始终"，如图 7-103 所示。

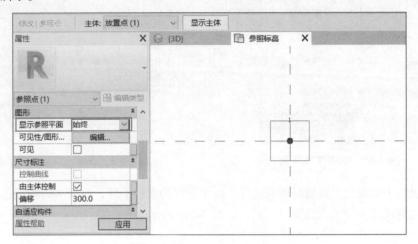

图 7-103　设置参照点参数

11）进入三维视图，单击"设置"工具，然后拾取参照点的水平平面，如图 7-104 所示。

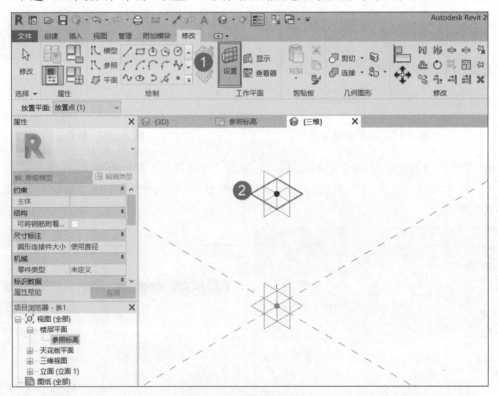

图 7-104　设置参照平面

12）单击"模型线"工具，然后选择椭圆，以参照点为中心绘制椭圆形状，如图 7-105 所示。

13）单击"设置"工具，然后拾取自适应点 1 的立面，如图 7-106 所示。

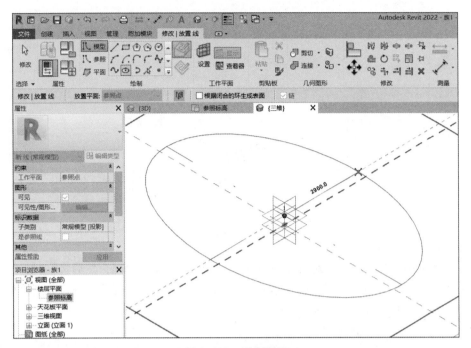

图 7-105　绘制椭圆

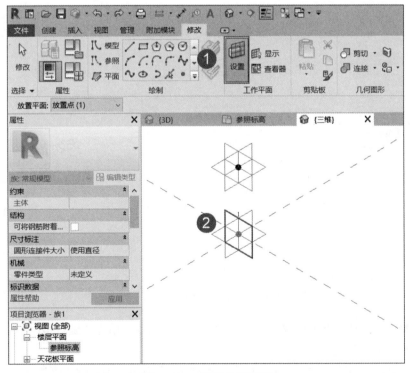

图 7-106　设置参照平面

14）切换至"创建"选项卡，单击"对齐"尺寸标注工具，分别拾取自适应点 1 和自适应点 2 进行标注，如图 7-107 所示。

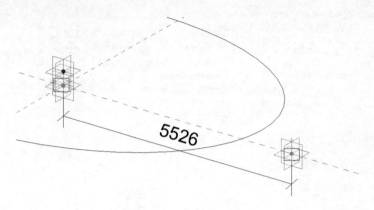

图 7-107　标注自适应点

15）选中椭圆，在"属性"对话框中勾选"中心标记可见"选项，然后将临时尺寸标注转换为永久性尺寸标注，切换至"创建"选项卡，单击"对齐"尺寸标注工具，分别拾取自适应点 1 和自适应点 2 进行标注，如图 7-108 所示。

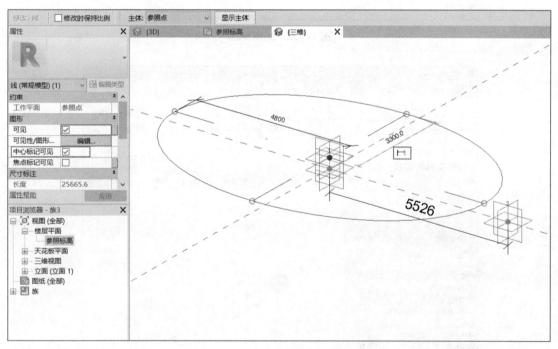

图 7-108　勾选"中心标记可见"选项

16）选中自适应点 1 上方的参照点，在"属性"对话框中单击"旋转角度"参数后面的关联按钮，如图 7-109 所示。

17）在"关联族参数"对话框中，单击"新建参数"按钮，如图 7-110 所示。

18）在"参数数据"栏下选择"实例"选项，输入参数"名称"为"R"，然后依次单击"确定"按钮关闭所有对话框，如图 7-111 所示。

19）选中两个自适应点之间的尺寸标注，然后单击"创建参数"按钮，如图 7-112 所示。

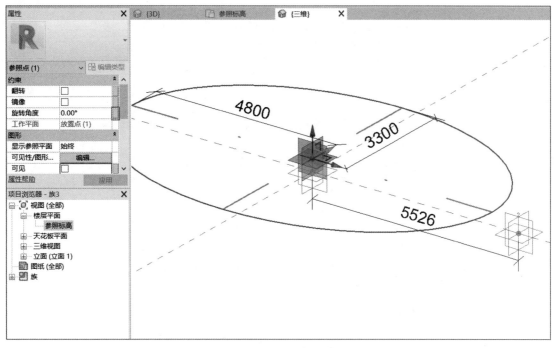

图 7-109　关联族参数

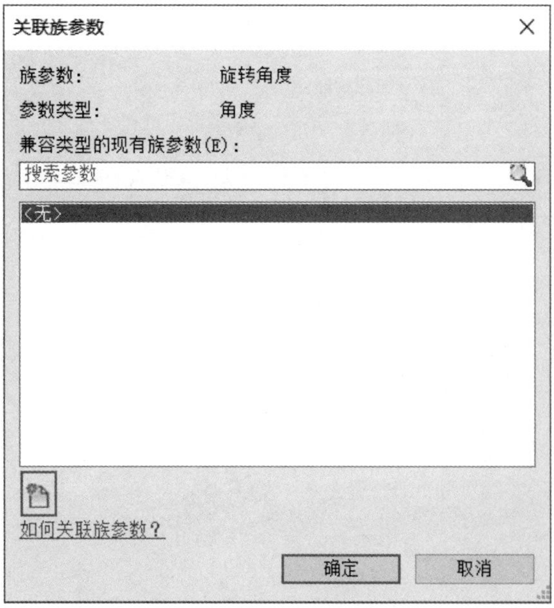

图 7-110　新建族参数

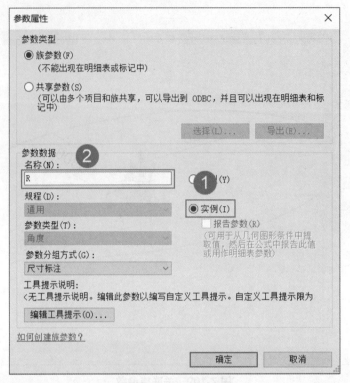

图 7-111 设置族参数

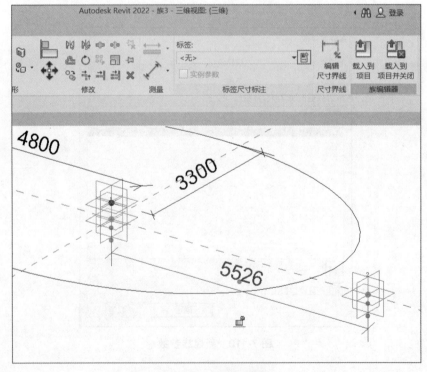

图 7-112 新建族参数

20）在弹出的"参数属性"对话框中，首先选择"实例"选项，并勾选"报告参数"选项，然后设置参数"名称"为"L"，最后单击"确定"按钮，如图 7-113 所示。

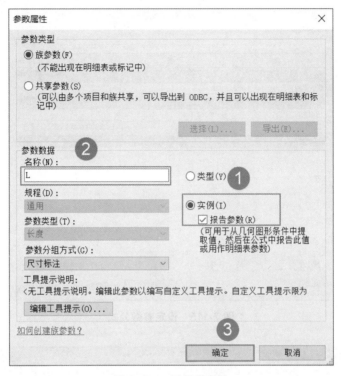

图 7-113　设置族参数

21）单击"族类型"工具，如图 7-114 所示。弹出"族类型"对话框，找到 R 参数在其后面的公式单元格内输入公式"=L / 3000 mm * 10°"，单击"确定"按钮，如图 7-115 所示。其中"3000mm"代表层高，"10°"表示每层之间旋转的角度。

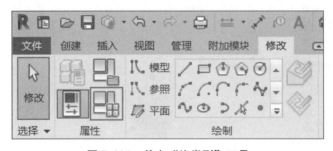

图 7-114　单击"族类型"工具

22）在视图中选中自适应点 1，然后在"属性"对话框将"定向到"参数修改为"全局（xyz）"，如图 7-116 所示。

23）单击"文件"选项卡→"新建"按钮→"族"按钮，在打开的"新族 - 选择样板文件"对话框中，进入"概念体量"文件夹，选择"公制体量"族样板文件，然后单击"打开"按钮，如图 7-117 所示。

图 7-115　设定参数公式

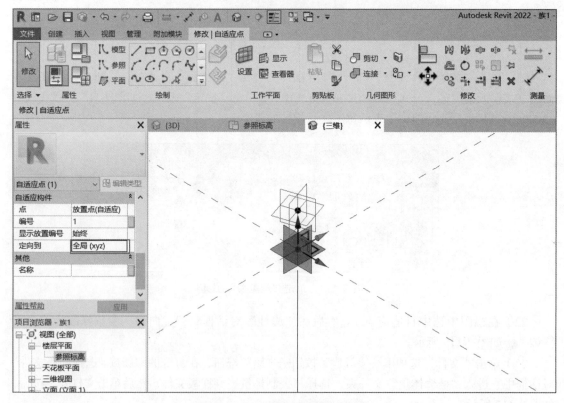

图 7-116　设置"定向到"参数

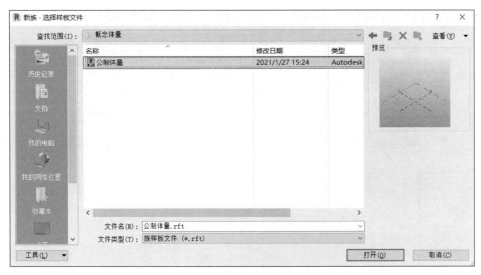

图 7-117 选择"公制体量"族样板文件

24）进入东立面视图，然后单击"模型线"工具，在视图中绘制一条垂直的线段，如图 7-118 所示。

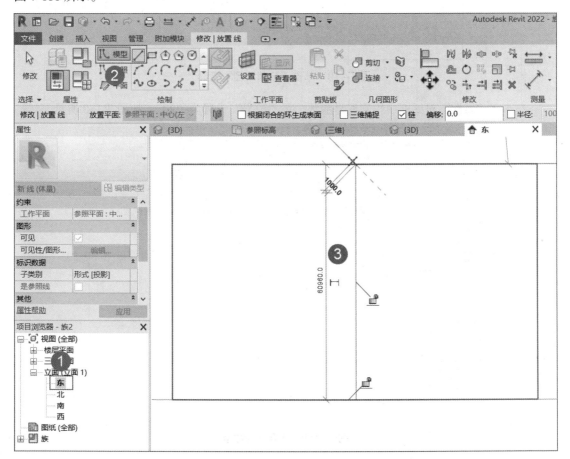

图 7-118 绘制模型线

25）选中绘制好的模型线，然后单击"分割路径"工具，如图 7-119 所示。

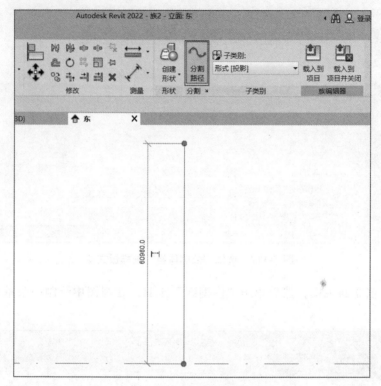

图 7-119　单击"分割路径"工具

26）在"属性"对话框中找到编号参数，将"编号"设置为"20"，如图 7-120 所示。

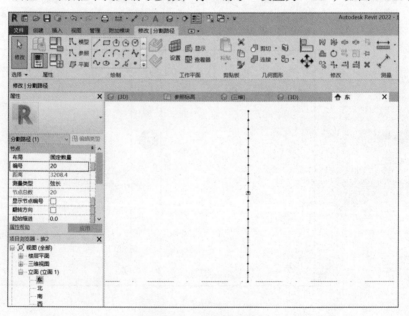

图 7-120　设置分割数量

27）进入标高 1 楼层平面，然后单击"参照点"工具，在视图水平参照平面右侧单击放置参照点，如图 7-121 所示。

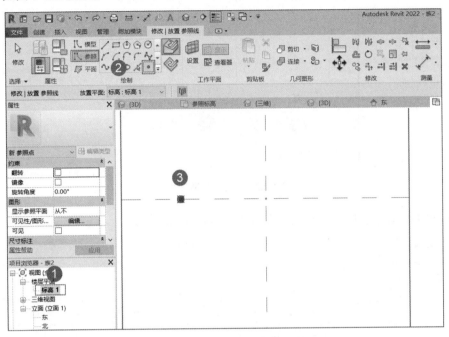

图 7-121　放置参照点

28）按〈Ctrl+Tab〉组合键返回自适应族环境中，然后单击"载入到项目"工具，将其载入到概念体量中，如图 7-122 所示。

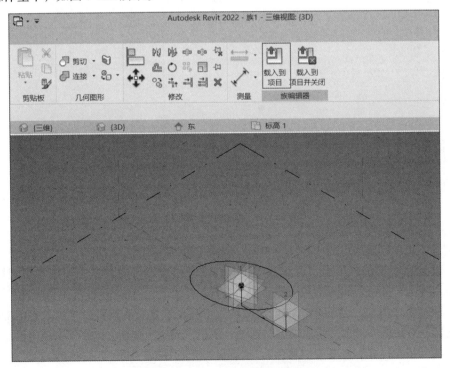

图 7-122　载入自适应族到体量中

29）拾取中心点，然后拾取左侧的参照点，放置自适应构件，如图 7-123 所示。

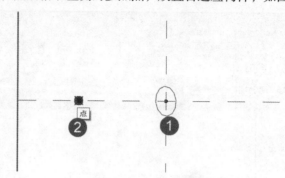

图 7-123　放置自适应构件

30）选中自适应构件，单击"重复"工具，如图 7-124 所示。

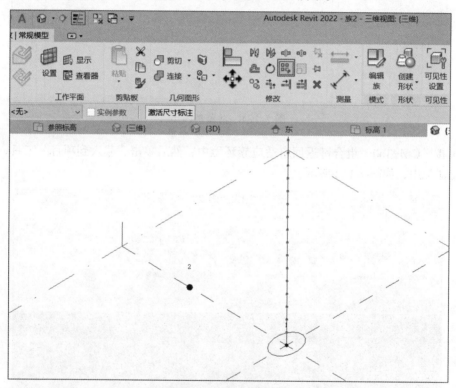

图 7-124　单击"重复"工具

31）选中批量创建的自适应构件，单击"删除中继器"工具，如图 7-125 所示。

32）框选所有构件，单击"过滤器"工具，在"过滤器"对话框中勾选"常规模型"选项，单击"确定"按钮，如图 7-126 所示。

33）保持选中状态，然后单击"创建形状"工具，框选所有构件，单击"过滤器"工具，在"过滤器"对话框中勾选"常规模型"选项，单击"确定"按钮，如图 7-127 所示。

34）将"视觉样式"修改为"着色"，查看最终完成效果，如图 7-128 所示。

35）还可以拖动自适应点 1，来控制体量旋转角度的变换，如图 7-129 所示。

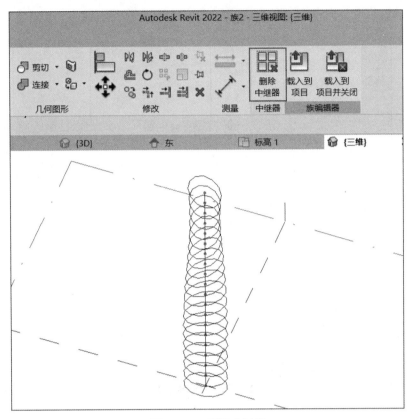

图 7-125　删除中继器

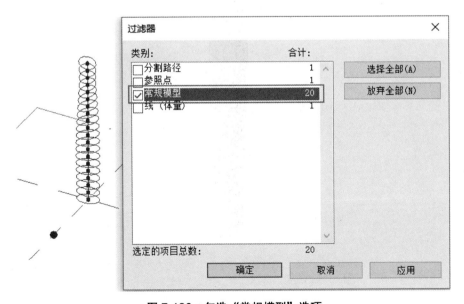

图 7-126　勾选"常规模型"选项

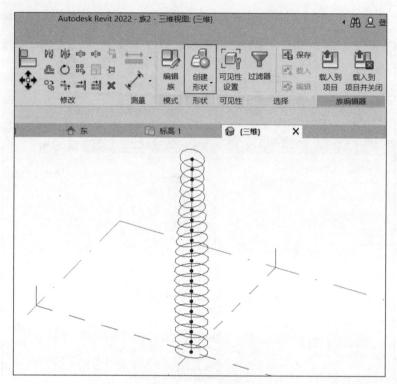

图 7-127　创建形状

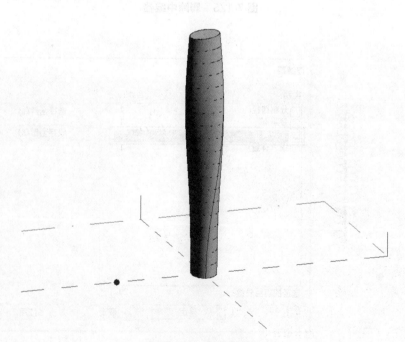

图 7-128　完成效果

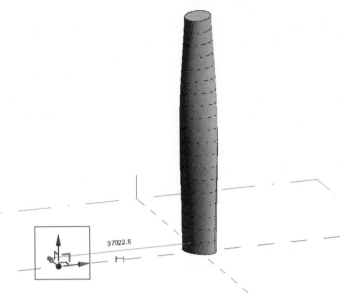

图 7-129　控制旋转角度

■ 7.6　操作与实践

本节通过一个操作练习使读者进一步掌握本章知识要点。

1. 目的要求

通过异形体量的创建，让读者掌握体量生成的方法，以及对体量的有效编辑，如图 7-130 所示。

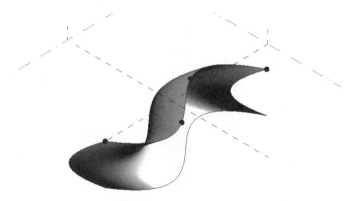

图 7-130　异形体量

2. 操作提示

1）新建概念体量族。

2）设置工作平面，使用样条曲线绘制轮廓。

3）选中样条曲线，创建体量形状。

4）选中体量添加轮廓线，并向后向下拖曳轮廓线。